ZHINENG WENDU KONGZHIQI DE
SHIYONG
JI
WEIXIU

# 智能温度控制器的使用及维修

黄文鑫　编著



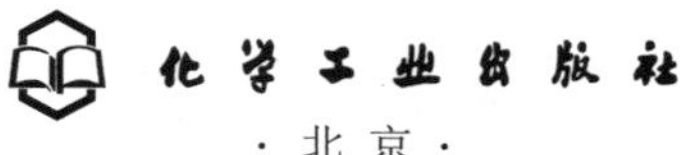

化学工业出版社
·北京·

**图书在版编目（CIP）数据**

智能温度控制器的使用及维修 / 黄文鑫编著. —北京：化学工业出版社，2020.3
ISBN 978-7-122-35960-5

Ⅰ. ①智… Ⅱ. ①黄… Ⅲ. ①温度控制器 - 使用方法②温度控制器 - 维修 Ⅳ. ① TH765.2

中国版本图书馆 CIP 数据核字（2020）第 003221 号

责任编辑：宋 辉　　文字编辑：陈小滔
责任校对：栾尚元　　装帧设计：王晓宇

出版发行：化学工业出版社（北京市东城区青年湖南街 13 号 邮政编码 100011）
印　　刷：三河市航远印刷有限公司
装　　订：三河市宇新装订厂
787mm×1092mm 1/16 印张 15 字数 314 千字 2020 年 5 月北京第 1 版第 1 次印刷

购书咨询：010-64518888　　售后服务：010-64518899
网　　址：http://www.cip.com.cn
凡购买本书，如有缺损质量问题，本社销售中心负责调换。

**定　　价：56.00 元**

# 序言

智能化仪器仪表是采用微处理器技术、计算机技术等使产品具有某些人工智能，对外界因素的变化能做出正确判断或相应反应的设备。智能温度控制器是智能化仪器仪表中很重要的一类产品，常用于工业过程测控、工厂自动化、物流、环境监测、城市公用设施等领域的各类就地或小型控制室的过程监控用设备，甚至在农业生产、民用建筑、实验室也有大量的应用。

我国智能温度控制器产业经过多年发展，取得一批重要科技成果。一批高准确度仪表的自主设计、开发及产业化，基本满足了战略性新兴产业、工业物联网、环保和食品安全等领域的需求，建立了行业共性技术服务平台，为行业自主创新及可持续发展提供支撑，形成了中国智能温度控制器比较完整的产业体系和技术创新体系。中国智能温度控制器主流生产厂家开发的一部分新技术，如功能强大的程序控制及曲线拟合技术、AI人工智能调节技术、自定义信号技术、仪表模块化和平台化技术、电源端380VAC和防雷击技术、模块电源自隔离技术等已经达到了国际先进水平。

在企业中，使用及维修智能温度控制器的人员有的是专业的仪表工，但也有一些是普通的电工，甚至是工艺专业的技术员，他们可能不太熟悉仪器仪表维护和使用的基本知识和技能，手头的技术资料又太少，想把智能温度控制器管好、用好往往力不从心。

《智能温度控制器的使用及维修》一书，从基础知识入手，对温控器的接线、参数设置、校准方法做了介绍，更为可贵的是，还对温控器及与其配合使用的温度传感器、执行器件的故障分析、处理、排除等涉及现场维修的技术作了详尽介绍，这应该是各行各业生产一线的仪表工、电工、工程师等智能温度控制器使用维护人员不可缺少的一份技术参考资料。

希望本书能为生产一线年轻的仪表工、电工、工程师快速成长助一臂之力！

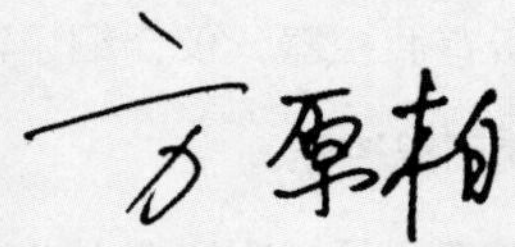

昆明仪器仪表学会理事长、教授级高级工程师

# 前言

温度显示调节仪表经历了动圈式、数字式、智能式的发展历程。单片机的广泛应用，不仅使温度显示调节仪表具有多功能、高精度的性能，还大幅提高了其可靠性，人们把这类仪表称为智能温度控制器（简称温控器）。温控器可以输入多种测量信号，输出多种控制信号，一台仪表就具有以往要多台仪表组合才能达到的功能，其用途已不再局限于温度的测量和控制，已经拓展到压力、液位、流量、成分等工艺参数的测量和控制。

温控器每年出货量很大，仪表维修工多的企业，温控器的使用量很小，而没有或只有少数仪表维修工的企业，温控器的使用量却很大。而且温控器的使用及维修大多由电工或工艺操作人员承担，他们有用好温控器和排除故障的想法，但出现故障或控制系统失灵时，又感到力不从心，无从下手。常有人在网上问如何进行温控器的选型、参数设置、接线、故障维修等。鉴于此，编著了这本介绍温控器使用及维修技术的书籍，供有关人员学习和参考。

本书从基础知识入手，对温控器的接线、参数设置、校准方法，及温控器在温度、压力、流量、液位测量及控制系统中的应用进行了介绍。从多年的现场经验看，温控器使用中的很多故障，大多是由外部原因引起的，如传感器、输入信号电路、控制信号输出电路、执行器件等的故障，因此，本书对与温控器配合使用的传感器、执行器件及维修技术进行了专门介绍，为提高读者的温控器使用及维修技术，本书还对自动控制知识、温控器的工作原理等进行了介绍。工作原理一章中的电路图都是根据实物测绘的，因此更具有实用性。

昆明仪器仪表学会理事长、原昆明有色冶金设计研究院方原柏教授级高级工程师审阅了书稿，并提出了宝贵的修改意见。在此深表感谢！

由于温控器生产厂及产品型号多、内部结构差别大，而笔者的技术水平和工作范围有限，本书不可能概括所有温控器，仅介绍了常见的温控器。希望通过阅读本书，读者能有所收获，能够触类旁通地使用温控器。

书中难免有不妥之处，欢迎读者批评指正，笔者不胜感激！

编著者

# 目录

目录

# 目录

目录

目录

# 第 1 章 初识智能温度控制器

## 1.1 从电加热炉温度控制系统谈起

### 1.1.1 电加热炉位式温度控制系统

电加热炉是工厂常用的设备，加热温度对产品质量有重要影响，因此要严格对温度进行测量及控制。图 1-1 是一个电加热炉位式温度控制系统，该温度控制系统用了智能温控器、温度传感器、交流接触器。工作过程：当测量温度低于给定温度时，温控器使交流接触器接通，电热器通电加热；温度达到给定温度时，温控器使交流接触器断开，电热器断电停止加热。如此循环，使温度保持在给定温度附近。位式温度控制系统结构简单，操作方便，这样的控制使温度始终环绕着给定值上下波动，不能稳定在某一温度值，对要求温度波动小而稳定的工况，就不适应了。要对温度控制系统进行改进，只需对温控器进行设置，就可改为时间比例温度控制系统。

时间比例控制能在给定温度附近，使交流接触器周期性地接通和断开，并且使接通和断开的时间随着温度偏差而变化，交流接触器的开关动作也就相当于在连续控制加热电流。所以能使温度稳定在某一数值，且控制效果比位式控制好。

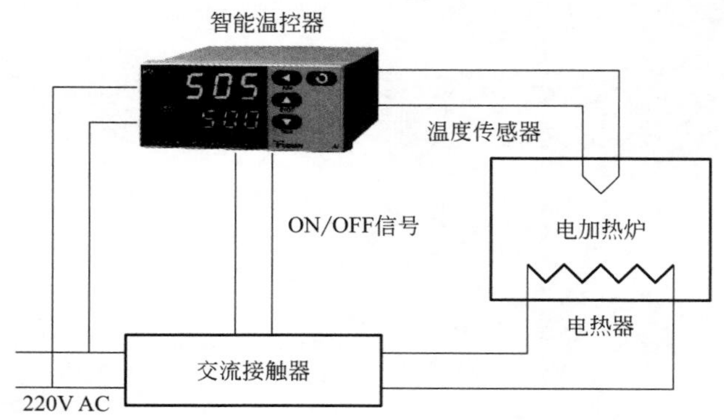


图 1-1　电加热炉位式温度控制系统

## 1.1.2　电加热炉比例积分微分（PID）温度控制系统

图 1-2 是电加热炉 PID 温度控制系统，这是一种控制效果较理想的系统。只需要把图 1-1 中的交流接触器更换为调功器，更换温控器的输出模块并重新设置，就可进行人工智能或常规 PID 控制。温控器把加热炉的温度测量值与给定温度进行比较，经运算后，输出电流信号作为调功器的输入信号，经调功器调整电压或功率，达到控制电加热炉温度的目的。

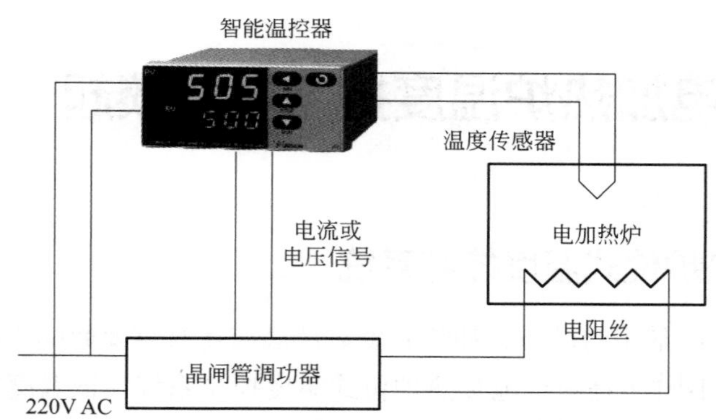


图 1-2　电加热炉 PID 温度控制系统

## 1.1.3　电加热炉温度程序控制系统

热处理工艺都有规定的工艺曲线，图 1-3 为一例，要实现这样的温度 / 时间变化曲线，就要用温度程序控制系统，温控器按一定时间规律自动改变给定值进行控制。程序控制系统的结构与图 1-2 相同，但使用的是程序型温控器。它利用多段程序编排功能，设置任意大小的给定值升、降斜率，把温度 / 时间变化曲线转变为随时间变化的电信号，使被控温度按工艺要求变化。

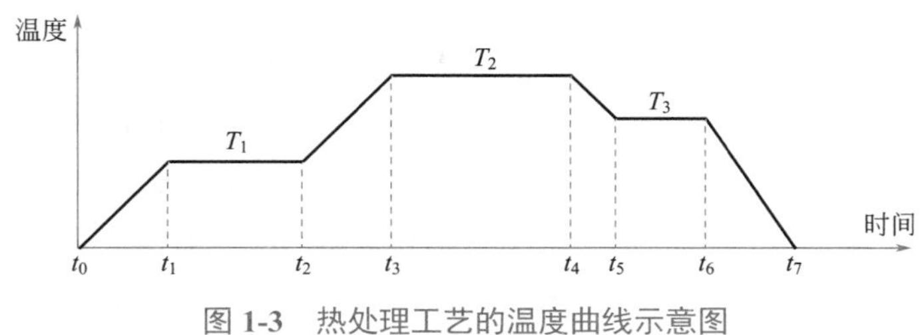


图 1-3　热处理工艺的温度曲线示意图

上述温度控制系统中唱主角的是温控器。细心的读者可能还发现，以上控制系统，温控器的接线只有 6 根，分别为电源线、输入信号线、控制信号输出线，加上报警、通信线也不会超过 12 根线。可见温控器的使用并不复杂，其组成的测量控制系统具有结构简单、接线工作量小、调试方便、投资少等优点。

## 1.2 温控器的功能及特点

① 一表多用　可接收多种测量信号，如直流毫伏信号、电阻信号、直流电流信号、直流电压信号等。一台温控器就可以用来测量或控制温度、压力、流量、液位等任何一种参数；可以任意设置量程范围或测量单位；可输出多种控制信号，如开关信号、直流电压信号、直流电流信号等；可任意设置上、下限或多种报警值及报警方式；可设置所需要的控制输出信号。一表多用大大减少了温控器备件库存量。

② 方便的模块化结构　采用可选择或可更换的模块结构，有多种规格的输入、输出模块可选择。模拟量及开关量输入模块有：热电偶、热电阻、电压、电流输入模块；模拟量及开关量输出模块有：继电器模块，固态继电器驱动电压输出模块，光电隔离可编程线性电流模块，单、双路晶闸管触发模块，通信接口模块，光电隔离的通信模块。更换模块方便。可以很容易地改变输入、输出信号及控制方式，可满足技术改造的需要。

③ 可共用的接线端子　除了电源端子外，很多输入、输出接线端子可以共用，共用接线端子给使用带来方便，但也使接线变得复杂。端子接线与所用的模块有关，接线时要对照说明书进行接线，并进行相应的设置。

④ 适应性强　多数为 100 ～ 240V AC 宽电源输入，方便现场使用；不同功能的温控器参数设置及操作都兼容。有多种外形尺寸，方便选择和使用。

⑤ 上电时免除报警功能　电加热控制系统刚上电时，实际温度远低于给定温度，设置有下限报警或负偏差报警，温控器一上电就会报警。有上电免除报警功能时，在温控器上电后即使满足报警条件，也不会立即报警，要等报警条件消除后，再出现满足报警要求的条件，才会出现报警。该功能与正 / 反作用有关：在反作用控制的加热系统中，

对下限报警及负偏差报警有此功能；在正作用控制的制冷系统中，对上限报警及正偏差报警有此功能。

⑥ 维护工作量小　具有自动调零及校正功能，长期使用基本不会产生零漂，不会因为使用时间增加而产生较大误差。厂家大多不提供用户重新校正的操作方法，用户只需进行一年一次的校准或检定，有问题时大多需要返回厂家进行处理。

⑦ 维修可能性小　采用贴片元件，配有不相同的 MCU 器件，程序及电路图都不提供给用户，所以用户仅能对电源电路、部分模块、不涉及程序的电路进行一些简单修理。但有的厂家承诺提供 5 年或更长的免费或有偿保修服务。

⑧ 可代换性强　具有参数可设置、多种信号输入、多种报警输出、多种控制信号输出等功能，为维修、代换提供了方便。不同生产厂的温控器，只要外形尺寸相同，大多可以互相代换使用，只需要注意端子接线及参数设置的正确性。对于用模块组件的温控器需要注意是否有相同功能的模块，否则无法代换使用。

⑨ 通信或联网方便　大多具有通信功能，用厂家提供的 DCS 软件或其他厂商的组态软件，可将多台温控器与上位机联网；或者与 PLC、触摸屏连接通信，在上位机上实现参数给定、数据采集、远程监视控制等功能；有的还可使用厂商提供的工具软件，在电脑上对其进行参数设置及组态。

⑩ 与可编程调节器的差别越来越小　可编程调节器是一种数字式调节器，如早期的 KMM、 SLPC、UDC 等。可编程调节器最大的特点就是具有多种运算软模块，用户可选择这些软模块并进行组合，达到对工艺参数进行检测和控制的目的，而模块间的连接采用了软连线的方式，通常称为组态。目前有的温控器也有了可编程调节器的部分功能，如有了软模块，可进行软连接或组态，使温控器与可编程调节器的差别越来越小，界定界限也越来越模糊。

## 1.3 温控器的主要技术指标

① 显示方式　一般采用三位半或四位半的 LED 数码管显示，有的已采用彩色液晶显示器。最大读数范围各型产品不相同，计量单位可任选。

② 输入规格　通常指一台温控器能输入的信号种类，有的输入种类会少于以下内容，这是选型时要注意的问题。输入种类综合起来有：

常用热电偶（K、S、R、E、J、T、B、N），高温热电偶（WRe3-WRe25、WRe5-WRe26），辐射高温计（F2）。

铜热电阻（Cu50、Cu53、Cu100），铂热电阻（Pt100、Pt10、BA1、BA2）。

10V 以下的线性直流电压，毫伏电压，电压开方信号。

20mA 以下的线性直流电流（有的需要外接分流电阻），电流开方信号。

500Ω 以下的线性电阻，远传压力表的远传电阻。

扩充规格，在以上输入规格的基础上，用户可自定义一种额外的输入规格。

③ 测量范围　能显示的最大测量范围，可根据应用设置实际量程。测量范围有：

常用热电偶：−200 ～ 1800℃，高温热电偶：0 ～ 2300℃，辐射高温计：700 ～ 2000℃。

铜热电阻：−50 ～ 150℃，铂热电阻：−200 ～ 800℃。

线性输入：−9990 ～ 30000，由用户自定义。

④ 准确度等级　一般：0.5 级、0.2 级，高精度：0.1 级。

⑤ 采样周期　不同的产品标注方法也不同，有的标频率（次 /s），有的标周期（ms）。对应关系可通过 $F=1/T$ 进行换算。但采样周期与设置的数字滤波参数有关。

⑥ 报警及保护功能　上限、下限、偏差上限、偏差下限报警；输入回路断线、输入信号超量程、欠量程报警；上电免除报警选择功能。

⑦ 控制方式　位式控制，常规 PID 控制，AI 人工智能控制，模糊 PID 控制，自整定控制等。

⑧ 输出规格　继电器触点常开或常闭输出。晶闸管过零触发驱动输出，晶闸管移相触发驱动输出。固态继电器（SSR）驱动电压输出。20mA 以下线性直流电流输出。

⑨ 变送输出　10V 以下的直流电压输出，20mA 以下的线性直流电流输出。

⑩ 通信接口及通信协议　RS232、RS485 标准串行双向通信接口，标准 MODBUS RTU 通信协议，厂家特定的通信协议。波特率：1200 ～ 19200bit/s。

# 第2章 使用温控器必备知识

## 2.1 温度传感器

### 2.1.1 热电偶

（1）热电偶的工作原理及结构

热电偶是由两种成分不同的导体焊接在一起构成的测温元件。直接测温端叫测量端（又称为热端），接线端子端叫参比端（又称为冷端），测量端和参比端温度不相同时，就会在回路中产生热电势，这就是热电效应，热电偶就是利用这个原理来测量温度的。

装配式热电偶的结构如图 2-1 所示，通常配有安装固定装置。

铠装热电偶由偶丝、绝缘材料、金属保护套管组合加工而成。其外径很小，且细长、易弯曲、热响应快、抗冲击振动、坚固耐用。其测量端有绝缘式、接壳式、露端式三种。

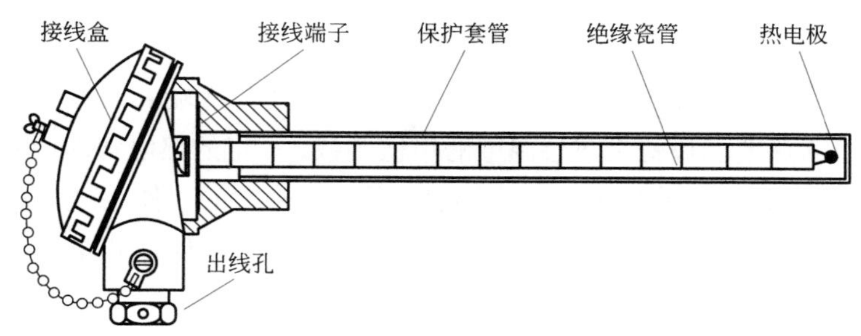


图 2-1 装配式热电偶结构图

## （2）常用热电偶的特性

热电偶名称顺序是正极在前负极在后，正、负极用一短横线隔开，如镍铬 - 镍硅热电偶，表示镍铬为正极，镍硅为负极。常用热电偶的特性见表 2-1。

表 2-1 常用热电偶的特性

<table>
<tr><th rowspan="2">热电偶名称<br>（分度号）</th><th colspan="2">电极材料</th><th rowspan="2">温度范围<br>/℃</th><th rowspan="2">等级</th><th rowspan="2">允许偏差</th></tr>
<tr><th>极性</th><th>识别</th></tr>
<tr><td rowspan="2">铂铑 30- 铂铑 6<br>（B）</td><td>正</td><td>较硬</td><td rowspan="2">600 ～ 1700</td><td>Ⅱ</td><td>600℃～ 1700℃<br>±0.0025t</td></tr>
<tr><td>负</td><td>稍软</td><td>Ⅲ</td><td>600℃～ 800℃ ±4℃<br>800℃～ 1700℃ ±0.005t</td></tr>
<tr><td rowspan="2">铂铑 13- 铂<br>（R）</td><td>正</td><td>较硬</td><td rowspan="4">0 ～ 1600</td><td rowspan="2">Ⅰ</td><td rowspan="2">0 ～ 1100℃ ±1℃<br>1100℃～ 1600℃ ±[1+0.003(t−1100)]℃</td></tr>
<tr><td>负</td><td>柔软</td></tr>
<tr><td rowspan="2">铂铑 10- 铂<br>（S）</td><td>正</td><td>较硬</td><td rowspan="2">Ⅱ</td><td rowspan="2">0 ～ 600℃ ±1.5℃<br>600℃～ 1600℃ ±0.0025t</td></tr>
<tr><td>负</td><td>柔软</td></tr>
<tr><td rowspan="2">镍铬 - 镍硅<br>（K）</td><td>正</td><td>不亲磁</td><td rowspan="2">-40 ～ 1000</td><td rowspan="2">Ⅰ</td><td rowspan="2">-40℃～ 375℃ ±1.5℃<br>375℃～ 1000℃ ±0.004t</td></tr>
<tr><td>负</td><td>稍亲磁</td></tr>
<tr><td rowspan="2">镍铬硅 - 镍硅<br>（N）</td><td>正</td><td>不亲磁</td><td rowspan="2">-40 ～ 1200</td><td rowspan="2">Ⅱ</td><td rowspan="2">-40℃～ 333℃ ±2.5℃<br>333℃～ 1200℃ ±0.0075t</td></tr>
<tr><td>负</td><td>稍亲磁</td></tr>
<tr><td rowspan="2">镍铬 - 铜镍<br>（E）</td><td>正</td><td>暗绿</td><td>-40 ～ 800</td><td>Ⅰ</td><td>-40℃～ 375℃ ±1.5℃<br>375℃～ 800℃ ±0.004t</td></tr>
<tr><td>负</td><td>亮黄</td><td>-40 ～ 900</td><td>Ⅱ</td><td>-40℃～ 333℃ ±2.5℃<br>333℃～ 900℃ ±0.0075t</td></tr>
<tr><td rowspan="2">铁 - 铜镍<br>（J）</td><td>正</td><td>亲磁</td><td rowspan="2">-40 ～ 750</td><td>Ⅰ</td><td>-40℃～ 375℃ ±1.5℃<br>375℃～ 750℃ ±0.004t</td></tr>
<tr><td>负</td><td>不亲磁</td><td>Ⅱ</td><td>-40℃～ 333℃ ±2.5℃<br>333℃～ 750℃ ±0.0075t</td></tr>
<tr><td rowspan="2">铜 - 铜镍<br>（T）</td><td>正</td><td>红色</td><td rowspan="2">-40 ～ 350</td><td>Ⅰ</td><td>-40℃～ 125℃ ±0.5℃<br>125℃～ 350℃ ±0.004t</td></tr>
<tr><td>负</td><td>银白色</td><td>Ⅱ</td><td>-40℃～ 125℃ ±1℃<br>133℃～ 350℃ ±0.0075t</td></tr>
</table>

注：1．表中 *t* 为被测温度。

2．允许偏差以℃或实际温度的百分数表示，应采用其中计算数值较大的值，但是 R、S 分度号的热电偶除外。

（3）热电偶的冷端温度补偿

热电偶热电势的大小，不但与热端的温度有关，还与冷端的温度有关。热电偶冷端温度恒定时，总的热电动势就是热端温度的单值函数，一定的热电势对应着一定的温度。热电偶的温度—热电势关系曲线是以冷端温度为0℃分度的。使用现场冷端不可能都恒定在0℃，冷端温度的变化，会使测量结果出现误差。为了保证测量结果的准确性，需要对热电偶冷端进行温度补偿。冷端温度补偿常用方法如下。

① 冷端温度校正法　冷端温度无法恒定为0℃，需要对温控器的显示值进行修正，但本法误差较大。

② 补偿导线法　把热电偶冷端引至温度较稳定的地方，然后人工调整冷端温度，或由温控器内电路进行自动补偿。通常用与热电偶热电特性（100℃以下）相近的贱金属来做延长导线，称其为补偿导线。补偿导线并不能自动补偿热电偶冷端温度的变化，只是将热电偶冷端引至温度较稳定的地方，冷端的温度补偿需要人工调整，或者通过温控器自动补偿。

（4）常用补偿导线的特性

补偿导线有延长型、补偿型两类。延长型采用与热电偶相同的合金丝，用字母“X”附加在热电偶分度号后表示；补偿型采用在200℃以下与热电偶热电特性相同的合金丝，用字母“C”附加在热电偶分度号后表示。常用补偿导线的特性见表2-2。

表2-2　常用补偿导线的特性

| 型号 | 补偿导线线芯材料 | | 绝缘层着色 | | 配用热电偶 |
|---|---|---|---|---|---|
| | 正极 | 负极 | 正极 | 负极 | |
| SC或RC | 铜 | 铜镍0.6 | 红 | 绿 | S或R |
| KCA | 铁 | 铜镍22 | 红 | 蓝 | K |
| KCB | 铜 | 铜镍40 | 红 | 蓝 | |
| KX | 镍铬10 | 镍硅3 | 红 | 黑 | |
| NC | 铁 | 铜镍18 | 红 | 灰 | N |
| NX | 铜镍14硅 | 镍硅4 | 红 | 灰 | |
| EX | 镍铬10 | 铜镍45 | 红 | 棕 | E |
| JX | 铁 | 铜镍45 | 红 | 紫 | J |
| TX | 铜 | 铜镍45 | 红 | 白 | T |

**小经验**

补偿导线型号或极性的识别方法

补偿导线正极的绝缘层着色都是红色，因此，可根据表 2-2 中的补偿导线绝缘层负极的着色来判断。

补偿导线绝缘层着色看不清时，可将其两端的线头剥开，一端接数字万用表直流毫伏挡，把另一端的两根线用钳子拧紧，放入沸水中，测量热电势，就可确定补偿导线正、负极。

将万用表显示的电势值与室温对应的电势值相加，查热电偶分度表中最接近 100℃的，就可判断补偿导线的类型。如某补偿导线放入沸水中测得热电势为 3.01mV，测量时室温 25℃对应的热电势为 1mV，则总热电势为 4.01mV，查热电偶分度表与 100℃较接近的有：K 分度为 98℃，T 分度为 94℃，可以确定该补偿导线是与 K 型热电偶配用的。

（5）补偿导线使用注意事项

① 补偿导线的选择　要根据使用的热电偶种类正确选择补偿导线。如 E 型热电偶应该选择 EX 型的补偿导线。特殊情况下也有不用补偿导线的，如铂铑 30- 铂铑 6 热电偶，当冷端温度低于 120℃时，由于热电势非常低，也可不用补偿导线，使用铜导线即可。

② 补偿导线的敷设及连接　敷设补偿导线一定要远离动力线和干扰源，无法避免时，尽可能采用交叉方式敷设补偿导线，或者改用屏蔽补偿导线，并将屏蔽层接地。

③ 补偿导线的使用长度　热电偶信号为毫伏级，补偿导线使用距离过长，信号会衰减，电磁干扰也会使热电偶的信号失真，造成测量和控制的温度不准确或出现波动。补偿导线长度应控制在 15m 以内，超过 15m 应改用温度变送器，因为直流电流信号的抗干扰能力强。

## 2.1.2 热电阻

（1）热电阻的工作原理及结构

热电阻是利用物质在温度变化时自身电阻也随着发生变化的特性来测量温度的。热电阻的感温元件是用细金属丝均匀地双绕在绝缘材料做的骨架上。当被测介质中有温度梯度存在时，所测得的温度是感温元件所在范围内介质层中的平均温度。

装配式热电阻的结构如图 2-2 所示，大多配有各种安装固定装置以满足安装。

铠装热电阻外径小、易弯曲、抗冲击振动、坚固耐用，适合用在环境恶劣的场合，测温范围为 -200 ～ 500℃。其端部 30mm 不能弯曲，以免损伤感温元件。

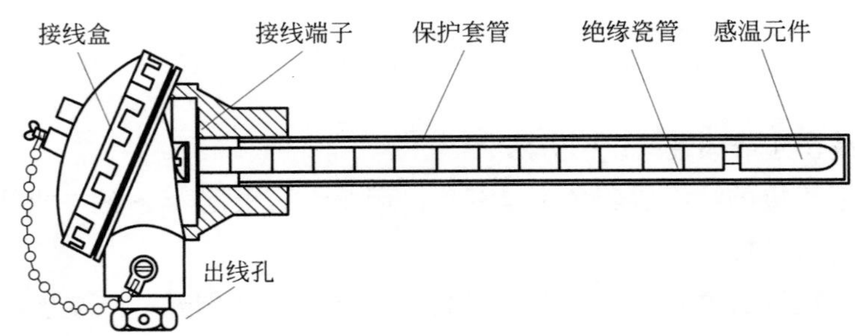


图 2-2 装配式热电阻结构图

（2）常用热电阻的基本特性（表2-3）

表 2-3 常用热电阻的基本特性

| 热电阻类型 | | 分度号 | 0℃时的公称电阻值 /Ω | 测量范围 /℃ | 允许误差 /℃ |
|---|---|---|---|---|---|
| 铂热电阻 | A 级 | Pt100 | 100.000 | −200 ～ 850 | ±(0.15+0.002\| $t$ \|) |
| | | Pt10 | 10.000 | | |
| | B 级 | Pt100 | 100.000 | | ±(0.30+0.005\| $t$ \|) |
| | | Pt10 | 10.000 | | |
| 铜热电阻 | | Cu50 | 50.000 | −50 ～ 150 | ±(0.30+0.006\| $t$ \|) |
| | | Cu100 | 100.000 | | |

注：表中 | $t$ | 为热电阻实测温度绝对值。

（3）热电阻的二线制、三线制、四线制

① 二线制　热电阻感温元件两端各有一根引线。这种方式接线简单、成本低，用于测量精度要求不高的场合，导线过长时会增大测量误差。

② 三线制　热电阻感温元件的一端有两根引线，另一端有一根引线，这种引线形式就叫三线制。其测量精度高于二线制，用于测温范围窄、导线太长或导线布线中温度易发生变化的场合。三线制接线与恒压分压式测量电路配合使用，能较好地消除引线电阻变化的影响。

③ 四线制　热电阻感温元件的两端各有两根引线就称为四线制。两端各用一根引线为热电阻提供恒定电流，把电阻转换成电压信号，余下两根引线把电压信号引至测量温控器。四线制可完全消除引线电阻的影响，用于高精度的温度测量。

## 2.1.3 热电偶和热电阻的区别及识别

（1）热电偶和热电阻的区别

热电偶是由两种成分不同的金属线焊接组成的，输出的是热电势信号，与温控器的接线要用补偿导线，需要进行冷端温度补偿。

热电阻是由金属丝绕制而成，输出的是电阻信号，没有冷端补偿问题，与温控器的接线只需用铜导线。

（2）热电偶和热电阻的识别方法

热电偶和热电阻的外形几乎一样，没有铭牌不知道型号时，用以下方法识别。

① 根据温度传感器的引出线　只有两根引出线的，用万用表测量电阻值来判断。热电偶的电阻值几乎为零。热电阻在室温状态下，电阻值都大于 10Ω。室温 20℃时各型热电阻的电阻值：Pt10 为 10.779Ω，Pt100 为 107.794Ω，Cu50 为 54.285Ω，Cu100 为 108.571Ω。如果所测电阻值近似以上某一电阻值，可确定是热电阻，还可以知道是什么分度号的热电阻。

有三根引出线的就是热电阻。有四根引出线的，可测量电阻值来判断是双支热电偶还是四线制热电阻。先从四根引出线中找出电阻几乎为零的两对引出线，再测量这两对引出线间的电阻值，如果为无穷大，就是双支热电偶，电阻值几乎为零的一对引出线就是一支热电偶。如果两对引出线的电阻在 10 ～ 110Ω 之间，则是单支四线制热电阻，电阻值与什么分度号的热电阻最接近，就是该分度号的热电阻。

② 通过加热来判断和识别　将温度传感器的测量端放入热水中，用数字万用表的直流毫伏挡，测量它有没有热电势，有热电势的就是热电偶，根据热电势对照分度表，可以判断是什么分度号的热电偶。没有热电势，则测量其电阻值有没有变化，如果有电阻值上升变化趋势的就是热电阻。还可使用电烙铁或电烘箱加热温度传感器的测量端来判断识别。

## 2.1.4　温度传感器的选择、安装、使用

（1）温度传感器的选择

被测温度在 -200 ～ 500℃范围内，可选择热电阻或热电偶，但一般选择热电阻，因为其测量精度高于热电偶。被测温度在 0 ～ 1600℃范围内，可选择热电偶。综合考虑测量精度及价格问题。选型流程大致为：型号→分度号→防爆等级→精度等级→安装固定形式→接线盒形式→保护管材质→长度或插入深度。温度传感器产品型号不太统一，应根据厂家的选型样本进行选择。

（2）温度传感器的安装

温度传感器的安装位置要有利于测温准确，安全可靠及维护方便，不影响设备运行和生产操作。为了保证被测温度的准确性，应该按以下要求安装。

① 测量管道的流体温度，温度传感器应与被测流体形成逆流，安装时，温度传感器应迎着被测流体流向插入，至少必须与被测流体正交成 90° 角，不能与被测流体形成顺流。

② 温度传感器的感温体要处于管道中流速最大之处，热电偶保护套管末端应越过流束中心线 5 ～ 10mm。热电阻保护套管末端应越过流束中心线，铂电阻为 50 ～ 70mm，铜电阻为 25 ～ 30mm，薄膜热电阻为 5 ～ 10mm。

③ 实践证明，随着温度传感器插入深度的增加，测量误差会减少，安装时除满足上述要求外，应保证最大的允许可插入深度，应将温度传感器斜插安装或在沿管路轴线方向安装（即在肘管处安装）以达到要求。

④ 工艺管道直径小于 80mm，安装温度传感器时应加装扩大管。温度传感器接线盒的盖子应朝上，以免雨水及其他液体浸入。温度传感器的安装方式可参见图 2-3。

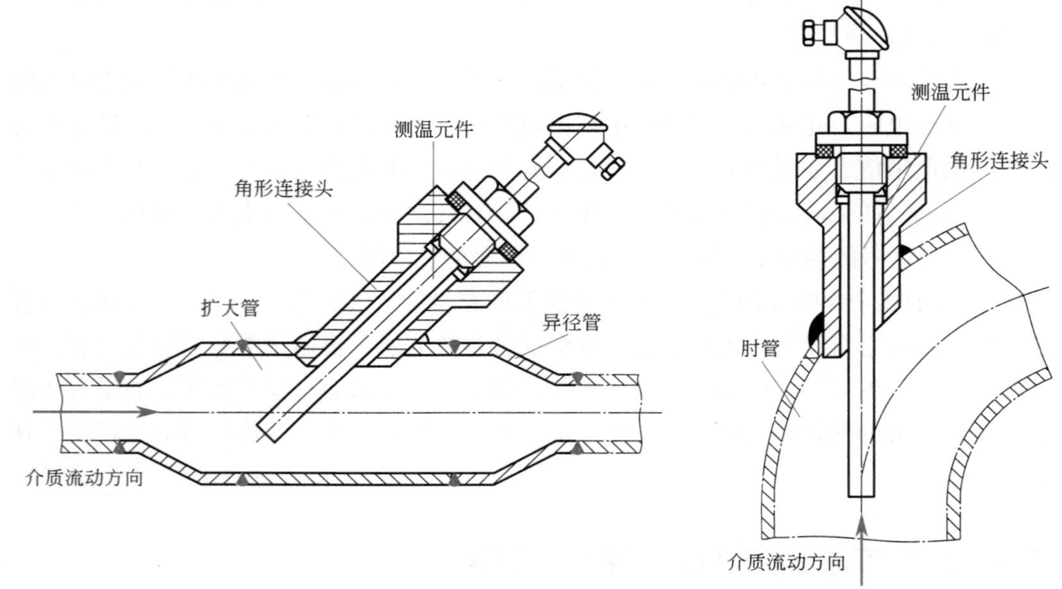


图 2-3 温度传感器安装示意图

⑤ 若被测介质有粉尘，为了保护温度传感器不受磨损，应加装保护屏或保护管。加装保护管后为了减少测温滞后，应在套管之间按不同温度要求，加装传热良好的填充物，如变压器油、金属铜屑等，使传热良好。

⑥ 温度传感器用于测量负压管路时（如烟道），必须保证密封性，防止外界冷空气进入，使温度示值偏低。

⑦ 测量窑炉等空间较大、温度较高设备的温度时，温度传感器的安装位置及插入深度应能反映炉膛的真实温度，不能安装在靠近炉门和加热的地方。温度传感器保护套管与炉壁间的间隔要填绝热物质，使炉内温度不会溢出、冷空气不侵入。热电偶冷端不能太靠近高温炉体。

⑧ 温度传感器应尽可能避开强磁场和强电场，不能把测温信号线和动力线敷设在一起。

（3）温度传感器的使用

① 温度传感器出现误差的原因如下。

a. 绝缘能力降低引起的误差。热电偶保护套管内和接线端子有污垢，会导致热电偶极间与保护套管间绝缘不良，引起热电势的损耗或引入干扰，使温度测量结果偏离真实温度。

**小经验**

铠装热电偶绝缘电阻下降的处理方法

铠装热电偶的绝缘材料为电熔氧化镁，在正常情况下，露端式和绝缘式偶丝对金属护套的绝缘电阻在 500MΩ 以上。如果保管不当或受潮等，其绝缘电阻会小于 5MΩ，可把铠装热电偶盘成圈，放入电烘箱中烘烤，数小时后其绝缘电阻大都能上升。

b. 热惰性引起的误差　温度传感器的热惰性会使温控器的显示值滞后于被测温度的变化，快速测量时这种影响更突出。尽量采用小直径保护套管或铠装、薄膜式温度传感器，测温环境允许时也可不用保护套管；或者选择时间常数小的温度传感器。

c. 温度传感器保护套管热阻的影响　在高温下长期使用，保护套管表面上会附有一层粉尘，造成热阻增加，阻碍热传导，使测得的温度值比实际温度低。保持保护套管外部的清洁，可减少测量误差。

② 改善温度传感器时间常数和滞后的方法　应选择时间常数和滞后较小的温度传感器。安装时要有一定的插入深度，尤其是热电阻，插入深度不够往往会造成较大的误差。工艺管道较细时要加装扩大管，尽量把温度传感器安装在管道的弯头上，并使温度传感器对着流体的流动方向。测量气液相介质温度时，由于液相温度的动态特性及稳定性优于气相温度，应测量液相温度。必要时还可在保护套管与温度传感器间填充金属屑，热电偶可采用露端式或接壳式的测温方式。

**小知识** 

温度传感器的时间常数和滞后

温度传感器的时间常数和滞后较大，通常可达几十秒至几分钟，因此对测量和控制温度的影响是很大的。时间常数和滞后的大小取决于温度传感器的热容量和热阻。温度传感器升温需要吸收一定的热量，其变化 1℃需要的热量就是传感器的热容量，热容量越小越好。温度传感器传热又需要克服热阻，这和传感器的结构、大小都有直接关系，热阻的大小常受传感器的气隙、绝缘物、保护套管的影响。

# 2.2 变送器

变送器能将温度、压力、流量、液位、成分等参数变换成 4 ～ 20mA DC 电流信号。只要传送回路不出现分支，回路中的电流就不会随电线长短而改变，从而保证了传送的精度。

## 2.2.1 二线制变送器及接线

二线制变送器的接线如图 2-4 所示，供电为 24V DC，输出信号为 4 ～ 20mA DC，负载电阻通常为 250Ω，24V 电源的负线电位最低，它就是公共点，智能变送器还可在 4 ～ 20mA DC 信号上加载 HART 协议的 FSK 键控信号。有的温控器具有变送功能或 24V 供电功能，作用与二线制变送器相似，具体应用在本书第 5 章中介绍。

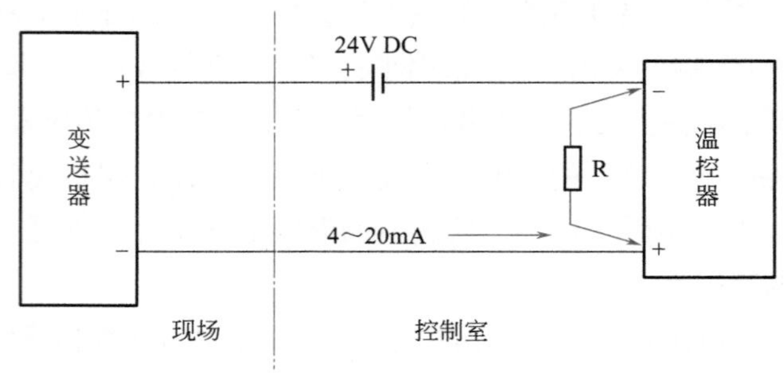


图 2-4 二线制变送器接线示意图

二线制变送器的电源、电流信号回路为：24V 的电源正端→变送器的正端→变送器的负端→温控器的正端→温控器的负端→ 24V 的电源负端，温控器接收的是电流信号。如果在温控器的正、负端并联一个电阻 R，温控器接收的就是电压信号。

## 2.2.2 三线制变送器及接线

三线制变送器的电源正端用一根线，信号输出正端用一根线，电源负端和信号负端共用一根线，如图 2-5 所示。供电大多为 24V DC，输出信号大多为 4 ～ 20mA DC。

三线制变送器的电源回路为：24V 的电源正端→变送器的正电源接线 V+ 端→变送器的负端（公用端）→ 24V 电源负端。电流信号回路为：变送器的电流输出 I+ 正端→温控器正端→温控器负端→变送器的负端（公用端），温控器接收的是电流信号。如果在温控器的正、负端并联一个电阻 R，温控器接收的就是电压信号。

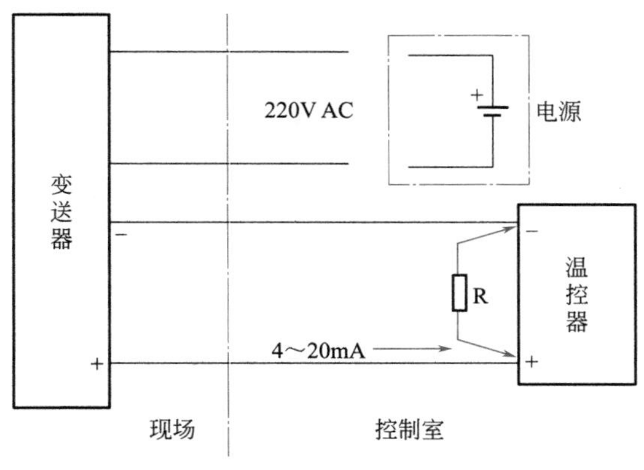


图 2-5　三线制变送器接线示意图

## 2.2.3　四线制变送器及接线

四线制变送器的电源、信号各用两根线，电源和信号分开工作。如图 2-6 所示，供电大多为 220V AC，也有 24V DC 的。输出信号大多为 4 ～ 20mA DC。四线制变送器的电流信号回路为：变送器的电流输出正端→温控器正端→温控器负端→变送器的负端，温控器接收的是电流信号。如果在温控器的正、负端并联一个电阻 R，温控器接收的就是电压信号。

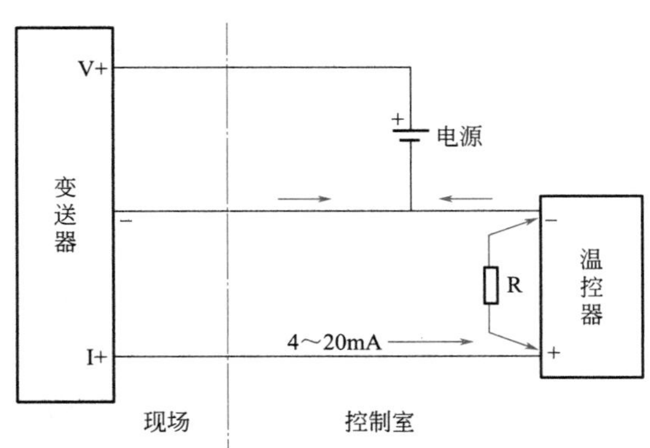


图 2-6　四线制变送器接线示意图

### 知识扩展

温控器线性刻度的换算公式及计算实例

变送器的输出大多为 4 ～ 20mA 电流信号，而被测参数及显示仪的显示都是测量值。变送器输出电流与测量值的对应关系为：

$$输出电流值=\frac{任意测量值-量程下限}{量程上限-量程下限}\times(20-4)+4 \quad (2\text{-}1)$$

$$=测量量程的百分比\times16+4$$

$$任意测量值=\frac{输出电流值-4}{20-4}\times(量程上限-量程下限)+量程下限 \quad (2-2)$$

计算实例：

**例 1**：某温控器有变送功能，变送输出 4 ～ 20mA 对应的温度量程为 0 ～ 500℃，当温控器显示 375℃时，温控器的变送输出电流是多少？

**解**：由式（2-1）得

$$输出电流值=\frac{375-0}{500-0}\times(20-4)+4=16(mA)$$

**例 2**：某压力变送器的测量范围为 -1 ～ 5bar（1bar=100kPa），对应的输出电流为 4 ～ 20mA，当输入温控器的电流为 12mA 时，压力测量值是多少？

**解**：由式（2-2）得

$$压力测量值=\frac{12-4}{20-4}\times[5-(-1)]+(-1)=2(bar)$$

# 2.3 常规控制规律及应用

## 2.3.1 位式控制

开、关电灯就是位式控制，位式控制的控制动作就是“开”和“关”两种状态的交替。图 2-7 是本书第 1 章中的电加热炉位式温度控制系统的过渡过程。当被控温度等于给定值时，继电器会不停地动作，这样继电器可吃不消。因此，只能在给定值附近定出一个上限和下限温度值，即加热温度 $T$ 在上限 $T_s$ 与下限 $T_x$ 之间，由温控器根据温度的变化情况来开、关加热电源。当温度上升到上限 $T_s$ 时，温控器关断电源停止加热，当温度下降到下限 $T_x$ 时温控器又接通电源进行加热。

在 0 ～ $t_1$ 时间，由于 $T<T_s$，一直通电加热，$T$ 一直上升。当时间 $t=t_1$ 时，由于 $T=T_s$，电源被关断停止加热，但温度并不会立即下降，相反还会继续上升一段时间 $\tau_1$，直到 $t=t_1+\tau_1$ 时，温度才从 $T'_s$ 开始逐渐下降。

当 $t=t_2$ 时，由于 $T=T_x$，接通加热器电源开始加热，但温度并不会立即上升，还会继续下降一段时间 $\tau_2$，直到 $t=t_2+\tau_2$ 时，温度才从 $T'_x$ 开始逐渐上升。

到 $t=t_3$ 时，$T$ 又等于 $T_s$。温控器又一次关断电源停止加热，系统及对象又再一次重复上述过程，这样一直循环下去。由于控制动作是“开”和“关”两种状态的交替，这样被控加热炉的温度会周期性地波动。

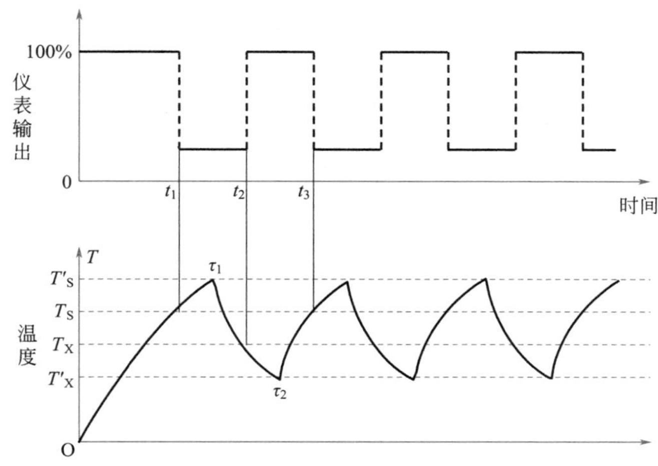


图 2-7　电加热炉位式温度控制系统的过渡过程

从上述可看出，被控温度是不可能在预定的上限 $T_s$ 与下限 $T_x$ 这一中间区波动，而是会超出这一规定范围，在一个比中间区更大的范围内波动， 作周期性等幅振荡，它的波动幅度是衡量位式控制系统控制精度的重要指标。超出中间区是由于系统滞后造成的。影响位式控制系统控制质量的因素，主要是系统各环节的滞后，尤其是被控对象的滞后影响最大。

使用位式控制系统，要根据生产的具体对象及允许波动范围，来给定温控器的中间区，一般是在运行中对中间区由小到大地凑试，直到被调参数变化幅度正好达到允许波动范围为止，这时的中间区就是最好的。除中间区和滞后外，负荷的大小对位式控制质量也有影响。

位式控制常用于空气储罐的压力控制，恒温箱、电加热炉的温度控制。有上、下限触点的温控器都可用来进行位式控制，配合继电器、电磁阀、电动调节阀，可以很方便地构成位式控制系统。位式控制适合用于延时小、时间常数大的加热对象。

但位式控制只适用于有惯性或有积累作用的对象，如储气罐的压力控制和容器的液位控制。如果被调对象没有惯性，如管道内的水压，由于水的不可压缩性，水泵一开，压力立刻升到最高，水泵一停，压力马上降到最低。即使控制水泵的继电器不停地动作，压力也不能够稳定下来。怎么办呢？只能用 PID 控制。

## 2.3.2　比例控制

什么是比例控制呢？我们先从淋浴时控制水温谈起。通常我们会根据水温来控制热水阀，若水温偏低，如果低得多，就把热水阀的开度开大一些；低得少，开的开度就小些。水温偏高的控制方法也一样，只不过控制方向相反而已。于是我们发现，水温偏差与热水阀开度大小之间有某种比例关系，掌握了这种比例关系，就能迅速控制好水温。如果把淋浴过程与生产过程对应起来，则“合适的温度”相当于目标温度即温度给定值，

“水温偏差”相当于测量值与给定值之差，“热水阀开度大小”相当于控制器的输出，“比例关系”就相当于比例带。

这种按比例控制偏差的规律称为比例控制，实现比例控制的仪表叫作比例控制器。比例控制器实际上就是个放大倍数可调的放大器，其输出为：

$$u=K_{\mathrm{p}}\times e+u_0 \tag{2-3}$$

式中 $K_{\mathrm{p}}$——比例增益；

$e$——控制器的输入，也就是测量值与给定值之差，又称为偏差；

$u_0$——在偏差为零时的初值。

从式（2-3）可以看出，控制器的输出信号与输入信号成比例关系，而且控制器输出与输入的变化是同步的，即控制器的输出 $u$ 与偏差 $e$ 是一一对应的，要使控制器输出值发生变化，必定有偏差的存在，所以比例控制是一种有差控制，它会使系统存在静态误差，只有当偏差不为零时，控制器输出值才会发生变化，即比例控制器是利用偏差来实现控制的，它只能使被控量输出近似跟踪给定值。

我们在淋浴时，通常是把冷、热水阀开至中间位置，这样不论水温升高或降低，都有充裕的阀门开、关度来控制水温的变化，以保持合适的淋浴水温。同样的道理，在使用比例控制器时，也要考虑控制器的初始工作点。在克服外来干扰的影响时，要使控制器和执行器件有足够的控制余地，一般是选择控制器输出的中间值，或者调节阀的中间开度为初始工作点，称其为中点或基准点。

温控器大多采用比例带 $\delta$（或称比例度）来表示比例控制作用的强弱，它的物理意义是：当控制器输出做全范围变化时，被调参数变化了量程的百分之几。也可理解为被调参数变化和控制器输出变化成比例的范围。图 2-8 表示了不同比例带 $\delta$ 时控制器输出 $u$ 与输入 $e$ 的关系。超出此比例范围后，$u$ 与 $e$ 不再成比例关系。

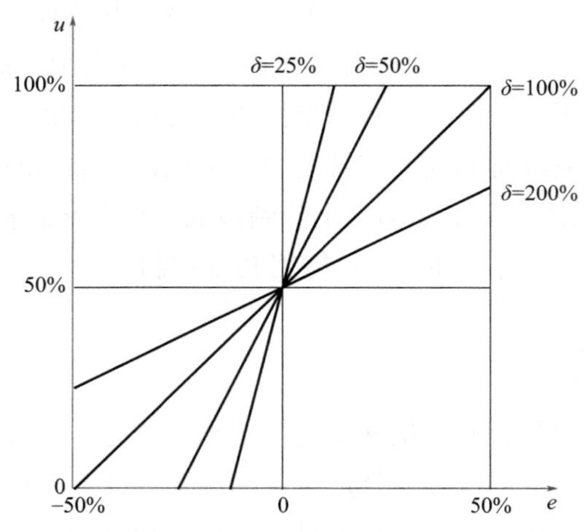


图 2-8 比例带与输入和输出的关系

温控器对比例作用的表示方法采用比例增益或比例带来表示。比例增益是指：输出变化与偏差变化之比。比例带是指：温控器的偏差值占输出值变化的比例，可表示为：

$$\delta=\frac{x_2-x_1}{x_{max}-x_{min}}\div\frac{u_2-u_1}{u_{max}-u_{min}}\times 100\% \tag{2-4}$$

式中 $x_2-x_1$——输入偏差；

$u_2-u_1$——控制器相应的输出变化；

$u_{max}-u_{min}$——控制器输出的变化范围；

$x_{max}-x_{min}$——控制器输入的变化范围即温控器的量程。

当 $u$ 和 $e$ 有相同的量纲时，$u_{max}-u_{min}=x_{max}-x_{min}$ 的关系成立，则：

$$\delta=\frac{1}{K_p}\times 100\% \tag{2-5}$$

从式（2-5）可看出比例增益和比例带互为倒数关系，对应关系如图 2-9 所示。即控制器的比例带越大，它的增益越小，它把偏差放大的能力越小，被控参数的曲线越平稳；控制器的比例带越小，它的增益越大，它把偏差放大的能力越大，被控参数的曲线越波动。

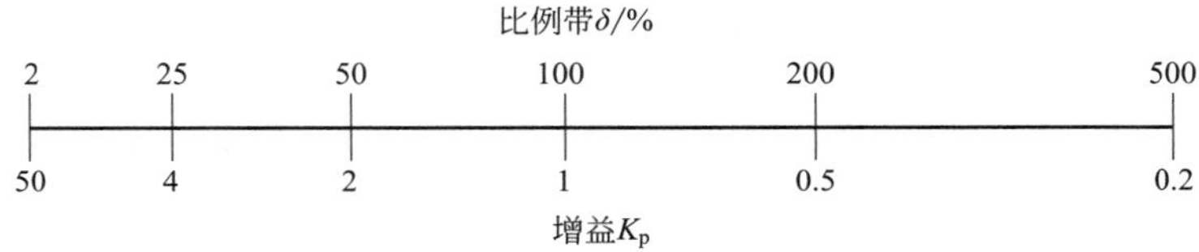


图 2-9 比例增益和比例带的对应关系

温控器的比例参数设置是用比例增益还是比例带呢？从温控器的说明书中可以看出，有的温控器对 $P$（比例）的说明是："显示比例的给定值 $P$ 值越小，系统响应越慢；$P$ 值越大，系统响应越快。"说明该温控器比例参数设置用的是比例增益。而有的温控器对 $P$（比例）的说明是："显示比例带的给定值 $P$ 值越小，系统响应越快；$P$ 值越大，系统响应越慢。"说明该温控器比例参数设置用的是比例带。使用温控器时要注意这一问题，避免参数整定时出现错误的调试。

比例作用是控制器的主要作用。在控制系统中，它能较快地克服干扰引起的被调参数的波动，并且克服干扰的能力还随着偏差的增大而增强。从式（2-3）还可看出，在达到同样输出值 $u$ 的情况下，比例增益 $K_p$ 大，偏差 $e$ 就可以小些，即要使控制器的余差减小，可以增大比例增益 $K_p$ 的值。

比例带的选取对控制质量有很大影响。选择不当，系统会产生振荡：比例带越小，比例增益越大，过渡过程曲线越振荡；比例带越大，比例增益越小，过渡过程曲线越平缓，余差也越大。若被控对象的滞后较小、时间常数较大、放大系数较小时，控制器的比例带可以选得小一些，以提高系统的灵敏度，使反应快一些，可以得到较好的过渡过程曲线。被控对象的滞后较大、时间常数较小、放大系数较大时，控制器的比例带应选得大些，才能达到稳定的要求。比例控制器虽然简单，但应用得当是可以满足很多使用要求的。比例带的选择范围是：温度控制 20% ～ 60%，压力控制 30% ～ 70%，流量控制 40% ～ 100%，液位控制 20% ～ 80%。

## 2.3.3 比例积分控制

比例控制的缺点是会产生余差，要克服余差就必须引入积分作用。我们仍回到淋浴时控制水温的问题上：我们在控制水温时，通常是调一下阀门，等一等，若水温不合适，就再调一下阀门，按水温偏差情况，一步一步地控制，达到合适的水温。这样的控制方式相当于生产过程中的积分控制。实际上我们在调水温时采用的办法是：水温较低时，我们就把阀门的开度调大一些，然后感受水温的变化趋势，再稍稍调动阀门，直到水温合适。这种调水温的方法，具有快速动作又能消除偏差的双重作用，相当于把比例控制和积分控制结合在一起，这也对应生产过程中用的比例积分控制作用，即 PI 控制。

比例积分控制作用可表示为：

$$\Delta u = K_{\mathrm{p}}\left(e + \frac{1}{T_{\mathrm{i}}}\int_{0}^{t} e\mathrm{d}t\right) \qquad (2\text{-}6)$$

从式（2-6）知，控制器的输出是比例输出和积分输出之和；积分输出需要有一个变化的过程，而比例输出则不需要这个过程。在同一个比例带的情况下，当积分输出变化到等于比例输出时，这一段时间叫作积分时间。如图 2-10 所示，即当输入偏差 $e$ 是一个阶跃变化时，一开始的垂直上升 $u_{\mathrm{b}}$ 是由比例作用造成的，然后输出慢慢上升的 $u_{\mathrm{i}}$ 是由积分作用造成的。记下输出垂直上升的数值并用秒表开始计时，待输出达到垂直上升部分的两倍时，停止计时。这时秒表所记下的时间就是积分时间 $T_{\mathrm{i}}$。

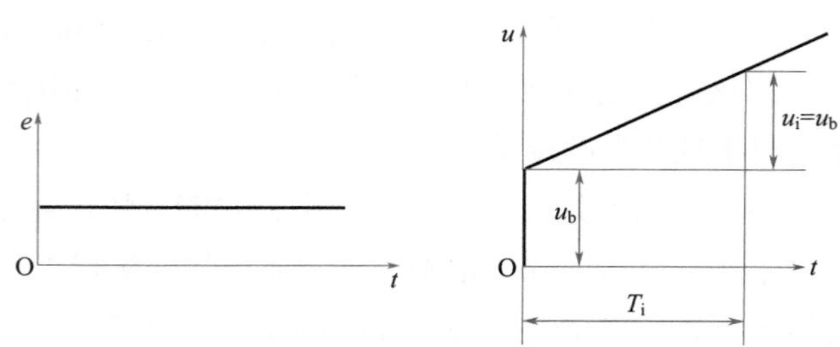


图 2-10　积分作用示意图

PI 控制器在积分作用下，控制器的输出信号是偏差信号对时间的累积。如果偏差为固定的正值，输出则是等速上升信号。一旦偏差为零，输出便保持不变。实际上在控制过程中，偏差不断减小，输出信号的变化也逐渐变缓，直到偏差为零，输出保持不变。当然，控制器也可以反向作用，正偏差时输出下降信号，正如淋浴时水温偏低应减小冷水阀门开度一样。

积分时间 $T_i$ 小，则积分作用强；积分时间 $T_i$ 大，则积分作用弱。若积分时间为无穷大，表示没有积分作用，这时的控制器就是纯比例控制器。在同样的比例度下，缩短积分时间 $T_i$ 能加强积分控制作用，容易消除余差；但缩短积分时间 $T_i$ 加强积分控制作用后，又会使系统振荡加剧，会出现不易稳定的倾向。积分时间越短，振荡倾向越强烈，甚至会成为不稳定的发散振荡，这是需要注意的。在实际应用中，控制器的积分时间应按控制对象的特性来选择，使它跟被调对象的反应时间常数相适应，以达到既快速又稳定的控制效果。积分时间 $T_i$ 的选择范围是：温度控制为 3 ～ 10min，对象滞后越大 $T_i$ 越要选得大些；压力控制为 0.4 ～ 3min；流量控制为 0.1 ～ 1min；液位控制一般不需要积分作用。

## 2.3.4 比例微分控制

PI 控制是根据偏差进行动作的，而微分控制则是根据偏差的变化趋势（即变化速度）而动作的。淋浴控制水温时有的人很聪明，他会判断水温的变化趋势，并提前调节阀门，如果水温正在下降，他就趁早开大热水阀门，以避免水温过低，这种预估及提前采取的动作，就是超前作用。如果把淋浴过程与生产过程对应起来，则“水温正在下降”相当于偏差有变化，“趁早开大热水阀门”相当于微分作用根据偏差的变化趋势（即变化速度）来动作。

理想的微分控制器的输出变化量与输出偏差的变化速度成正比。微分作用的特点是只要输入不变化，微分控制器的输出总是零，只有在输入变化时，控制器才有输出，并且输入变化越快，输出的值就越大。所以微分控制器不能单独使用，因为在偏差固定不变时，不论其数值有多大，微分作用都停止了，就达不到消除偏差的目的。实际的微分控制器具有比例和微分两个作用，只是比例带恒定不变而已。当输入偏差为阶跃信号 $E$ 时，比例微分（PD）控制器的输出为：

$$\Delta u = K_p E + K_p E(K_d - 1)e^{-\frac{K_d}{T_d}t} \tag{2-7}$$

式中 $E$——阶跃输入的变化幅度；

e——这里的 e 和前面的意义不一样，不是偏差，而是一个常数，约等于 2.718；

$K_d$——微分增益；

$T_d$——微分时间。

从式（2-7）可看出，比例微分控制器的输出是比例作用和微分作用两部分之和，如图 2-11 所示，从图可看出，在初始由于输入是一个突变，因此微分作用很强，输出将出现一个峰值。接着由于输入是不变的，微分分量将渐趋消失，输出将逐渐下降，最后就只有比例分量。由于比例分量的存在，输出最后不会下降到零。微分作用的大小由微分时间 $T_d$ 来衡量，$T_d$ 大微分作用强，超前时间大。

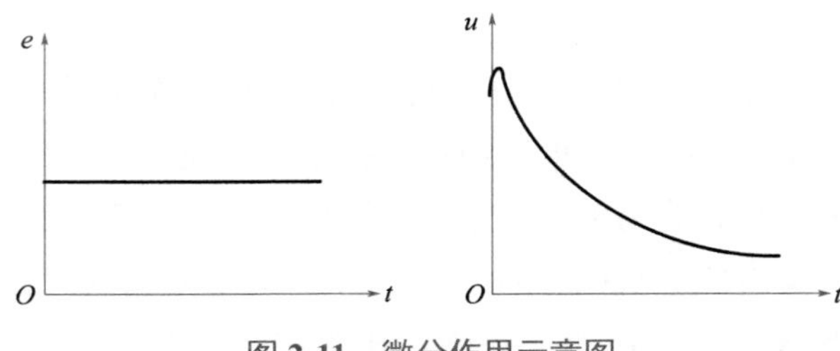


图 2-11 微分作用示意图

在负荷变化剧烈、扰动幅度较大或过程容量滞后较大的系统中，适当引入微分作用，在一定程度上可提高系统的控制质量。通常控制器在感受到偏差后再进行控制，过程已经受到较大幅度扰动的影响，或者扰动已经作用了一段时间，而引入微分作用后，被控变量一有变化，根据变化趋势就可适当加大控制器的输出信号，会有利于克服扰动对被控变量的影响，抑制偏差的增长，从而提高系统的稳定性。如果要求微分作用后仍保持原来的衰减比 $n$，可适当减小控制器的比例带，一般可减小 10% 左右，从而使控制系统的控制指标得到改善。

温度控制系统需要加微分作用，微分时间 $T_d$ 设置得当，温度控制指标会得到很大的改善；若 $T_d$ 设置得太小，对温度控制指标基本没有影响；但 $T_d$ 设置得过大，会引入太强的微分作用，反而可能导致系统产生剧烈的振荡。

通常微分增益 $K_d > 1$。如果 $K_d < 1$，则称为“反微分”。反微分具有滤波作用，可用来降低系统的灵敏度，如反应太快的流量控制系统，采用反微分可以起到很好的滤波效果。

## 2.3.5 比例积分微分控制

PID 控制器具有比例、积分、微分三种控制规律，可概括为：

① 比例作用的输出与偏差值成正比；

② 积分作用输出的变化速度与偏差值成正比；

③ 微分作用的输出与偏差的变化速度成正比。

三种控制作用的总结果是上述三者之和。如图 2-12 所示，在偏差作阶跃变化后，除比例作用在整个过程起作用外，前期是微分起主要作用，后期则是积分起主要作用。

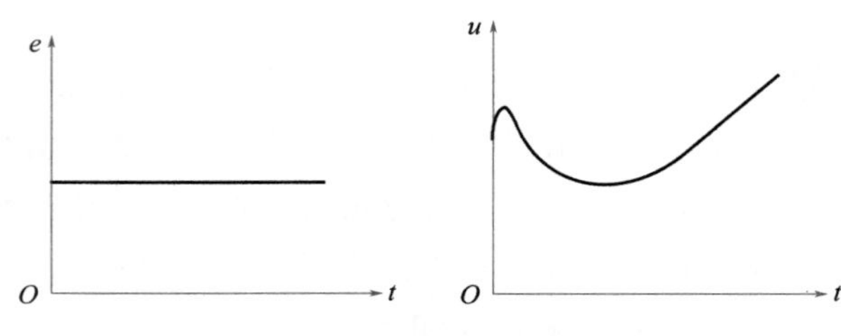


图 2-12 PID 控制器作用示意图

PID 控制器有三个可调参数，比例带 $\delta$、积分时间 $T_i$、微分时间 $T_d$。改变这些参数便可适应生产过程的不同要求。虽然 PID 控制综合了各种控制作用的优点，具有较好的控制性能，但这并不意味着它在任何情况下都是最合适的，要根据被控对象的特性，通过调整控制器的参数来改善控制质量。因此，控制器的参数整定是个很重要的环节。

生产过程常用的控制作用如下。

温度和成分：容量滞后较大，用 PID 控制。

压力：介质为液体的时间常数小，介质为气体的时间常数中等，用 P 或 PI 控制。

流量：时间常数小，测量信号中有噪声，用 PI 或反微分控制。

液位：一般要求不高，用 P 或 PI 控制。

**小经验**

为便于记住比例、积分、微分三个作用，提供一个改编的顺口溜：

[比例作用] 比例调节器，像个放大器。一个偏差来，放大送出去。放大是多少，设置要仔细。比例带置大，放大倍数低。

[积分作用] 积分调节器，累积有本事。只要偏差在，累积不停止。累积快与慢，对象特性选。积分时间长，累积速度低。

[微分作用] 说起微分器，一点不神秘。阶跃输入来，输出跳上去。下降快与慢，偏差趋势定。微分时间长，下降就慢些。

### 2.3.6 控制器的选择

控制器的选择应根据控制对象特性及生产过程对控制系统的要求进行，基本原则如下。

① 当对象和测量元件的时间常数 $T$ 较大，容量迟延大，纯滞后 $\tau$ 很小，微分控制是首选。工艺要求较高时，应选用 PID 控制器或 PD 控制器。工艺要求不高时，可选用 P 控制器。

② 当对象和测量元件的时间常数 $T$ 较小，纯滞后 $\tau$ 较大，用微分控制不一定有作用。

③ 当对象的时间常数 $T$ 较小，系统负荷变化较大时，为了消除干扰引起的余差，应选用 PI 控制器，如流量控制系统。

④ 当对象的时间常数 $T$ 较小，而负荷变化很快，这时用了微分控制和积分控制都容易引起振荡，对控制质量影响很大。如果对象的时间常数很小，采用反微分作用可能会有较好的效果。

⑤ 当对象的纯滞后 $\tau$ 很大，负荷变化也很大，简单控制系统可能无法满足要求，只能采用复杂控制系统，如串级控制来满足工艺生产的要求。

# 2.4 温控器的人工智能控制

整定过控制器参数的人都有这样的体会：有的控制系统经多次参数整定效果仍不明显，感觉用常规 PID 难以进行控制；但有时通过操作人员的综合观察，凭借他们的经验，采取适当的对策及调整，往往就能投入自动控制。这一过程就是借助人工经验和模仿操作人员思维的结果，这可算是最原始的人工智能控制了。

温控器的人工智能控制及自整定功能，就是采用微处理器来模拟人的逻辑思维和判断决策，即采用在控制工程师和熟练操作人员的经验基础上开发的控制软件，使温控器实时地模仿人的思维及控制动作来完成控制任务。温控器采用的人工智能控制及 PID 参数自整定控制算法有：自适应控制、模糊控制。各厂产品采用的算法不尽相同，各有千秋，但都离不开作为基础的常规 PID 算法。

## 2.4.1 数字 PID 控制

温控器都是采用数字 PID 控制算法。数字控制是一种采样控制，每个被控变量的测量值，隔一定时间要与给定值比较一次，按照预定的控制算法得到输出值，还要把它保留至下一次采样时刻。数字 PID 控制系统如图 2-13 所示。

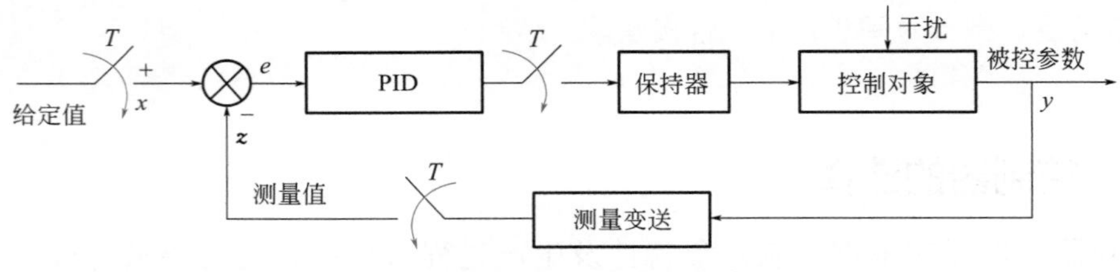


图 2-13　数字 PID 控制系统

采用数字 PID 控制时，P 作用只能采样进行，I 作用须通过数值积分，D 作用须通过数值微分。在数字 PID 控制算法中，比例作用仍然是最基本的控制作用。除进行时间采样外，比例作用的算法与模拟 PID 控制算法没有差别。数字 PID 的三个控制作用是相互独立的，可以分别设置及整定，三个参数可以在更大范围内选择。

## 2.4.2 初识模糊控制

一提到模糊控制，有的人可能感觉很神秘，我们仍回到沐浴时的水温控制，沐浴时水温是经常变化的。一般人的经验是根据水温来控制冷热水阀门，若水温偏低，如果低得多，就把热水阀的角度开大一些，低得少开的角度就小些；若水温偏高，如果高得多，就把冷水阀的角度开大一些，高得少开的角度就小些。以上描述包含了控制规则条件语句中的一些词，如“偏低”“偏高”等都具有一定的模糊性。我们把以上操作经验，用模糊集合来描述这些模糊条件语句，即组成了温度模糊控制器。即模糊控制就是模仿人的操作经验，依据控制规则来进行控制，而不是依赖于对象的数学模型。图 2-14 为模糊控制器的基本结构。图中模糊输入接口经过采样获得被控量的数值，此量与给定值比较后得到偏差信号 $e$，并求得偏差变化率 $\Delta e$，再将偏差信号及偏差变化率实现精确的模糊化，然后由模糊推理决策机构模仿人的思维特征，根据总结人工控制策略取得的模糊控制规则，进行模糊推理决策，得出模糊输出控制量，再由模糊输出接口对模糊输出控制量进行判断，转化为精确量 $u$ 后控制被控对象。

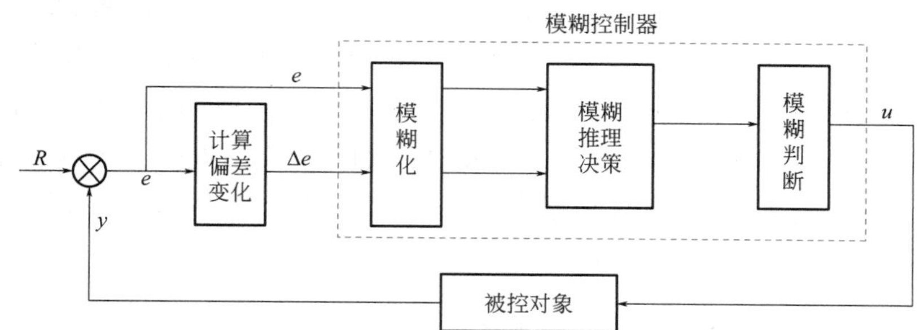

图 2-14　模糊控制器的基本结构

## 2.4.3　温控器的 PID 自整定

温控器大多采用极限环自整定法，又称为 PID 参数继电自整定法，就是在得到被控对象的临界比例增益 $K_c$ 和振荡周期 $T_c$ 后，根据 Z-N 算法来确定 PID 参数，用继电反馈的方法整定出控制器参数，这也是目前 PID 自整定方法中应用最多的一种。继电自整定方法是在控制器中设置两种模式：控制模式和整定模式。在整定模式下，控制器自动转换成位式控制，当测量值小于给定值时，控制器输出为满量程，反之为零，使系统产生振荡，振荡过程中控制器自动提取被控对象的特征参数；而在控制模式下，由系统的特征参数首先得出 PID 参数，然后，由此参数对系统进行控制。继电 PID 自整定控制器的结构如图 2-15 所示。需要参数整定时，开关置于整定，系统按继电反馈建立起稳定的极限环振荡后，就可以根据系统响应特征确定 PID 参数；自整定计算完成后开关置于控制，系统进入正常控制。

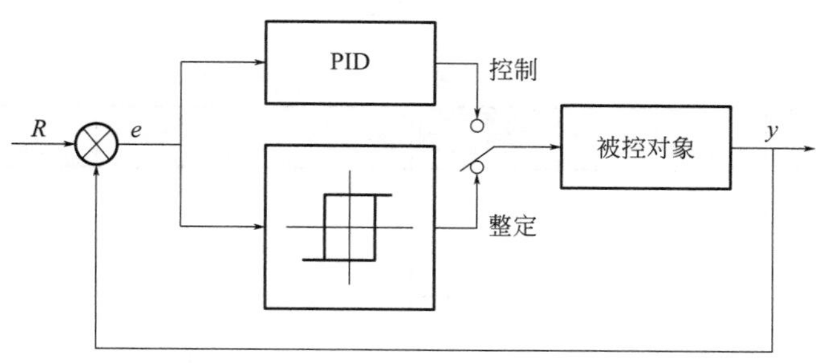

图 2-15　继电 PID 自整定控制器结构示意图

# 2.5 执行器件

## 2.5.1 继电器及使用

（1）电磁继电器的结构及工作原理

电磁继电器是根据电磁感应现象制造的，如图 2-16 所示。在线圈两端加上一定的电压，线圈中就流过一定的电流，铁芯中将产生一定的磁通并被磁化而具有磁性，衔铁就会在电磁吸力的作用下，克服返回弹簧的拉力而被吸至铁芯，从而带动动、静触点闭合或分开。线圈断电后，电磁吸力消失，衔铁以及动触点就会在返回弹簧的作用下返回原来位置，动、静触点又恢复至原来的状态。有的小型继电器不使用返回弹簧，而是用小铁块，依靠铁块的重力返回原来位置。

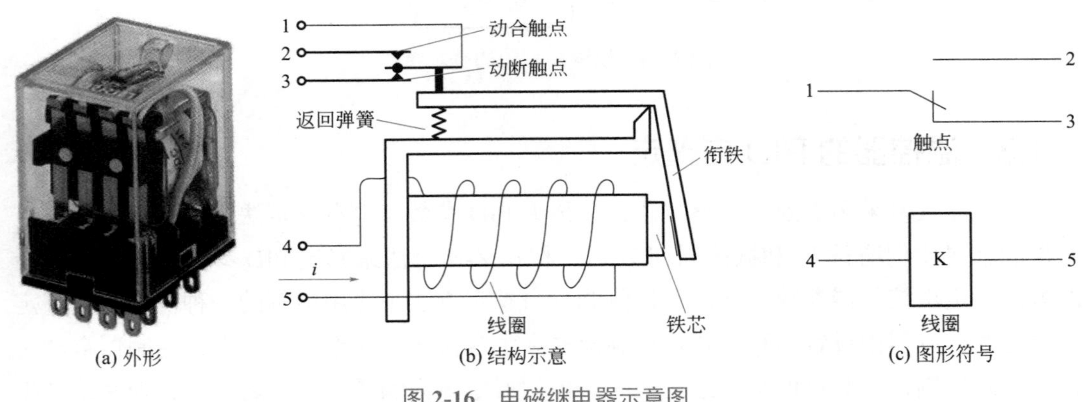


图 2-16　电磁继电器示意图

继电器线圈未通电时处于断开状态的触点，称为“动合触点”，又叫“常开触点”（H 型）；继电器线圈未通电时处于闭合状态的触点，称为“动断触点”，又叫“常闭触点”（D 型）。一个动触点同时与一个静触点常闭而与另一个静触点常开，就称它们为“转换触点”（Z 型）。在同一个继电器中，可以具有一对或数对常开触点或常闭触点（两者也可同时具有），也可具有一组或数组转换触点。继电器常用触点的图形符号如表 2-4 所示。

表 2-4　继电器常用触点的图形符号

| 触点名称 | 图形符号 | 触点名称 | 图形符号 |
|---|---|---|---|
| 动合触点<br>（常开触点） | | 动断触点<br>（常闭触点） | |
| 先断后合的转换触点 | | 先合后断的转换触点 | |

（2）继电器的选择

① 电压、电流的选择　应按控制电路的供电电压及能输出的最大电流作为选择依据，再根据被控电路的电压和电流是直流电压还是交流电压来选择。首先要考虑额定工作电压，工作电压不能超过额定工作电压的 1.5 倍，否则会产生较大的电流发热而烧毁线圈。输送给继电器的电流必须大于吸合电流，以保证继电器能稳定工作。

② 触点的选择　要确定被控电路的组数需要什么形式的触点，应综合考虑后选择。选择时还应考虑继电器是短期和断续工作，是 8 小时工作还是长期工作等问题。

③ 对控制用继电器，返回系数一般要求在 0.4 以下，以避免电源电压短时间的降低而自行释放。

（3）继电器的使用及维护

① 要考虑继电器的安装环境　环境温度、湿度的变化会使继电器的零件变形，密封、绝缘参数改变，使继电器的可靠性下降。腐蚀性气体、振动、冲击，会对继电器的线圈、触点、外壳等造成损伤，振动、冲击还会使继电器误动作。

② 提高继电器触点负载能力的方法　触点的负载能力满足不了使用要求时，不能采取几对触点并联的方法来解决，因为，几对触点同步闭合和断开几乎不可能。应采用中间继电器或接触器来扩大触点的负载能力。

③ 定期检查可动部件和连接部件　检查接线是否有松动和锈蚀；可动部件是否卡住；线圈等带电部件是否有尘污堆积；电气部件绝缘是否下降；触点和电磁系统是否清洁，动作是否正常。

④ 解决触点虚接的措施　所谓“虚接”，是指在控制回路中，由于继电器触点接触电阻的变化，而使被控线圈两端的实际电压低于额定控制电压的 85%，造成控制失灵。触点虚接现象很难发现。因此，在可能的情况下尽量提高控制电压；控制大容量接触器，要用中间继电器来提高可靠性；控制回路对可靠性要求高时，应采用 220V 及以上的额定控制电压。

## 2.5.2 交流接触器及使用

（1）交流接触器的结构及工作原理

交流接触器利用主触点来开闭主电路，用辅助触点来执行控制指令。主触点一般只有常开触点，辅助触点则有常开和常闭触点。交流接触器的外形、结构示意及图形符号如图 2-17 所示，它主要由三组主触点、一组常闭辅助触点、一组常开辅助触点和控制线圈组成。当线圈通电时，线圈产生磁场，磁场通过铁芯吸引衔铁，而衔铁则通过连杆带动所有的动触点动作，与各自的静触点接触或断开。当线圈断电后，电磁力消失，衔铁联动部分依靠复位弹簧的反作用力而分离，使主触点断开，切断电源。容量较大的交流接触器设有灭弧装置，以便迅速切断电弧，避免烧坏主触点。

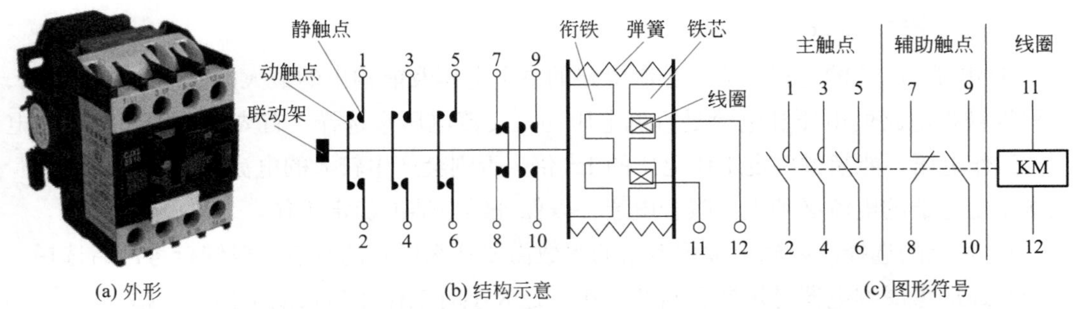


图 2-17 交流接触器的外形、结构示意及图形符号

### （2）交流接触器的重要参数

交流接触器在外壳铭牌上会标注一些重要参数，具体内容如图 2-18 所示。

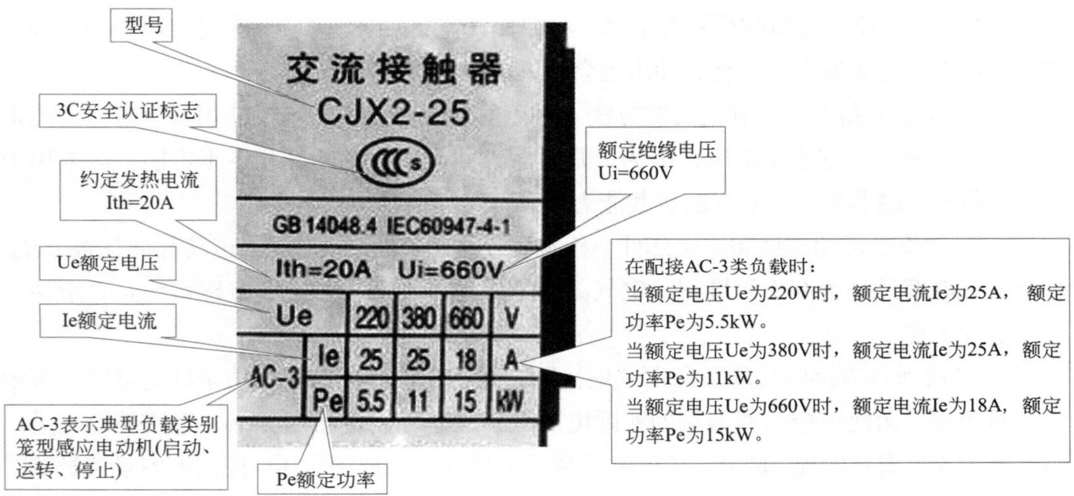


图 2-18 交流接触器铭牌的参数

### （3）交流接触器的选用

① 根据负载种类、工作时间进行选择　根据被控制的负载或负载电流类型来选择交流接触器的类型。交流接触器按负载种类一般分为一类（AC-1）、二类（AC-2）、三类（AC-3）、四类（AC-4），AC-1 用于无感或微感负载，如电阻炉，温度控制系统中常使用。

交流接触器按工作时间分为：短时、八小时、长期三类工作制。接触器的约定发热电流参数是按八小时工作制确定的，一般情况下各种系列规格的接触器均适用于八小时工作制。长期工作制的交流接触器必须降容量使用或特殊设计。用于短时工作制的接触器，触点通、断电时间不应太频繁；操作频率不要超过接触器技术参数的规定，否则必须降容使用。

② 主电路参数的选择　应根据主电路的参数，如额定工作电压、额定工作电流或额

定功率、通断能力、过流能力、配用的短路保护装置等参数来进行选择。

交流接触器主触点的额定电压应选择大于或等于负载回路的额定电压。主触点的额定电流应大于或等于负载的额定电流。交流接触器的额定通断能力应高于通断时电路中实际可能出现的电流值。过流能力也应高于电路中可能出现的工作过载电流值。如果严格按使用类别和工作制选用，实际上就考虑了上述因素。

③ 控制电路参数和辅助电路参数的确定　交流接触器的线圈电压应按选定的控制电路电压确定。辅助触点的种类和数量的选择，应根据辅助触点是常开或常闭，数量和组合形式，控制电路及使用要求来确定；同时应注意辅助触点的通断能力和其他额定参数。当辅助触点数量和其他额定参数不能满足控制要求时，可通过交流接触器上的联动架加装辅助触点组件，或者增加中间继电器来扩大功能。

④ 线圈电压的确定　一般应使交流接触器的线圈电压与控制回路的电压等级相符。控制电路比较简单，接触器的数量较少时，交流接触器线圈的电压可直接选择 380V 或 220V；如果控制电路较复杂，使用的电器元件较多，为了安全起见，线圈可选择低电压供电，应通过隔离变压器给控制回路供电。

⑤ 按所用环境条件选择　选用交流接触器时还应考虑现场的环境温度、湿度、振动、尘埃、腐蚀性等因素，应根据现场环境条件，综合考虑选用不同类型的交流接触器。

（4）电加热设备用交流接触器的选择

温度控制用的交流接触器主要用于电加热设备。电加热设备有电阻炉、电加热器等，这类负载的电流波动范围很小，使用类别属于 AC-1，交流接触器控制这类负载很轻松，操作也不频繁。只要接触器的约定发热电流 $I_{th}$ 等于或大于电加热设备工作电流的 1.2 倍即可。

实例：拟用交流接触器控制 380V、15kW 三相 Y 形接法的电阻炉，选择方法为：

① 计算每一相的额定工作电流：$I_e=\dfrac{15000\text{W}}{\sqrt{3}\times 380\text{V}}\approx 22.8\text{A}$。

② 所选交流接触器的约定发热电流为：$I_{th}=1.2\times 22.8\text{A}\approx 27.4\text{A}$。

可选择约定发热电流 $I_{th}\geqslant 27.4\text{A}$ 的交流接触器。

小知识 

什么是约定发热电流

约定发热电流 $I_{th}$（又称为热稳定电流）是指在规定的试验条件下试验时，开关电器在 8 小时工作制下，各部件的温升不超过规定极限值所能承载的最大电流，该值大于额定电流。

（5）交流接触器安装注意事项

① 安装前应检查交流接触器铭牌，确定额定电压、额定电流、额定功率、线圈电压

是否符合使用要求，并检查产品的绝缘电阻。

② 用手推动交流接触器活动部件时，动作应灵活，没有卡滞现象，检查有无杂物落入接触器内部。

③ 交流接触器一般应垂直安装，其倾斜角不得超过 5°，否则会影响其动作特性。

④ 安装和接线时，注意勿使零件或杂物掉入接触器内部；固定交流接触器应在配电板上打孔攻丝，不可采用螺母固定方式；螺钉应加弹簧垫圈与平垫圈，并拧紧螺钉，以防松脱。

⑤ 检查接线正确后，应在主触点不带电的情况下操作几次，观察动作是否正常。

（6）交流接触器的使用及维护

① 经常检查交流接触器各部分有无尘垢，尘垢积多了会使绝缘电阻下降，测量相间绝缘电阻，阻值应不低于 10MΩ。铁心极面处尘垢积多了，会影响交流接触器的正常动作。有灰尘时，可用压缩空气或皮老虎吹，也可用毛刷刷，切忌用湿布擦拭，以免发生触电事故。

② 定期检查交流接触器可动部件有无卡住，各紧固件及接线端有无松动。检查灭弧罩是否破损、松脱，位置是否变化，灭弧罩缝隙内有无杂物。触点表面应保持清洁，不允许涂油。检查主触点或辅助触点动作是否灵活，有无松动脱落，发现问题及时处理或更换。

③ 检查线圈绝缘有无变色、老化现象，线圈表面温度不应超过 65℃。线圈和触点的温升，有条件时可用红外成像仪进行检测，来发现发热隐患。若发现温升过高，要及时查明原因进行处理。

**小经验**

继电器和接触器触点的检查

继电器和接触器触点最常见的故障是：接触电阻增大、触点闭合但不通、触点烧坏。检查时给线圈通入额定电压，用万用表的电阻挡测量触点导通时的电阻，正常时接近 0Ω，如果有数欧姆电阻值，则应视为有故障，应进行处理或更换。

## 2.5.3 固态继电器（SSR）及使用

（1）固态继电器的结构及工作原理

固态继电器按负载类型可分为交流型（AC-SSR）和直流型（DC-SSR）两类。它们分别用在交流或直流电源上做负载的开关，不能混用。本书仅介绍最常用的交流固态继电器。交流固态继电器外形及原理如图 2-19 所示，从图可看出它是一种四端有源器件，有两个输入控制端，两个输出受控端。它既有放大驱动作用，又有隔离作用。它采用光电隔离器对输入输出之间进行电气隔离。在输入端加上直流或脉冲信号，输出端就能从关断状态转变成导通状态（无信号时呈阻断状态），从而控制较大负载。

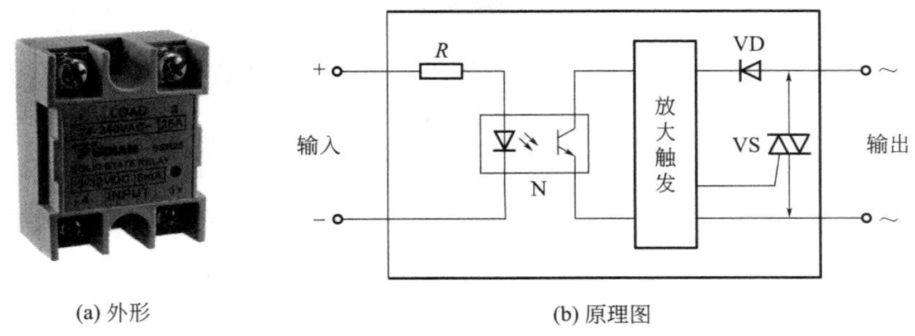


(a) 外形 (b) 原理图

图 2-19 交流固态继电器外形及原理示意图

（2）固态继电器的选择

固态继电器型号命名尚未统一，选型时要参阅厂家的说明书，在参数选择时应考虑如下条件。

① 额定输入电压 是指在给定条件下能承受的稳态阻性负载的最大允许电压有效值。用于感性负载时，所选额定输入电压必须大于两倍电源电压值，所选产品的击穿电压应高于负载电源电压峰值的两倍。交流负载为 220V 的阻性负载，可选用 220V 电压等级的 SSR；交流负载为 220V 的感性负载或交流负载为 380V 的阻性负载，可选用 380V 电压等级的 SSR；交流负载为 380V 的感性负载，可选用 480V 电压等级的 SSR；电动机正反转可选用 480V 电压等级的 SSR；频繁启动的单相或三相电机负载，可选用 660 ～ 800V 电压等级的 SSR。

② 额定输出电流和浪涌电流 额定输出电流是指在给定条件下（环境温度、额定电压、功率因素、有无散热器等）所能承受的最大电流有效值。固态继电器对温度的敏感性很强，工作温度超过标称值后，必须降额或外加散热器使用，通常厂家都提供热降额曲线。

浪涌电流是指在给定条件下（环境温度、额定电压、额定电流和持续的时间等）不会造成永久性损坏所允许的最大非重复性峰值电流。阻性负载，SSR 可全额或降额 10% 使用。电加热器、接触器接通瞬间的浪涌电流可达稳态电流的 3 倍，SSR 应降额 20% ～ 30% 使用。

（3）固态继电器的使用及维护

固态继电器接线时不要把输入、输出端接反。使用中要注意如下事项。

① 浪涌电流对 SSR 的影响 所有的负载工作时都有浪涌电流，如电加热元件是纯电阻性负载，具有正温度系数，低温时电阻较小，初始通电时电流就较大。如果 SSR 内部的热量来不及散发，可能会使晶闸管损坏，选择 SSR 时要留有一定的电流余量。使用电阻、电热负载时 SSR 的电流等级应大于负载额定电流 2 ～ 2.5 倍。

② 使用环境温度的影响 固态继电器的负载能力受环境温度和自身温升的影响较大，使用中要有良好的散热条件，额定工作电流在 10A 以上的 SSR 应配散热器，100A 以上的 SSR 应配散热器加风扇强冷。安装时要注意 SSR 底部与散热器的良好接触，并应涂导热硅脂。长期工作在 40 ～ 80℃状态下的 SSR 应对电流等级进行降额使用。

③ 过流、过压保护措施 过流和负载短路会造成SSR永久损坏，应在控制回路中设置快速熔断器和空气开关进行保护，可在SSR输出端并联RC吸收回路和压敏电阻进行保护。

④ 输入回路信号 如果输入电压或输入电流超过了规定，可在输入端串联分压电阻或在输入端并联分流电阻，使输入信号合乎SSR的要求。输入信号线应远离电磁干扰源，以防误动作。

### 2.5.4 晶闸管、交流调功器及使用

#### （1）单向晶闸管（SCR）

单向晶闸管的图形符号如图2-20（a）所示，A为阳极，K为阴极，G为控制极。额定电流小于200A的晶闸管大多采用螺栓形的封装形式，螺栓就是阳极A，它与散热器紧密连接，粗辫子线是阴极K，细辫子线是控制极G。大于200A的采用平板形，它的两个平面分别是阳极和阴极，而细辫子线则是控制极。

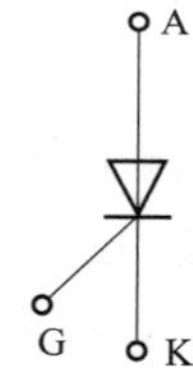


(a) 单向晶闸管

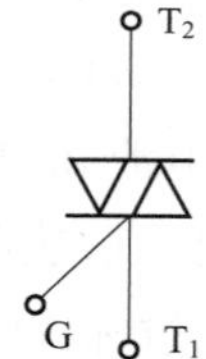


(b) 双向晶闸管

图2-20 晶闸管的图形符号

单向晶闸管的结构与二极管有些相似，在其两端加以正向电压而控制极不加电压时，并不导通，正向电流很小，处于正向阻断状态。如果在控制极与阳极间加上正向电压，晶闸管导通，正向压降很小，即使撤除控制电压，仍能保持导通状态。因此，利用切断控制电压的办法不能关断负载电流。只有当阳极电压降到足够小，以致阳极电流降到一定值以下时，负载回路才能阻断。若在交流回路中使用，当电流过零进入负半周时，能自动关断，如果到正半周要再次导通，必须重新施加控制电压。

#### （2）双向晶闸管（TRIAC）

双向晶闸管的图形符号如图2-20（b）所示，$T_2$和$T_1$为主电极，G为控制极。其具有双向导通功能，通断情况由控制极G决定，当G无信号时，$T_2$与$T_1$间呈高阻阻断状态；当$T_2$与$T_1$之间加一大于阈值的电压（一般大于1.5V）时，就可用控制极G端电压来使晶闸管导通。双向晶闸管一旦导通，不论有无触发脉冲，均维持导通。只有在流过主电

极的电流小于维持电流时，或主电极改变电压极性且没有触发脉冲存在时，双向晶闸管才能自行关断，即触发双向晶闸管的触发电压不论是正还是负，只要满足必需的触发电流，都能触发双向晶闸管在两个方向导通。

（3）晶闸管的使用

① 选择晶闸管的额定电压时，应参考实际工作条件下的峰值电压的大小，并留出一定余量。选择晶闸管的额定电流时，除考虑通过元件的平均电流外，还应注意正常工作导通角的大小、通风散热条件等因素。使用中应注意管壳温度不超过相应电流下的允许值。

② 更换晶闸管前，要用万用表检查晶闸管是否良好，严禁用兆欧表测试晶闸管。

③ 晶闸管安装散热器时，要保证散热器与晶闸管管心接触良好，它们之间应涂上一薄层有机硅油或硅脂，以利于散热。

④ 主电路中的晶闸管要有过压及过流保护装置，使用中控制极所加的反向电压不得超过规定值，以免损坏。为了防止反向电压过大，可在控制极反向并联一只二极管。

⑤ 不规范的接线很容易引发干扰，导致晶闸管误触发。控制极的驱动线应采用双绞线或屏蔽线，接线应尽量短。温控器输出的驱动线越短越好，并要将驱动线直接连接到晶闸管的控制极 G 和 $T_2$ 管脚，如图 2-21 所示。为提高抗干扰能力，可在控制极串入小于 1kΩ 的电阻，以降低控制极的灵敏度。

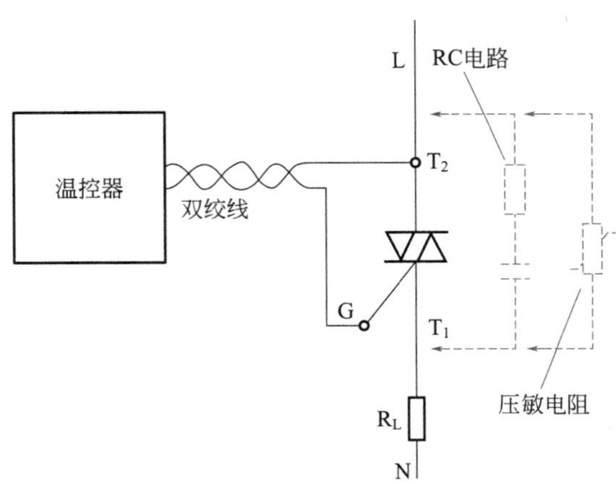


图 2-21　温控器驱动晶闸管接线示意图

⑥ 使用晶闸管的现场有大电机、变频器等干扰源时，可采取以下措施保护晶闸管或提高抗干扰能力。

a. 在双向晶闸管的 $T_2$ 脚和 $T_1$ 脚之间，在单向晶闸管的 A 极和 K 极之间，并联压敏电阻或 RC 缓冲电路。如 220V AC 的电路，可用 500 ～ 600V 的压敏电阻；380V AC 的电路， 可用 800 ～ 900V 的压敏电阻；RC 缓冲电路可用 100Ω/3W 电阻和 0.1μF/630V 的电容串联组成。如图 2-21 的虚线所示。

b. 在负载上串联一个几微亨的不饱和（空心）电感，以限制通态临界电流上升率 $dI_T/dt$。也可在负载上串联一个几毫亨的电感，来限制切换电流变化率 $dI_{COM}/dt$。

⑦ 把两个单向晶闸管并联反接，可代替双向晶闸管在某些场合使用和应急。虽然双向晶闸管正、反相均能导通，但不能将其两端调换使用。

（4）交流调功器工作原理

交流调功器是一种以晶闸管为基础，以数字控制电路为核心的电源功率控制电器。在电加热温度控制系统中得到广泛应用。

单相交流调功电路原理如图 2-22 所示。晶闸管以开关状态串接在电源与负载之间，改变电源周期内的通电与断电时间之比，就能达到控制输出功率大小的目的，这就是交流调功器的基本工作原理。图中双向晶闸管 TRIAC 的导通受脉宽可调的矩形波信号控制。交流调功是以交流电的周期为单位控制晶闸管的通断，即负载与交流电源接通几个周波，再断开几个周波，通过改变导通周波数和断开周波数的比值来控制负载所消耗的平均功率，如图 2-23 所示。

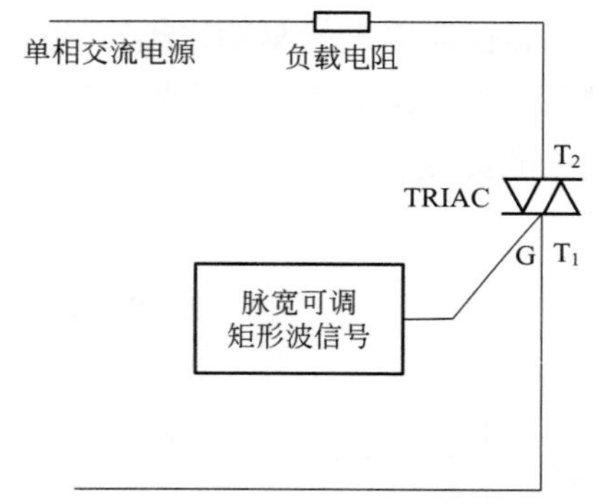


图 2-22　单相交流调功电路原理

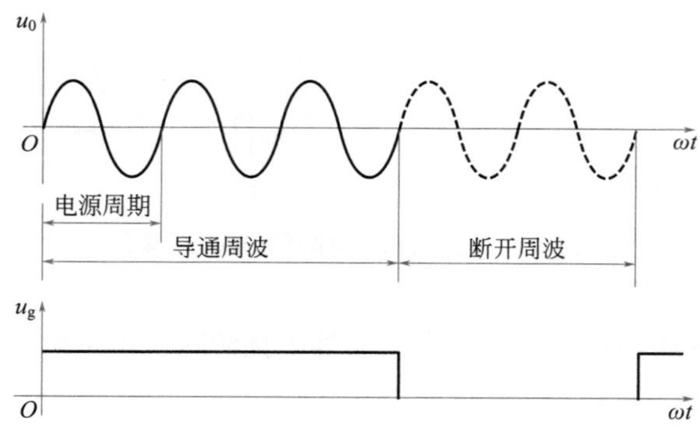


图 2-23　导通和断开周波与功率的关系示意图

交流调功器用于电炉的温度控制，因为电炉这类控制对象，时间常数往往很大，没有必要对交流电源的各个周期进行频繁的控制，只要大致以周波数为单位控制负载所消耗的平均功率。采用周波控制方式，使得负载电压电流的波形都是正弦波，不会对电网造成谐波污染。此外，在 TRIAC 导通期间，负载上的电压保持为电源电压。

小知识 

什么是晶闸管的过零触发和移相触发

过零触发是指当加入触发信号，晶闸管在交流负载电压为零或接近为零时，晶闸管才导通；当断开触发信号，晶闸管要等到交流负载电压为零或接近为零时，晶闸管才断开。如图 2-24 所示，过零触发就是在刚刚过箭头处触发，触发信号起始点之后的几乎整个半波是全导通的，如图中阴影所示。过零触发是在给定时间间隔内，改变晶闸管导通的周波数来实现电压或功率的控制。当过零触发的通断比太小时会出现低频干扰，通常只适用于热惯性较大的电热负载。过零触发是改变晶闸管导通的周波数，输出波形仍然是正弦波。

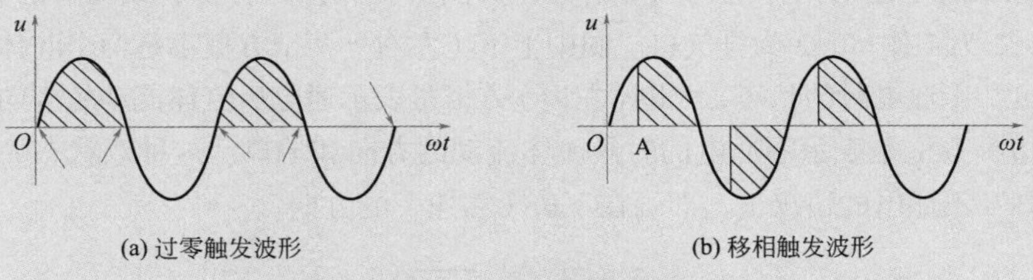


(a) 过零触发波形 (b) 移相触发波形

图 2-24 过零触发和移相触发波形示意图

如果是在其他时间触发，如图 2-24 中的 A 处则为移相触发。此次触发的电源有效范围是从触发起到下次零点前的那一部分，即图中 A 处半波的阴影范围。移相触发是通过控制晶闸管的导通角来控制晶闸管的导通量，从而改变负载上所加的功率。其控制波动小，使输出电流、电压能平滑升降。移相触发的输出波形被斩了一截，所以负载得到的是一种有缺角的正弦波；因此，移相触发会引起电源波形畸变和高频电磁干扰。

## 2.5.5 电磁阀及使用

（1）电磁阀的结构及工作原理

电磁阀是以电磁铁为动力进行阀门动作的电动执行器。结构如图 2-25 所示。当通电时，线圈产生的电磁力吸引活动铁芯，使它克服复位弹簧的弹力而向上运动，在活动铁芯中的阀塞随着活动铁芯一起上升，离开阀座，于是阀门开启。断电后线圈失电，电磁力消失，活动铁芯由于自重及复位弹簧的弹力而下坠，使阀塞封住阀座，于是阀门关闭。

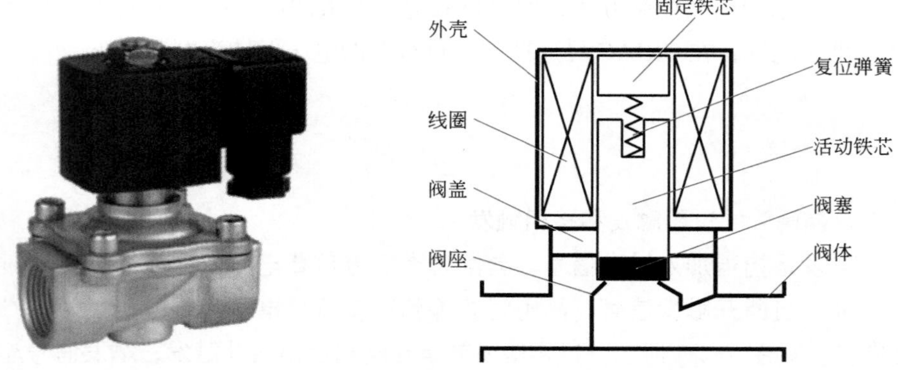


图 2-25　电磁阀外形及结构示意图

### （2）电磁阀图形符号及端口的识别

电磁阀的图形符号如图 2-26 所示。电磁阀的阀体上都有相应的图形符号，图 2-27 是一个二位三通电磁阀阀体上的图形符号，其图形在阀体上有竖着或横着的。图中：1 为进气口，2 为工作口，3 为排气口。图中上下（左右）两个方框不是两个腔体，而是分别表示通电和未通电时的状态，上边（左边）方框是表示通电后流体流动的方向和端口，下边（右边）方框是表示不通电的时候流体流动的方向和端口。这种双状态的画法是把管路连接画在不通电的情况下，即画在下边（右边）的方框。

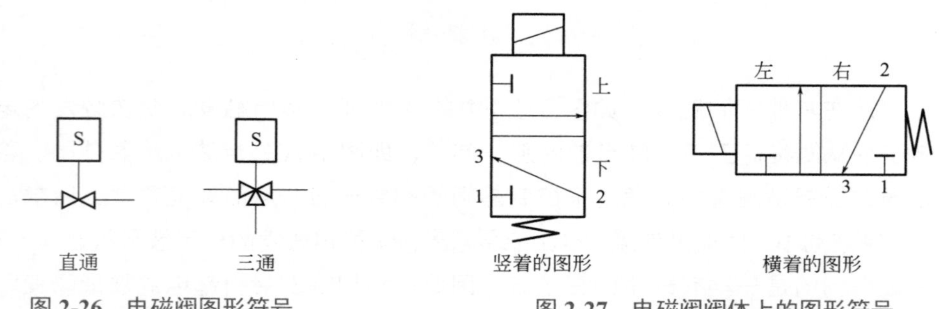


图 2-26　电磁阀图形符号

图 2-27　电磁阀阀体上的图形符号

图形符号的方框表示电磁阀的工作位置，有几个方框就表示有几“位”。方框内的箭头表示流体处于接通状态，但箭头方向不一定表示流体的实际方向。方框内的 T 形符号表示该通路不通。方框外部连接的接口数有几个，就表示几“通”。平时说的二位二通、二位三通、二位四通、二位五通就是根据以上来的。

很多电磁阀的端口在阀体上都有标注，较好识别。对于标注看不清楚的阀，可从所接的管路接口来推断各端口。如二位三通电磁阀的一侧有两个端口，另一侧只有一个端口。有两个端口的一侧，一个为进气端口用来接进气气源，另一个是排气端口；只有一个端口的一侧是出气端口，又称为工作口。

二位五通电磁阀的一侧有两个端口，另一侧有三个端口。有两个端口的一侧就是工作端口，一个是正动作工作口，另一个是反动作工作口，可分别提供给气缸等设备一正一反的气源。有三个端口的一侧，中间那个是进气端口用来接进气气源，进气端口旁边两个是排气端口，一个是正动作排气端口，另一个是反动作排气端口，通常是用来装消声器的。

### 知识扩展

电磁阀的分类

电磁阀产品样本上对方向控制阀的分类表示为：2/2 阀，3/2 常开阀，3/2 分向阀，5/2 阀，5/3 阀等，这些数字代表的是阀的主气口数量及阀的位置状态数。第一个数字表示主气口数量，第二个数字表示阀位置状态数。如 2/2 阀表示该阀有两个主气口，两个状态位置；3/2 阀表示该阀有三个主气口，两个状态位置；5/3 阀表示该阀有五个主气口，三个状态位置；以此类推即可。

#### （3）电磁阀使用注意事项

① 根据介质的特性选择电磁阀　应根据流体的温度、压力、黏度、腐蚀性来选择电磁阀。温度高的流体不能使用常温电磁阀，否则其使用寿命将大大缩短，严重时甚至会损坏。流体含有微粒等杂质时应选用膜片式电磁阀。电磁阀对流体的清洁度要求较高，流体清洁度不高时可在电磁阀前安装过滤器。

② 按流体的压力和流量选择电磁阀　根据流体的压力来选择电磁阀的额定工作压力，工作压力的选择还与电磁阀能否正常工作有关。工作压力一般用最高与最低的上、下限来确定它的可靠工作范围，否则电磁阀受流体压力的影响将无法可靠工作。

流体流量大小关系到电磁阀的通径或阀座尺寸。电磁阀口径选择过大会造成浪费；口径选小了又会限制管道中应通过的流量，造成较大的压力损失，使得系统的控制作用减小，使系统的控制精度下降或失控。

工作压差是指电磁阀能可靠开、关的阀入口与出口间的压力差，也是电磁阀能否正常工作的关键，是选择时首要考虑的问题。

③ 重视环境条件　电磁阀的最高温度不能超过电磁阀铭牌所示。环境温度太低，会引起电磁阀外壳结霜，使密封填料出现问题，使电磁阀不能工作。潮湿环境会使电气绝缘下降，影响电磁阀的可靠性。使用环境有灰尘、水滴、盐雾、腐蚀性气氛时，应选择密封性好的产品，如防水型、防溅型、防尘型电磁阀。要求防爆应选择防爆型电磁阀。振动、冲击的环境应选择耐振型电磁阀。

④ 电磁阀工作电源的选择　电磁阀的工作电源有直流和交流之分，直流电磁阀接交流电源，电磁吸力小无法工作；交流电磁阀接直流电源，会出现电流过大烧线圈。

电磁阀的供电电源应与铭牌上的额定电压相符，电源电压过高，电磁阀电流过大会温升异常，且电磁吸力太大导致冲击力过大，影响阀的可靠性。电源电压过低，电磁阀的电磁吸力下降过多，会影响到开阀能力而难以可靠地工作。

⑤ 要考虑电磁阀的使用距离　电磁阀线圈电压一般以 24V DC 或 220V AC 居多。使用中应考虑导线压降的影响，如某个电磁阀的工作电压为 24V DC，功率为 10W，工

作电流取值0.42A；允许电压降为15%则取4V；控制设备至电磁阀的电线如用2芯×1.5mm$^2$的，其电阻为0.014Ω/m，则电缆的最大长度为：4V/(0.014Ω/m×2×0.42A)≈340m。如用2芯×2.5mm$^2$的，其电阻为0.008Ω/m，则电缆的最大长度为：4V/(0.008Ω/m×2×0.42A)≈590m。为了保证电磁阀可靠动作，电线长度不要超过上述计算值。距离较远时，可采取更换线径更粗的导线，或者提高供电电源来解决。

⑥ 要考虑电磁阀的工作频度　工作频度即电磁阀在使用时所允许的最高动作次数，常用每分钟开阀与关阀的次数来表示。直接动作式电磁阀动作时间快，它的工作频度就可高一些。在连续生产中使用了短时工作制的电磁阀，使用寿命就会缩短，甚至会在短期内损坏。无恰当产品可选时，应选用高一档的产品，不要降额选择。

（4）电磁阀的安装及使用

应按阀体上标注箭头所指的流通方向安装。注意与阀门相连部位及阀门本体的密封，防止泄漏。对腐蚀性介质要采取防护措施，如选用不锈钢产品。普通电磁阀不防水，在露天环境使用要考虑防水问题。电磁阀内装有弹簧，能承受一定程度的振动，安装稍不垂直尚可正常工作，但应尽可能安装在振动较小的地方，并尽量垂直安装。

新管道上安装的电磁阀，使用前应对工艺管道进行吹洗，把管道中的杂质、积污、焊渣清除了，以避免阀门被堵塞或卡死。电磁阀不用时，应将阀门前的手动截止阀门关闭。

电源要与电磁阀铭牌上的规定一致，如交流、直流、电压等级、功率等。通过继电器驱动时匹配要合理。电磁阀应接地以保证安全。

## 2.5.6 电动调节阀及使用

（1）电动调节阀的结构及工作原理

电动调节阀由电动执行机构和调节阀组合而成。工作原理如图2-28所示。来自温控器的输入信号，在伺服控制器中与位置反馈信号相比较，其偏差经放大后，驱动电动机正、反转，经减速器带动调节阀动作，阀门开大、关小取决于偏差信号的极性，它总是朝着减小偏差的方向动作，当偏差信号小于伺服控制器的不灵敏区时，阀门停止动作并保持某一开度。

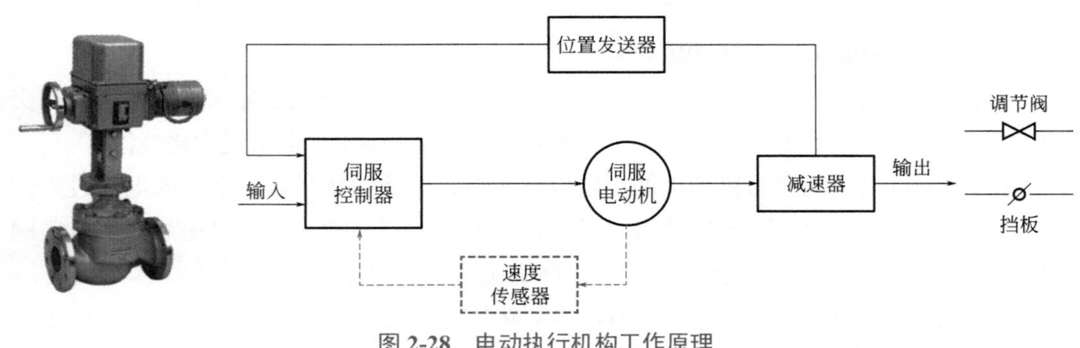

图2-28　电动执行机构工作原理

(2)电动调节阀的选择

要使调节阀正常工作，电动执行机构的输出力或力矩必须大于调节阀的不平衡力或不平衡力矩。应根据已经确定的调节阀结构型式、口径大小和实际工作压差，按相关公式计算出调节阀的不平衡力或不平衡力矩，来选择电动执行机构。电动执行机构的输出力和力矩已知时，可根据不平衡力或不平衡力矩的计算公式，求得调节阀的允许压差。根据调节阀的行程选定电动执行机构的行程，电动执行机构的行程参数可从产品说明书中获得。通常同一输出的执行机构会有几种行程规格，便于选择。

(3)电动调节阀的安装

电动调节阀应垂直安装在水平管道上，需要垂直或倾斜安装时，除小口径调节阀外，都要加支撑。阀体上流体箭头方向应与实际工作介质流向一致。必须设置旁路装置，当调节阀有故障时，可方便拆卸而不会影响生产。调节阀投入运行前，应将管道和阀门清洗干净，以免杂质进入阀门而损坏阀芯和阀座。

(4)电动调节阀的使用及维护

① 电动执行机构的维护　电动执行机构故障大多出现在电动机和轴承部分。电动执行机构离不开润滑油，其动作频率较高，长期转动会导致润滑油脂泄漏或变质。润滑油脂泄漏或混有杂质时应及时处理，否则会导致轴承、传动部件严重磨损。电动执行机构使用中应尽量改善其环境条件，以延长寿命。

智能电动执行机构有众多的功能及优异性能，要使这些功能发挥作用，必须付出更多的时间和精力进行维护和保养。上述常规电动执行机构的维修保养原则和方法，对智能电动执行机构也适用。

② 调节阀的维护　调节阀与工艺介质接触，固定阀座用的螺纹内表面易受腐蚀而使阀座松动，应重点进行检查。在高压差、有腐蚀性介质场合使用的调节阀，阀体内部经常受到介质的冲击和腐蚀，应检查其受腐蚀的程度。

阀芯是调节阀的可动部件，受介质的冲蚀最为严重，维修时应检查阀芯是否腐蚀、磨损，尤其是在高压差的情况下，阀芯受汽蚀影响更为突出。阀芯、阀杆损坏严重时应进行更换，还应检查阀芯与阀杆的连接是否松动。

调节阀在小开度时振荡，新安装的阀门检查流向是否装反。阀杆动作迟钝、回差大，检查阀杆是否变形弯曲，阀盖连接螺丝有无松动，还应考虑工艺管道的杂质、块渣等是否掉入阀内。阀门阀杆处泄漏，法兰密封面泄漏，应检查密封填料是否老化、裂损等。

# 温控器的接线

## 3.1 温控器的端子及接线

### 3.1.1 虹润 NHR-1300 系列温控器端子及接线

（1）NHR-1300系列温控器端子及接线

图3-1为NHR-1300系列A（160mm×80mm）、B（80mm×160mm）、C（96mm×96mm）、D（96mm×48mm）、E（48mm×96mm）型面板温控器接线图。现结合图3-1对温控器接线做介绍。

① 温控器输入端的接线　1、2、3端为测量信号输入端，从PVIN/输入方块图中可看出，可以连接的信号有：[1]热电偶或毫伏信号（TC/mV）输入；[2]直流电压（V）输入；[3]直流线性或开方电流（mA）输入；[4]热电阻（RTD）输入；[5]电阻或远传电阻（YTZ）输入。但使用中1、2、3端只能连接一种信号，接线方法已在方块图中标明。改变输入信号类型后，要重新设置温控器的输入信号类型和量程上、下限值。

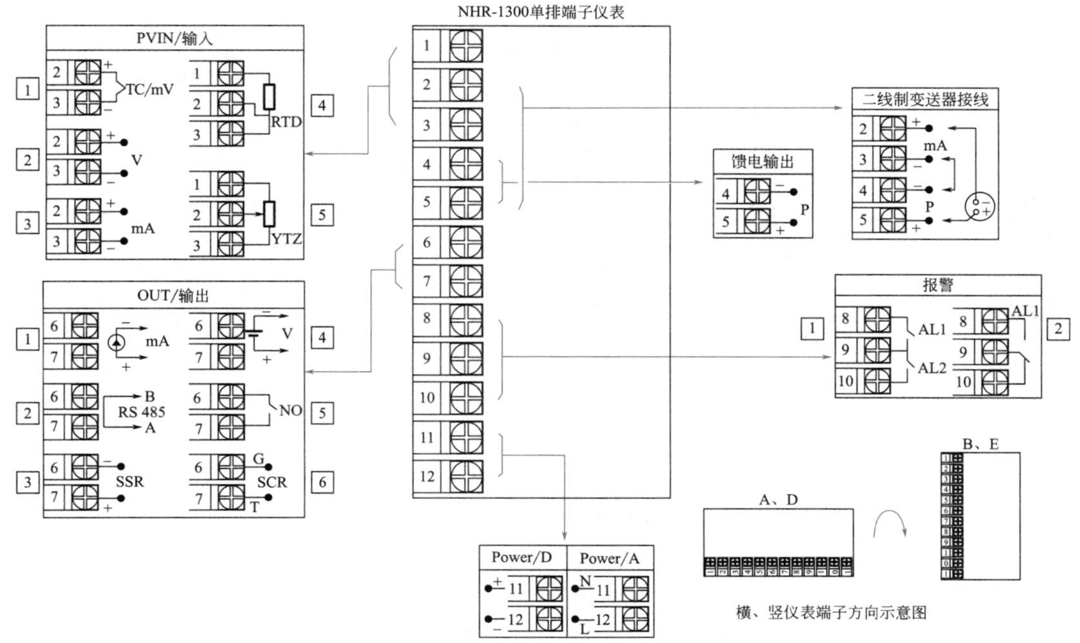


图 3-1 NHR-1300 系列温控器单排端子接线图

② 温控器控制输出端的接线 6、7 端为控制输出端，从 OUT/ 输出方块图中可看出，温控器的控制输出信号有：1直流电流（mA）输出；2通信（RS485）；3固态继电器驱动电压（SSR）输出；4直流电压（V）输出；5继电器触点（NO）输出；6晶闸管过零触发脉冲（SCR）输出。6、7 端有六种输出功能，但只能选择其中一种功能使用和接线，如 RS485 通信和控制输出，只能选择一种使用。若要同时使用，控制输出只能选择开关量输出且接线端子在 AL2 上，所有接线方法已在方块图中标明。

③ 温控器报警输出端的接线 8、9、10 端为报警输出端，从报警方图块中可看出，温控器的报警信号有：1 2 路继电器常开触点（AL1、AL2）；2 1 路继电器常开常闭触点（AL1）。

④ 变送器的接线 4、5 端为馈电输出端，2、3 端为电流信号输入端，2、3、4、5 端经组合可连接二线制变送器。从方块图中可看出，温控器馈电 24V+ → 5 端→变送器（+）端→变送器电路→变送器（–）端→ 2 端→温控器测量电路→ 3 端→短接线→ 4 端→温控器馈电 0V。

⑤ 温控器电源的接线 11、12 端为温控器电源端，温控器大多使用的是交流 220V 电源（Power/A），特殊情况才用直流 24V 电源（Power/D）。电源的火、零线，正、负线按图接。

以上接线方法及原则，对以下温控器也适用，区别只是端子编号不相同。

### （2）NHR-1300 系列 F 型面板温控器端子及接线

图 3-2 为 NHR-1300 系列 F（72mm×72mm）型面板温控器接线图。

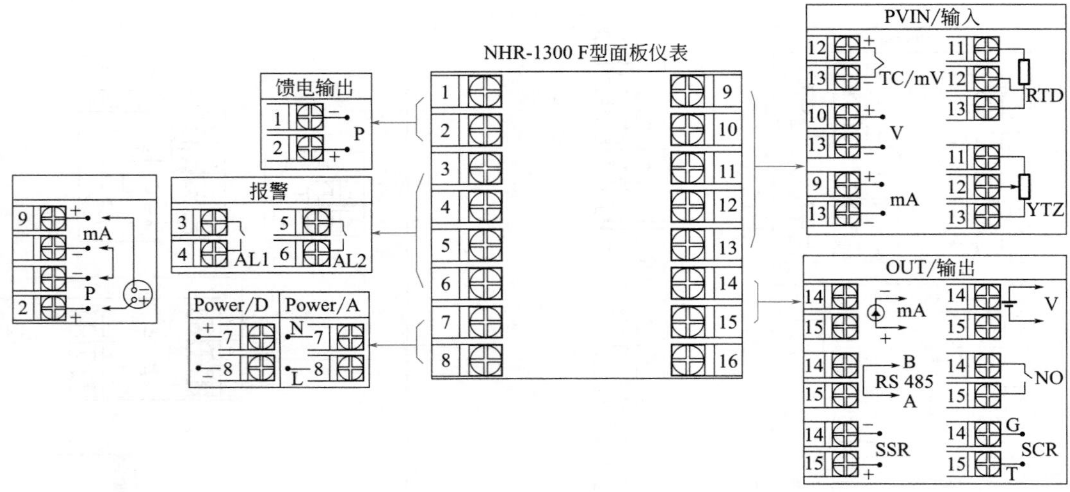


图 3-2　NHR-1300 系列 F 型面板温控器接线图

### （3）NHR-1300系列H型面板温控器端子及接线

图 3-3 为 NHR-1300 系列 H 型面板（48mm×48mm）温控器接线图。

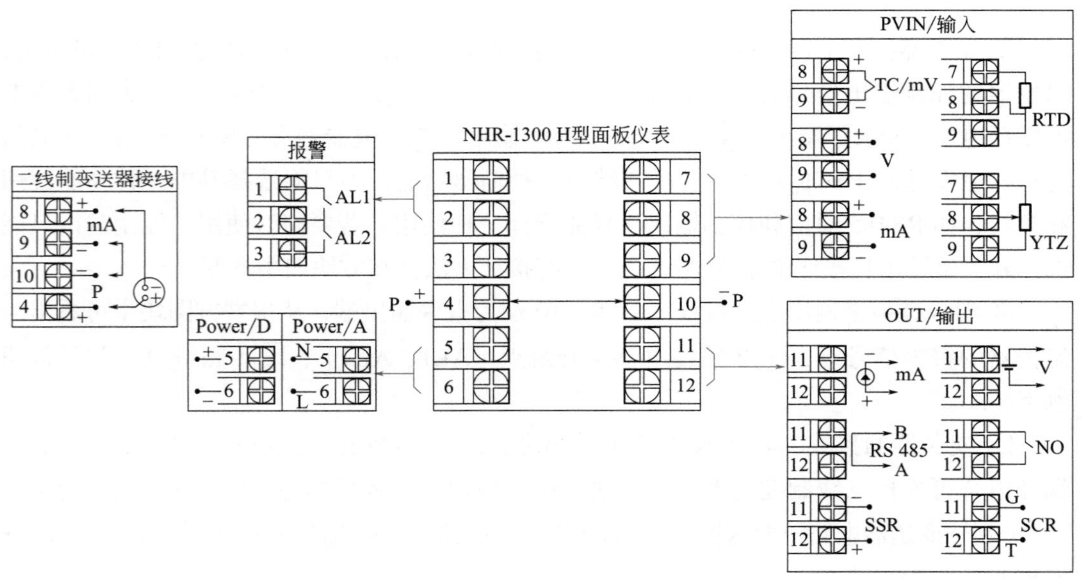


图 3-3　NHR-1300 系列 H 型面板温控器接线图

## 3.1.2　宇电 AI 系列温控器端子及接线

### （1）AI系列20端子的温控器端子及接线

AI 系列 20 端子的温控器包括：A（96mm×96mm）、C（80mm×160mm）、E（48mm×96mm）型面板温控器，结合图 3-4 对温控器接线做介绍。

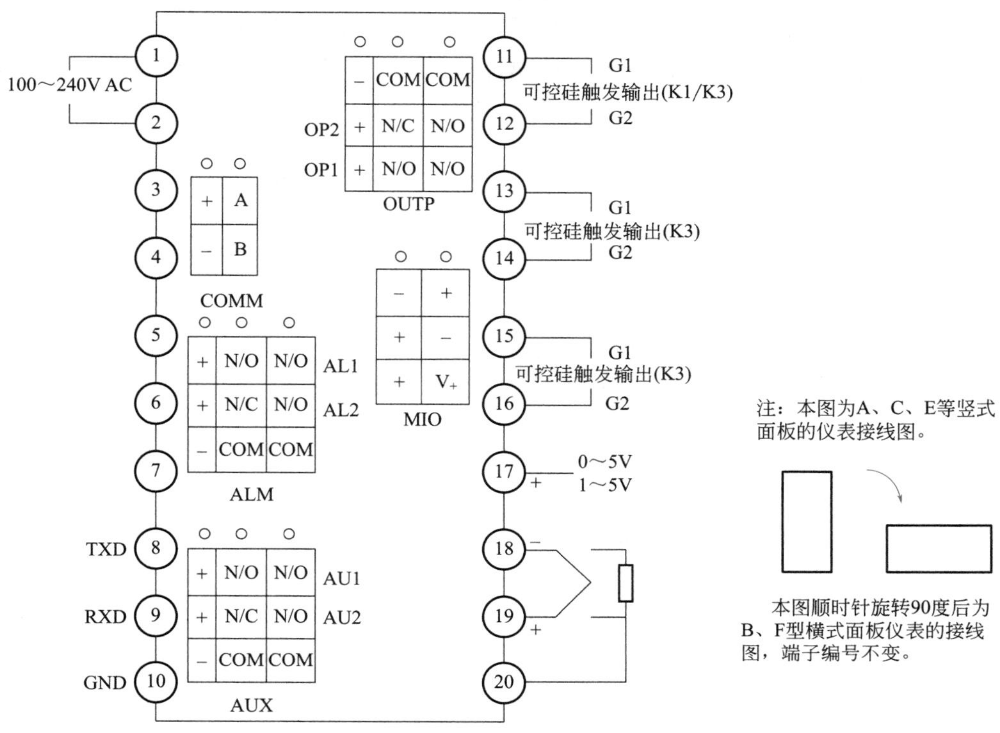


图 3-4 AI 系列 20 端子的温控器端子接线图

① 温控器输入端的接线 17、18、19、20 端为常用测量信号输入端，14、15、16 端也可做辅助输入端。热电偶、线性电压量程≤ 1V 的信号由 19、18 端输入，0 ～ 5V 及 1 ～ 5V 的信号由 17、18 端输入。热电偶要采用对应分度号的补偿导线，并且要连接到温控器后部的接线端子上，不能用普通导线，否则会产生测量误差。

4 ～ 20mA 线性电流通过 250Ω 电阻转换为 1 ～ 5V 电压信号，从 17、18 端输入；也可在 MIO 位置安装 I4 模块从 14、15 端输入，或直接从 16、14 接二线制变送器。温控器可以输入热电偶、热电阻、直流电压、直流电流等多种信号，但使用时只能连接一种输入信号，改变输入信号类型，要做相应的设置。

② 温控器主控制输出端的接线 11、12、13 端为主控制输出端，主输出的 4 ～ 20mA 电流、单路 SSR 电压输出都由端子 13、11 输出，如图 3-5 所示。14、15、16 端也可做输出端。温控器的控制输出信号有：直流电流输出、固态继电器驱动电压输出、直流电压输出、继电器触点输出、晶闸管过零触发输出、晶闸管移相触发输出等。温控器的多种输出功能，只能选择其中一种功能使用和接线，并与温控器所配用的输出模块有关，这是接线时应注意的。AI 温控器的模块是可拔插的，使用和接线很方便。

③ 温控器报警输出和通信的接线 温控器的报警输出大多使用 5、6、7 和 8、9、10 端，并与常开 + 常闭触点开关输出模块 L0 或 L4 配合使用，如图 3-5 所示，为 2 路报警。3、4 端通常为 RS485 通信输出端，在相应插槽要安装 S 或 S4 通信模块，3 端接 A 线，

4 端接 B 线，不能接反。不使用通信功能时，在相应插槽插入 X5 模块，则 3、4 端又可作为 4 ～ 20mA 变送输出。温控器主输出插 X3 模块，则从 13、11 端输出 4 ～ 20mA 控制信号。

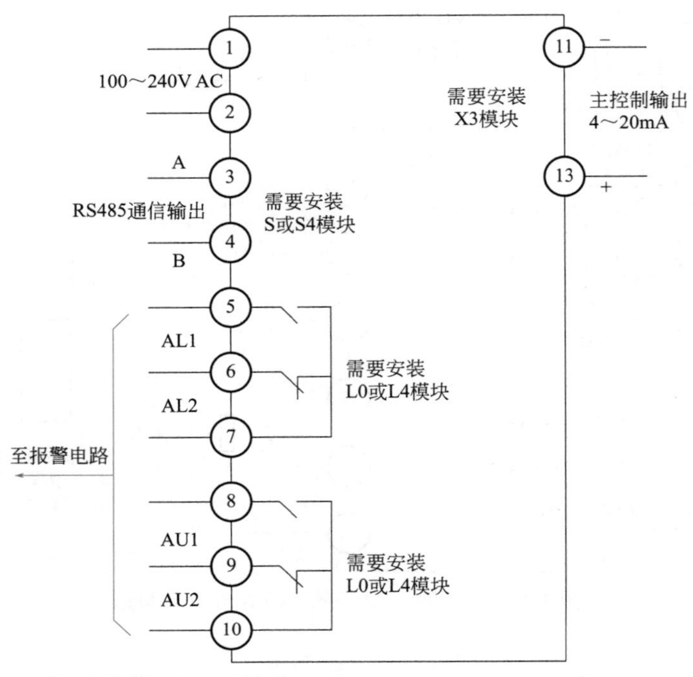


图 3-5　报警、通信、主控制输出接线图

④ 温控器主输出和辅助输入端的接线　如果在温控器内安装单路过零触发模块 K1，或者单路移相触发模块 K5，触发信号 G1 和 G2 从 11、12 端输出，G1 接至晶闸管的触发极 G，G2 接至晶闸管的 T2，接线如图 3-6 所示。

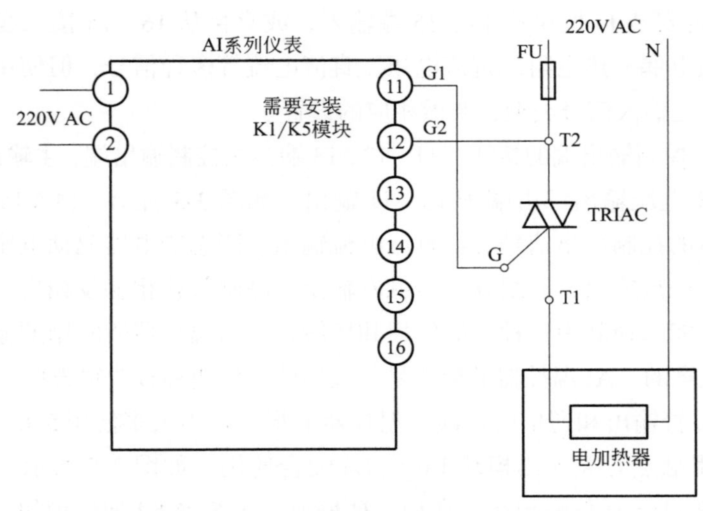


图 3-6　单路过零触发或移相触发接线图

使用三相过零触发，可在 OUTP 和 MIO 插槽安装三块 K3 模块，按图 3-7 进行接线。晶闸管 1 ～ 3 的触发信号 g1、g2、g3 分别从 11 和 12、13 和 14、15 和 16 三对端子输出，R1 ～ R3 为电加热器。

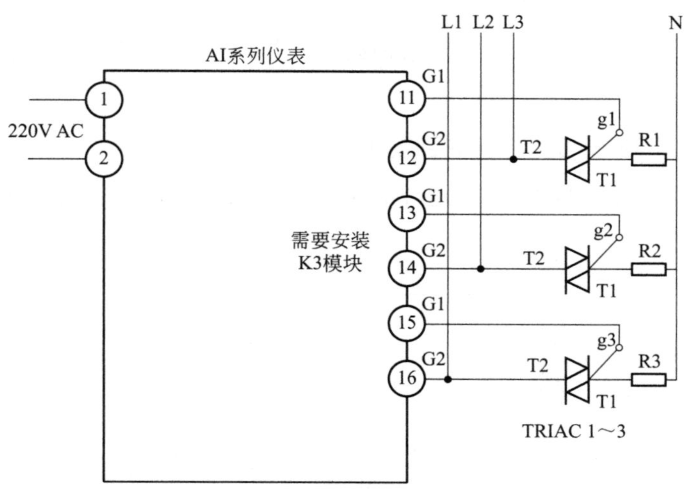


图 3-7 三相过零触发接线图

### （2）AI 系列 14 端子的温控器端子及接线

AI 系列 14 端子的温控器为 D 型面板（72mm×72mm），结合图 3-8 对接线说明如下：

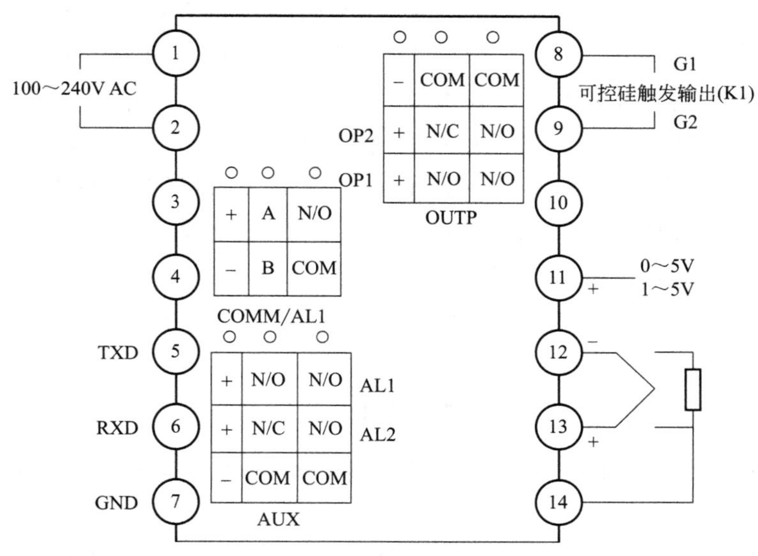


图 3-8 AI 系列 14 端子的温控器接线图

① 线性电压量程在 1V 以下由 13、12 端输入，0 ～ 5V 及 1 ～ 5V 信号由 11、12 端输入。

② 4 ～ 20mA 线性电流输入用 250Ω 电阻转换为 1 ～ 5V 电压信号，从 11、12 端输入。

③ COMM 位置，安装 S 或 S4 模块时用于通信；安装继电器、无触点开关、SSR 电压输出模块时用于 AL1 报警输出；安装 I2 模块并将 bAud 参数设置为 1，可虚拟 MIO 模块开关量输入功能，在 3、4 端外接的开关实现 SP1/SP2 切换或用于控制程序的运行 / 停止。

### （3）AI系列10端子的温控器接线图

AI 系列 10 端子的温控器为 D2 型面板（48mm×48mm），结合图 3-9 对接线说明如下。

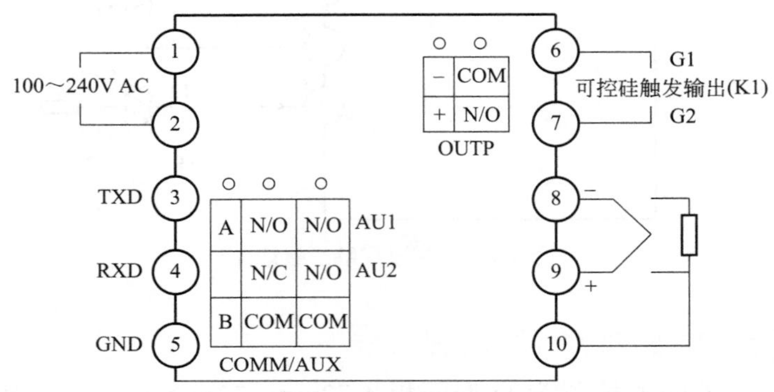


图 3-9 AI 系列 10 端子的温控器接线图

① D2 面板温控器不支持 0 ～ 5V 及 1 ～ 5V 线性电压输入，如有需要应外接精密电阻分压后将信号转换为 0 ～ 1V 或 0.2 ～ 1V 输入，4 ～ 20mA 线性电流输入用 50Ω 电阻转换为 0.2 ～ 1mV，然后从 9、8 端输入。

② COMM/AUX 位置，安装 S 或 S4 通信接口模块时用于通信；安装 L2 继电器时用于 AU1 报警输出；安装 L5 双继电器输出模块，并将 bAud 参数设置为 0，可用于 AU1 及 AU2 报警输出；设置 bAud=2，可用于 AU1 及 AL1 报警输出，或安装 L1、L2、L4、G、K1、W1、W2 等模块在双向控制中作辅助输出（不支持模拟电流输出）；安装 I2 模块并设置 bAud=1，可虚拟 MIO 模块开关量输入功能，在 3、5 端外接开关实现 SP1/SP2 切换或用于控制程序的运行 / 停止。

### （4）AI系列12端子的温控器端子及接线

AI 系列 12 端子的温控器为 D6 型面板（48mm×48mm），结合图 3-10 对接线说明如下。

① D6 型面板温控器 0 ～ 5V 或 1 ～ 5V 从 9、10 端输入，500mV 以下从 11、10 端输入，4 ～ 20mA 线性电流输入用 250Ω 电阻转换为 1 ～ 5V，然后从 9、10 端输入。

② COMM/AUX 位置，安装 L6 模块时有两路报警，安装 SL 模块时可以有一路报警。

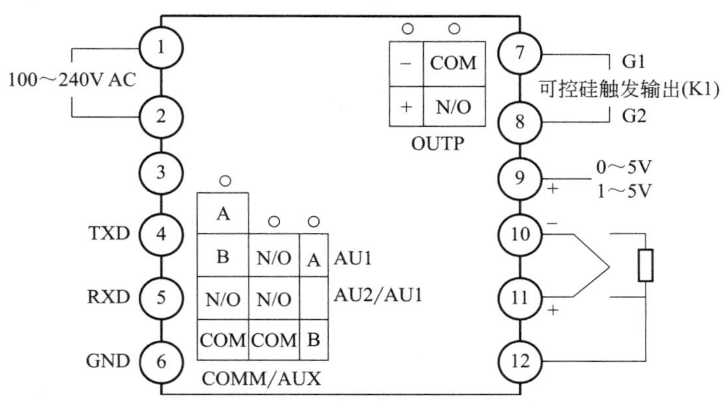


图 3-10　AI 系列 12 端子的温控器接线图

## 3.1.3　岛电 SR90 系列温控器端子及接线

### （1）岛电SR91型温控器端子及接线

图 3-11 为 SR91 型温控器（48mm×48mm）端子接线图。

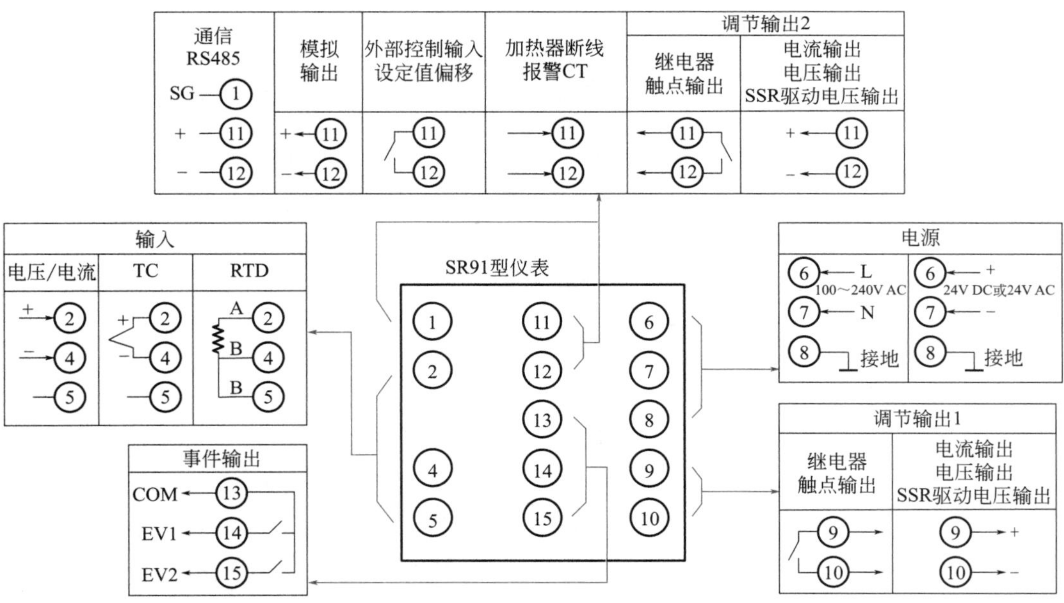


图 3-11　SR91 型温控器端子接线图

### （2）岛电SR92型温控器端子及接线

图 3-12 为 SR92 型温控器（72mm×72mm）端子接线图。

### （3）岛电SR93及SR94型温控器端子及接线

图 3-13 为 SR93（96mm×96mm）及 SR94（48mm×96mm）型温控器的端子接线图。这两种温控器除面板尺寸不同外，温控器的接线端子编号及位置是一样的。

通信
RS232C
RS485
SG
SD
RD
SG
+
−
外部控制输入
设定值偏移
模拟输出
加热器断线
报警CT
电源
L
100～240V AC
N
接地
24V DC或24V AC
SR92型仪表
输入
电压/电流
TC
RTD
A
B
调节输出1
继电器
触点输出
电流输出
电压输出
SSR驱动电压输出
调节输出2
事件输出
COM
EV1
EV2

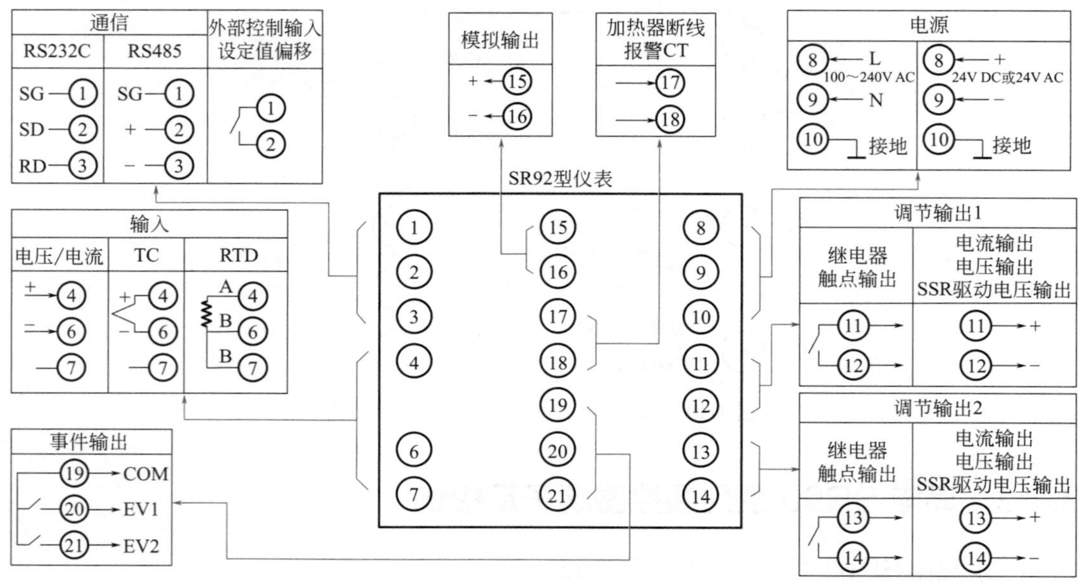

图 3-12　SR92 型温控器端子接线图

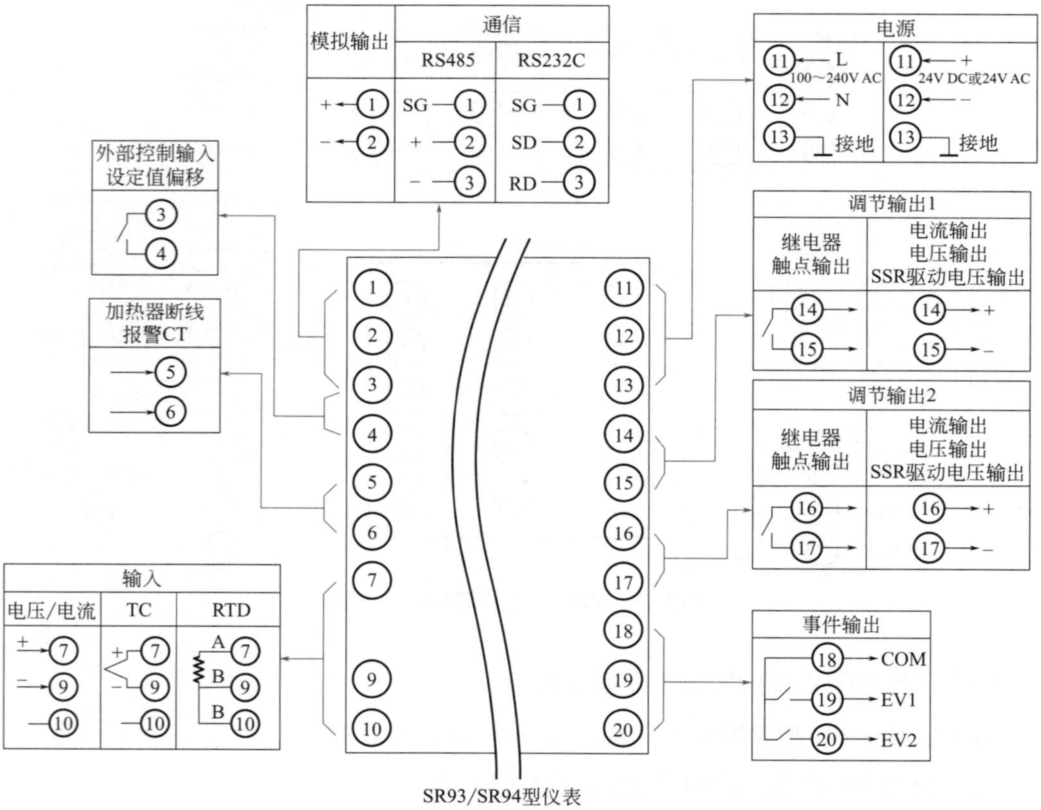

模拟输出
通信
RS485
RS232C
SG
SD
RD
外部控制输入
设定值偏移
加热器断线
报警CT
电源
L
100～240V AC
N
接地
24V DC或24V AC
调节输出1
继电器
触点输出
电流输出
电压输出
SSR驱动电压输出
调节输出2
输入
电压/电流
TC
RTD
A
B
事件输出
COM
EV1
EV2
SR93/SR94型仪表

图 3-13　SR93 及 SR94 型温控器的端子接线图

### （4）岛电SRS0系列温控器端子及接线

图 3-14 为 SRS1（48mm×48mm）、SRS3（96mm×96mm）、SRS4（48mm×96mm）、SRS5（96mm×48mm）的端子接线图。图中箭头指向温控器框内的是输入信号接线，箭头指向温控器框外的是输出信号接线。端子能连接的信号已在图上注明，按图接线即可。

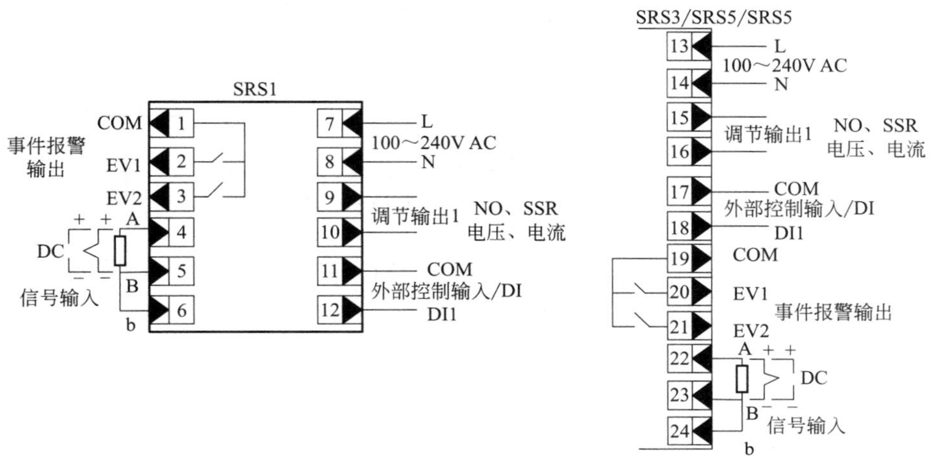


图 3-14 SRS0 系列温控器端子接线图

## 3.1.4 欧陆 2000 系列温控器端子及接线

### （1）2216型温控器端子及接线

图 3-15 为 2216 型温控器（48mm×48mm）的端子接线图。输出 1 和输出 2 可以是图中几种类型之一。通过设置就可以实现图中的各种功能。可按温控器侧面标牌上的订货代码及接线信息来检查温控器的输出及配置。

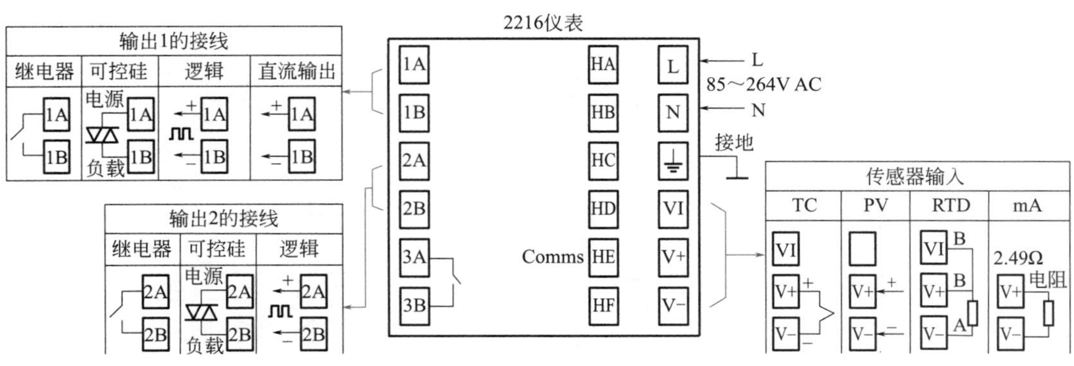


图 3-15 2216 型温控器端子接线图

### （2）2408型温控器端子及接线

图 3-16 为 2408 型温控器（48mm×96mm）的端子接线图。右边第一排接线端子有电源输入，数字输入 1 和 2，报警输出，传感器输入。右边数第二排和第三排接线端子是

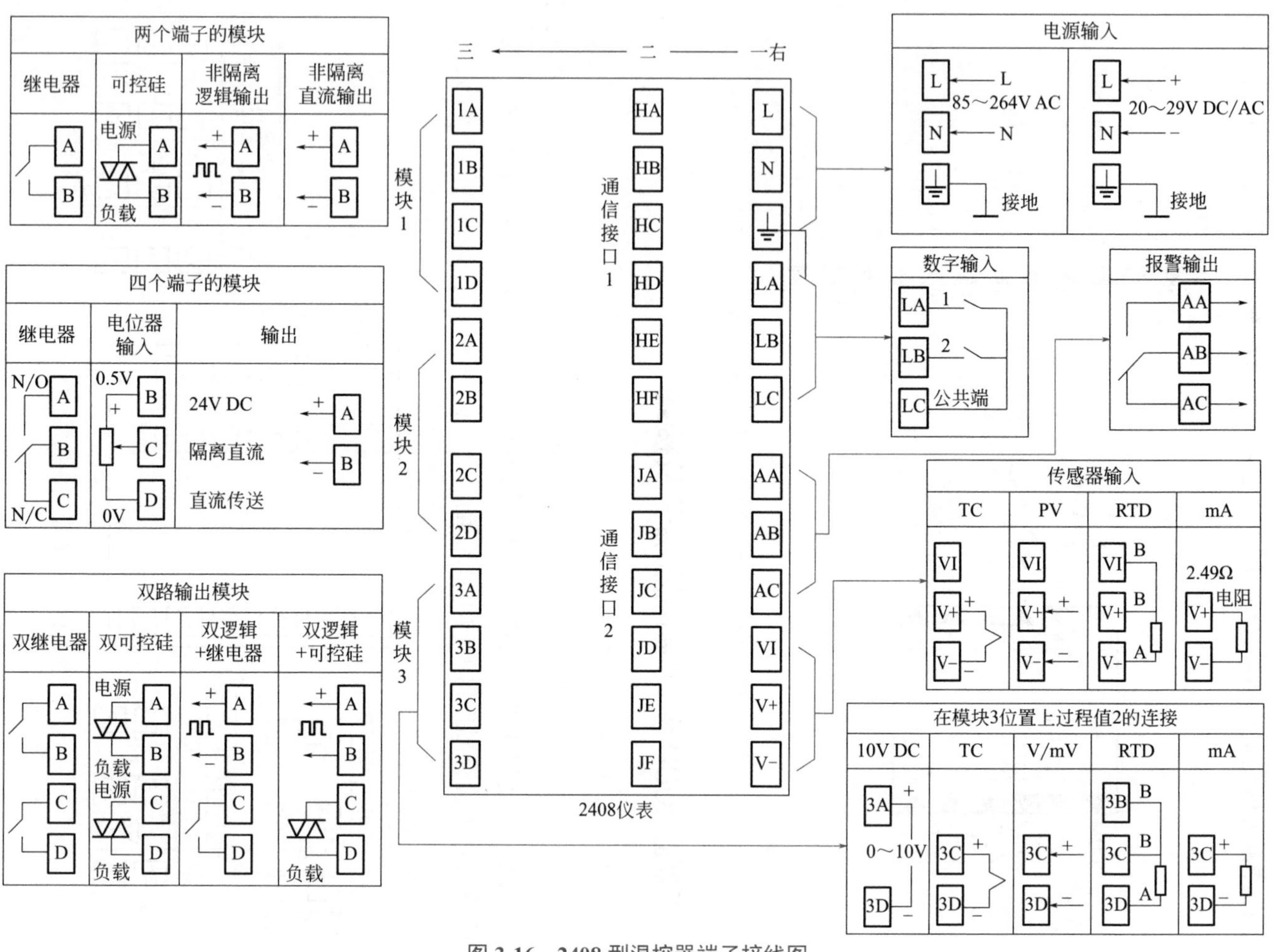


图 3-16 2408 型温控器端子接线图

用来与所插入的模块相连接的，在任何情况下，接线都取决于所安装模块的型号，插入的模块及接线在温控器侧面的标牌有标注。

### (3) 2416型温控器端子及接线

图 3-17 为 2416 型温控器（48mm×48mm）的端子接线图。模块 1、2、3 位置是可插入模块的接线位置。2416 型温控器只能安装两个端子的模块。通常模块 1 用来做加热，模块 2 用来做制冷，实际功能由控制器的组态决定。

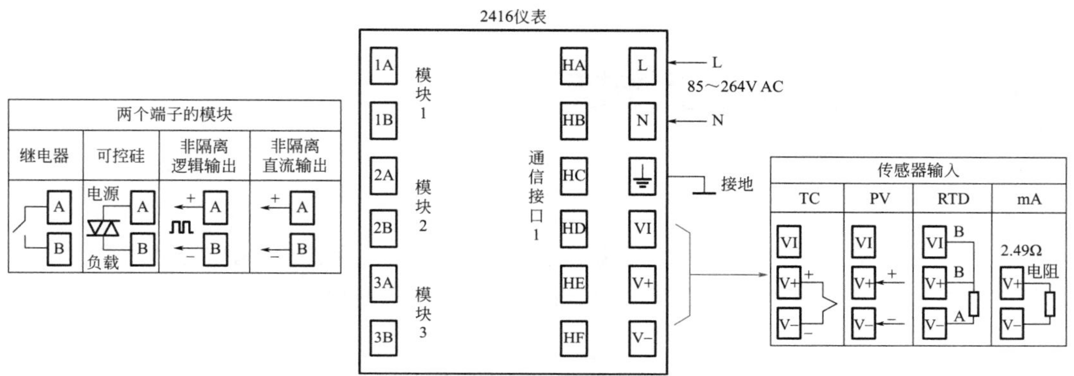


图 3-17 2416 型温控器端子接线图

## 3.1.5 XMT 系列温控器端子及接线

图 3-18 是 XMT 系列温控器的端子接线图。温控器的控制信号从“高”“总”两端子输出，高为正极，总为负极，其余输出信号见图中的标注。温控器的输出控制端子“高”“总”“低”是沿用了动圈显示仪的称谓，即位式控制输出时“总”是公用触点，“高”是常闭触点，“低”是常开触点。

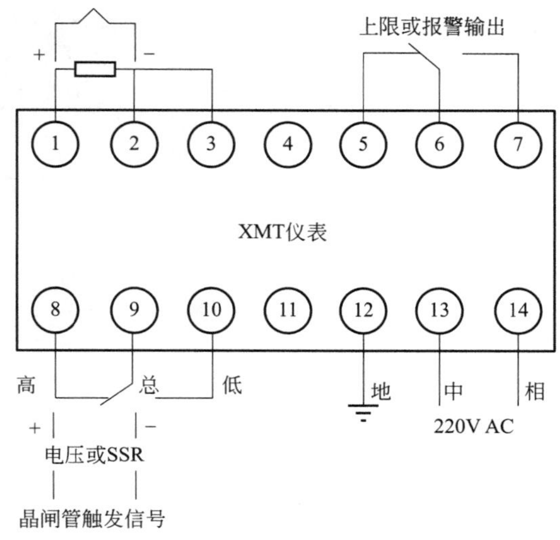


图 3-18 XMT 系列温控器端子接线图

**重要提示** 温控器功能和接线要对应

温控器端子所有接线方法已在图 3-1 ～ 图 3-18 中标明，温控器的端子虽然可接多种输入、输出信号，但使用中只能选择图中所标明的一种功能使用和接线。改变输入、输出信号类型或功能后，要重新设置温控器的相关参数才能正常工作。

## 3.2 温控器的接线技巧

（1）新用温控器的接线

温控器接线前应阅读说明书，按端子旁的文字或符号，或按外壳贴的标识进行接线，接线前先确定型号及连接的传感器类型、输出模块类型，找出对应的接线端子进行接线，大多能顺利完成接线。

图 3-19 是 OHR-A303 型温控器的铭牌及接线端子牌，从铭牌上可看出温控器的具体型号是 OHR-A303C-55-K4/2-A，其中 OHR-A303：基本功能为 OHR-A303 型；C：面板尺寸为 C 型（96mm×96mm）方表；55：多种输入信号；K4：固态继电器驱动电压输出；2：2 路继电器报警触点输出；A：100 ～ 240V AC 电源。本表配用 Pt100 热电阻，量程范围为 -199 ～ 650℃，显示精度为 0.3%。接线端子牌对所要接的电源，输入、输出信号线都用图示进行了标注，按图接线即可。

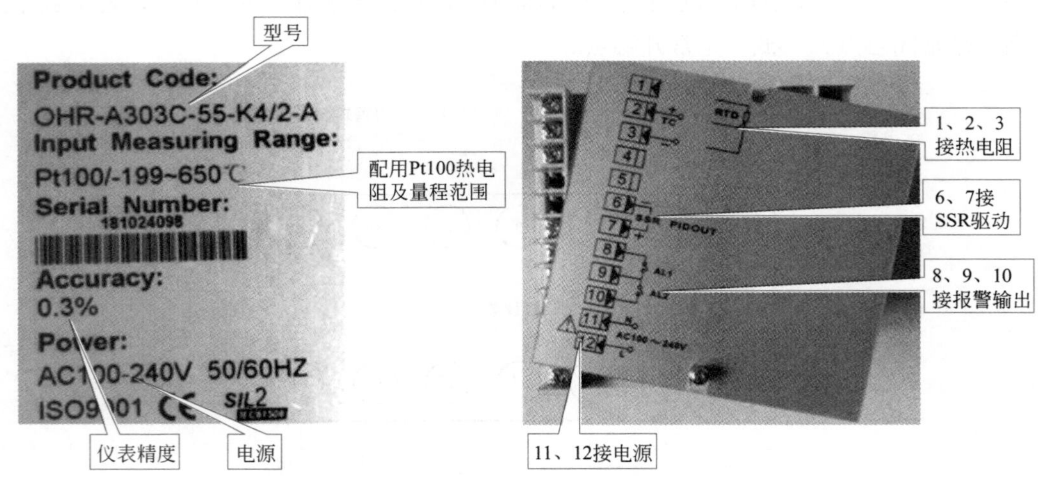


图 3-19 OHR-A303 型温控器铭牌及接线端子牌

图 3-20 是 AI 温控器外壳贴的标牌，温控器所配用的模块在标牌上采用绿色圆点进行了标识。从标识可看出温控器的型号是 AI-516PAK1S，其中 AI-516P：基本功能为

AI-516P 型；A：面板尺寸为 A 型（96mm×96mm）方表；K1：主输出为晶闸管过零触发模块；S：配有 RS485 通信模块。

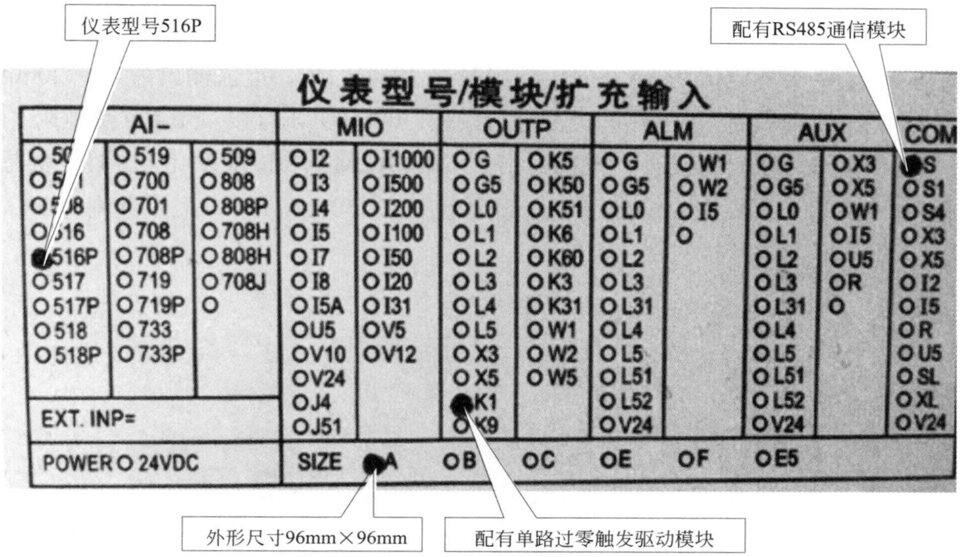

仪表型号516P　　配有RS485通信模块

仪表型号/模块/扩充输入

| AI- | | | MIO | | OUTP | | ALM | | AUX | | COM |
|---|---|---|---|---|---|---|---|---|---|---|---|
| O 50 | O 519 | O 509 | O I2 | O I1000 | O G | O K5 | O G | O W1 | O G | O X3 | ● S |
| O 5 1 | O 700 | O 808 | O I3 | O I500 | O G5 | O K50 | O G5 | O W2 | O G5 | O X5 | O S1 |
| O 08 | O 701 | O 808P | O I4 | O I200 | O L0 | O K51 | O L0 | O I5 | O L0 | O W1 | O S4 |
| O 16 | O 708 | O 708H | O I5 | O I100 | O L1 | O K6 | O L1 | O | O L1 | O I5 | O X3 |
| ● 516P | O 708P | O 808H | O I7 | O I50 | O L2 | O K60 | O L2 | | O L2 | O U5 | O X5 |
| O 517 | O 719 | O 708J | O I8 | O I20 | O L3 | O K3 | O L3 | | O L3 | O R | O I2 |
| O 517P | O 719P | O | O I5A | O I31 | O L4 | O K31 | O L31 | | O L31 | O | O I5 |
| O 518 | O 733 | | O U5 | O V5 | O L5 | O W1 | O L4 | | O L4 | | O R |
| O 518P | O 733P | | O V10 | O V12 | O X3 | O W2 | O L5 | | O L5 | | O U5 |
| | | | O V24 | | O X5 | O W5 | O L51 | | O L51 | | O SL |
| EXT. INP= | | | O J4 | | ● K1 | | O L52 | | O L52 | | O XL |
| | | | O J51 | | O K9 | | O V24 | | O V24 | | O V24 |
| POWER O 24VDC | | | SIZE ● A | | O B | O C | O E | O F | O E5 | | |

外形尺寸96mm×96mm　　配有单路过零触发驱动模块

图 3-20　**AI** 温控器标牌色标图

图 3-21 是该温控器的接线端子，通常按端子上的标识进行接线即可，厂家对通信及输出驱动信号特别用绿色圆点进行了标注，以方便用户接线。

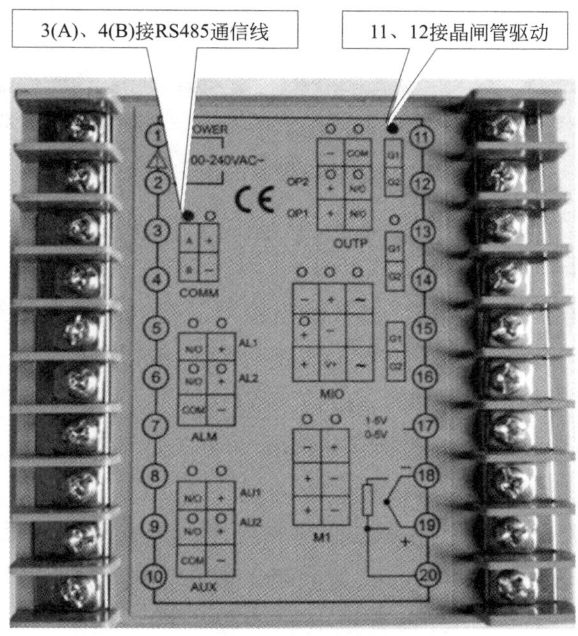


图 3-21　温控器接线端子图

图 3-22 是 DTA4848 型温控器外壳贴的接线端子图，图中对该型温控器的所有接线都已标识清楚。温控器的输出信号及有无通信功能与型号有关，即温控器的控制输出 1、2 端只能接一种输出信号，要根据温控器所配的模块进行接线，模块有 R 为继电器输出，V 为电压输出，C 为电流输出三种。图中已标注：继电器输出触点在额定电压为 250V AC 时，工作电流为 5A；电压输出最高为 14V DC；电流输出为 4 ～ 20mA。输入信号也要根据所用温度传感器的类型进行接线，热电偶（Tc）接 4、5 端，热电阻（RTD）接 3、4、5 端，为三线制接法。报警输出 13 端（ALM2）和 14 端（ALM1）都是常开触点信号，15 端为公用端，输出触点在额定电压为 250V AC 时，工作电流为 3A。

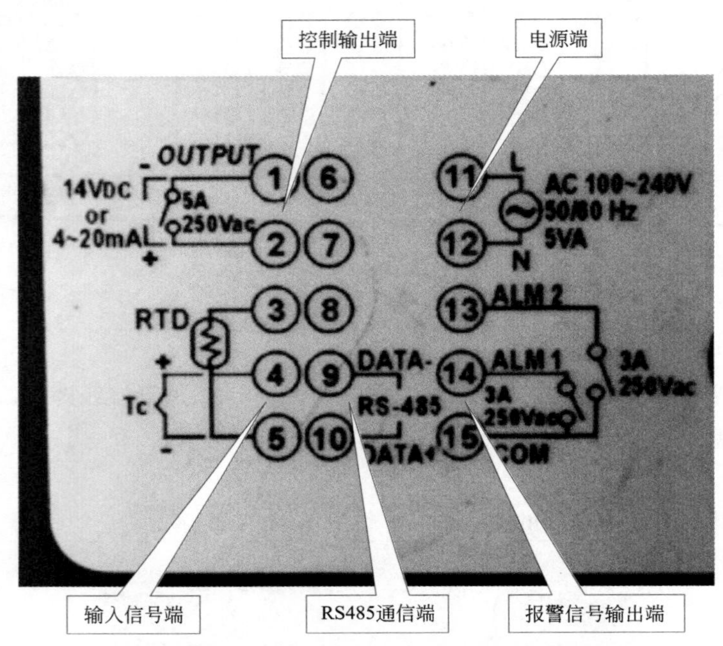


图 3-22　DTA4848 型温控器接线端子图

### （2）在用温控器的接线

① 电源端子的辨识　使用年代过久的温控器，有的已没有接线标识和图纸，维修接线时电源线不能接错，否则有可能造成烧表事故。各型温控器电源端子排列虽然不统一，但其位置基本都是在温控器四个角的第一对接线端子。温控器大多采用全球通用的 100 ～ 240V AC 的宽电压供电，直流供电采用的电源是 24V DC。交流电源端子位置也就是直流电源的端子位置。

确定不了电源端子时，可把表芯抽出来判断。温控器供电大多是用开关电源，先找到电路板上的开关变压器、水泥电阻、400V 电解电容器等元件，如图 3-23 所示，与之相连的一对印板引脚就是电源的输入端，这是最可靠的电源端子查找方法。

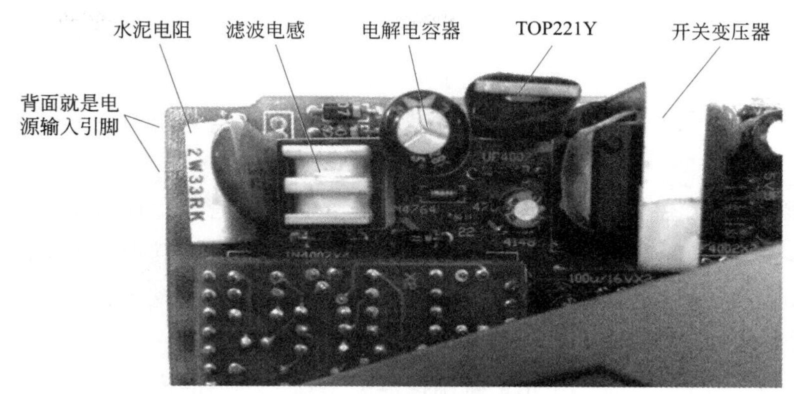


图 3-23　温控器电路板上开关电源的主要元件

② 信号输入、输出端子的辨识　很多温控器端子的标识都使用图 3-24 的标识符号，图中（a）为双排接线端子，（b）为单排接线端子。图中的黑箭头指向表内方框，就是输入端子；黑箭头指向表外方框，就是输出端子。

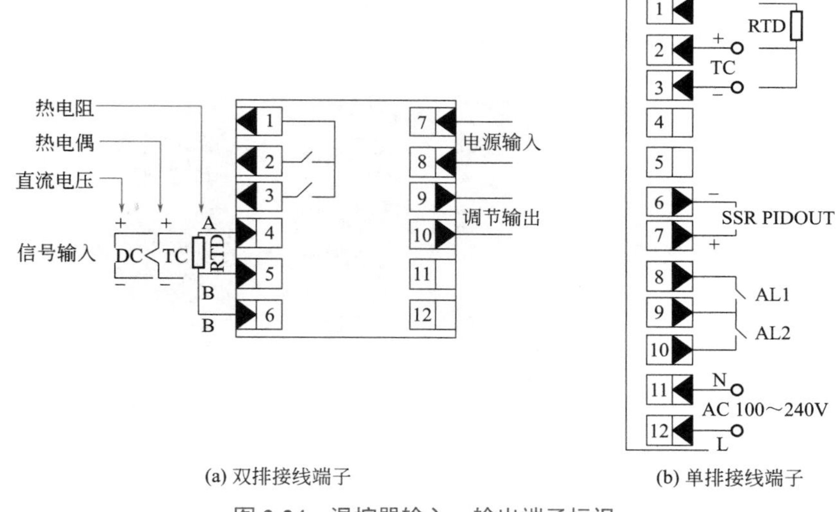


(a) 双排接线端子　(b) 单排接线端子

图 3-24　温控器输入、输出端子标识

在连接信号输入线之前，要先了解和确定使用的传感器类型是热电偶还是热电阻，是铂热电阻还是铜热电阻。确定了所用的温度传感器才方便接线。任何型号温控器接线端上的热电偶、热电阻、直流电压的图形符号基本是相同的，如图 3-24 中的“信号输入”的图形符号。有的温控器则用 in 或 Input 表示输入；有的温控器是用 TC 表示热电偶，用 RTD、Rt 表示热电阻；有的用 DC 表示直流电压。接线时还要注意热电偶、直流电压、直流电流的极性，4 ～ 20mA 信号还应注意是二线制还是四线制信号，热电阻都要按三线制进行接线。

搞不清楚信号输入端时，可以根据温控器的端子排列规律来查找。对单排接线端子的温控器，在确定温控器电源端子后，信号输入端子就应该在电源端子的另一端。有两排端子的温控器，在确定温控器电源端子后，信号输入端子可能在电源端子的另一端；或者在另外一排端子，不是端子的起端就是端子的末端。信号输入端子很少有在中间端子的。

如果仍确定不了温控器输入端时，可把温控器的输入信号设置为任意一种热电偶的上、下限量程后，参考其他温控器的热电偶接线方式，用电线短接温控器的两个输入端，观察温控器是否显示室温，出现室温显示，说明被短接的这两个端子就是热电偶输入端，也就可以间接判断出热电阻及电压输入端了。

在连接信号输出线之前，要先了解温控器配了什么类型的模块，是继电器触点，还是 SSR 驱动电压，或者是直流电流等，以便对应接线。有的温控器用 Output 表示输出，简称 OUT。电压、电流信号接线时要注意极性。报警信号一般是继电器的触点信号，通常用 ALM 或 AL、EV 表示。

用以上方法仍难判断输入、输出端时，可把表芯抽出，通过电路板上的元件分布及排列来查找输入、输出端。有的温控器电路板上有标注，如图 3-25 所示，图中的 1、2、3 标有 R、mV、GndA 是热电阻和热电偶输入端，6、7 标有 Out-、Out+ 是控制输出端，8、9、10 标有 Relay1、Relay1Com、Relay2 是报警输出端，11、12 标有 N/24V- 是电源输入端。

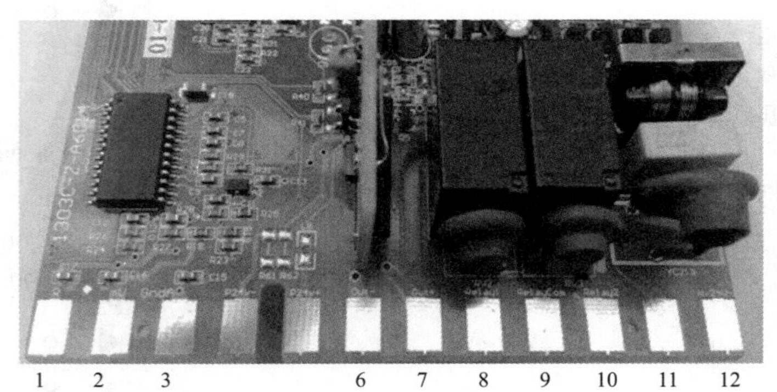


图 3-25　温控器输入、输出电路元件分布及排列

# 3.3 温控器接线的一些实际问题

（1）温控器与热电阻的接线

温控器在连接热电阻时，常常会由于对线制的理解有问题，使接线有误导致温控器出错。如有一台 DTC1000 温控器，温控器上有接线图，电工按图进行了接线，如图 3-26 所示。在 1、3 端连接了二线制铂电阻 Pt100，送电后温控器报错。表面看是 1、2 端间少接了一根短接线，严格讲是接线有误，正确做法是将二线制热电阻接到 2、3 端，再补接

1、2 端间的短接线，使温控器显示恢复正常。为什么要这么接线？说明如下。

温控器用端子 2、3 来测热电阻值，为了克服测量线路本身的阻值造成测量误差，因此热电阻大多采用三线制接线法，在 3 根电线当中，有 2 根电线为短路状态，目的是消除线路电阻产生的误差，端子 2 、3 测得的电阻值减掉端子 1、2 的电阻值即为实际测得的电阻值。本例在 1、2 端加短接线属于三线制接法的简单方式，还是会有一定的线路电阻影响的，只能用在要求不高的测温现场。正规的三线制接法，应该从热电阻端子引 3 根同线径的导线到温控器的输入接线端。

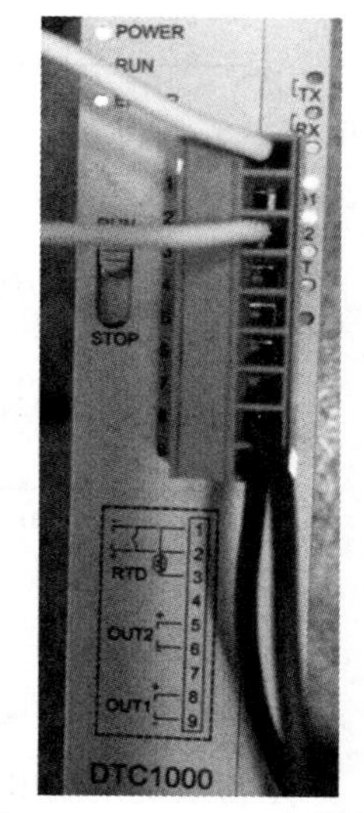

图 3-26　DTC1000 温控器热电阻接线有误

### （2）温控器与变送器的接线

① 温控器与二线制变送器的接线　温控器与二线制变送器接线，首先应考虑变送器的 24V DC 供电是由温控器提供还是用外接电源。不需要温控器供电时，只需把变送器输出的 4 ～ 20mA 电流信号接至温控器的 15 端和 14 端，如图 3-27（a）所示。变送器由温控器供电时，把变送器输出的 4 ～ 20mA 电流信号接至温控器的 16 端和 14 端就行了，如图 3-27（b）所示。

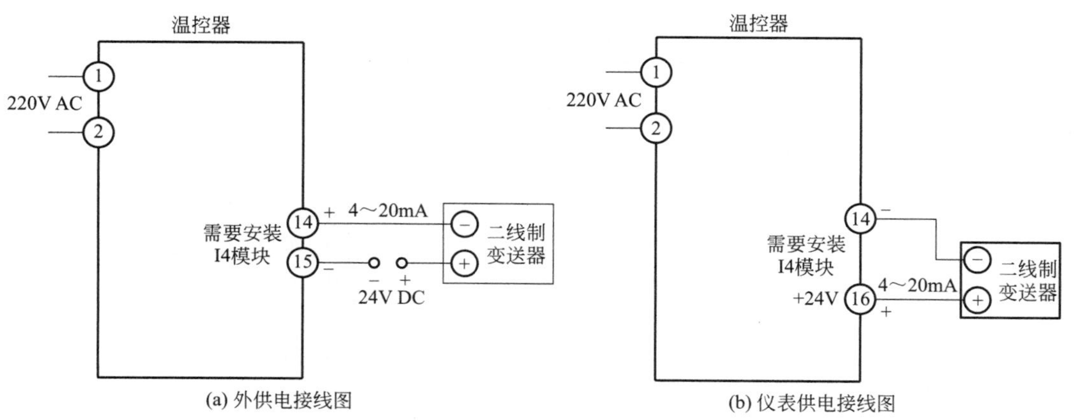

图 3-27　温控器与二线制变送器的接线

② 温控器与三线制、四线制变送器的接线　温控器与三线制变送器接线如图 3-28（a）所示。16 端为 +24V 电源输出端，14 端是 4 ～ 20mA 电流的输入端，15 端为公共端，即电源负和信号负共用一根线。

温控器与四线制变送器接线时，要在 MIO 安装 V24 模块，给变送器供电，变送器输出的电流要转换为电压信号，即在 17 端与 18 端上并一个 250Ω 的标准电阻，把 4 ～ 20mA 电流转换为 1 ～ 5V 输入温控器，如图 3-28（b）所示。

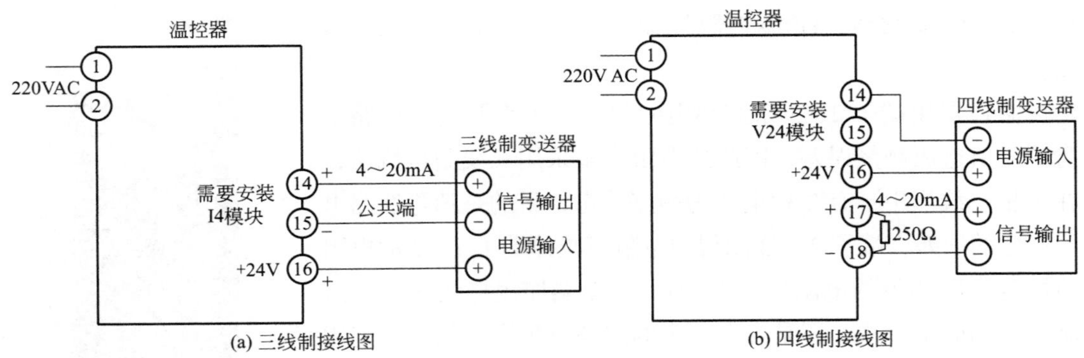


图 3-28　温控器与三线制、四线制变送器的接线

### （3）温控器与电动执行器的接线

控制系统使用电动执行器时，要求温控器具有双路输入，因为除了测量信号外，还要有阀位反馈信号输入温控器；温控器还要有相应的模块配合才能达到目的。以 NHR-5330 双路输入阀位控制温控器为例做介绍，接线如图 3-29 所示。二线制变送器由温控器供电，+24V 电源 7 端→变送器的（+）端→变送器电路→变送器的（−）端→ 20 端→温控器测量电路→ 24 端→ 8 端→电源的 0V。温控器内的继电器触点通过 25、26 端输出正转信号，通过 27、28 端输出反转信号，电动执行器的阀位反馈信号通过 15、19 端输入温控器。34、35 端是 RS485 通信输出端。

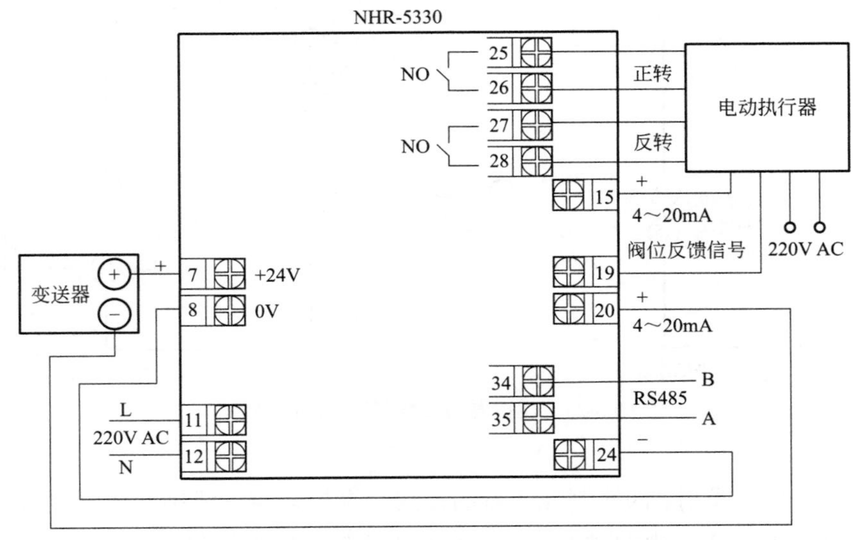


图 3-29　温控器与电动执行器的接线

### （4）温控器与 PLC 的接线

把温控器的继电器触点信号输出给 PLC 时，触点信号既可以是温控器的报警输出，也可以是温控器的辅助输出。按图 3-30 进行接线，图中 6、7、8 端为温控器内部继电器

的两个常开触点，通常在温控器的接线图上会标注 250V AC 等数值，这不是输出电压值，是指触点的最大工作电压为 250V AC。8 端为触点的公用端，要接到 PLC 的 COM 端上；6、7 端的线可根据需要分别接至 PLC 外部输入的某 X 端口。

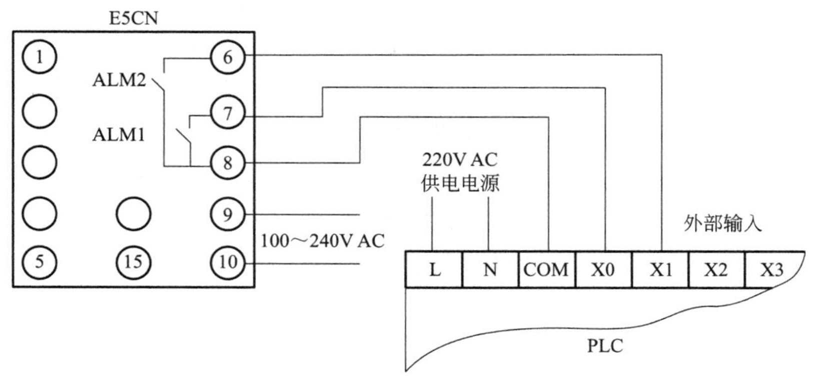

图 3-30　温控器与 PLC 的接线

（5）温控器说明书的接线图与实物不符

生产厂对温控器改进是很正常的事情，但有的厂家改进后的产品仍提供旧款温控器的说明书，如某温控器表壳上没有贴接线图，用户按说明书接线图进行热电偶接线，如图 3-31 中的虚线所示，通电后显示不正常，短接 8、9 端温控器没有显示室温，换用另一台温控器仍不正常。后来把表芯抽出查看，发现 7、8 端未与任何元件相连，推测输入信号端应该是 10、11、12 端。插回表芯，试着短接 11 与 12 端，温控器能显示室温，原来温控器的热电偶输入端是 11、12，把热电偶接上后温控器显示正常。

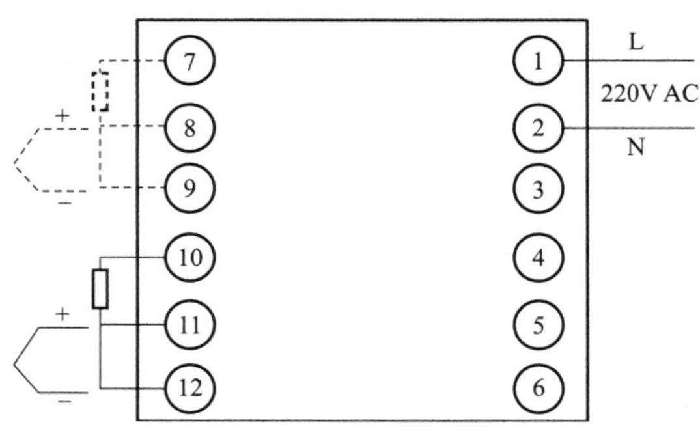

图 3-31　某温控器输入信号接线端

（6）温控器代换时的接线

不同型号温控器的代换原则是：外形尺寸相同，电源相同，输入信号相同，输出信号相同，表明所用的输出模块功能也相同。不具备以上条件时就要进行改动。代换接线前先确定电源端子，千万不能把电源线接错。

输入信号常用的是热电偶、热电阻、直流电流，按图示符号接入即可。正确接线后还要对温控器的设置进行检查，如温控器输入信号类型是否与设置相符，显示量程的上、下限是否正确。有的温控器只要设置输入信号类型，测量范围也就固定了，有的温控器还可对显示输入的量程比例进行设置。

温控器输出信号与使用的输出模块有关，尤其是代换不太正规的产品时，遇到的问题更多，因此代换时输出信号的接线就要复杂些。首先观察原用的及要代换的温控器表壳上的标识，有没有注明输出接的是什么执行器件，然后参照原用温控器的端子对代换的温控器进行接线。如图 3-32（a）为原来用的温控器接线端子图，（b）为代换上的温控器接线端子图。从图可看出（b）表与（a）表的电源端子、温度传感器输入端子编号相同，只是控制输出 OUT、报警输出 ALM1 的接线端子编号不相同，但从图形符号看功能是一样的，因此，对照着（a）表就可以把相关的线接到（b）表上。

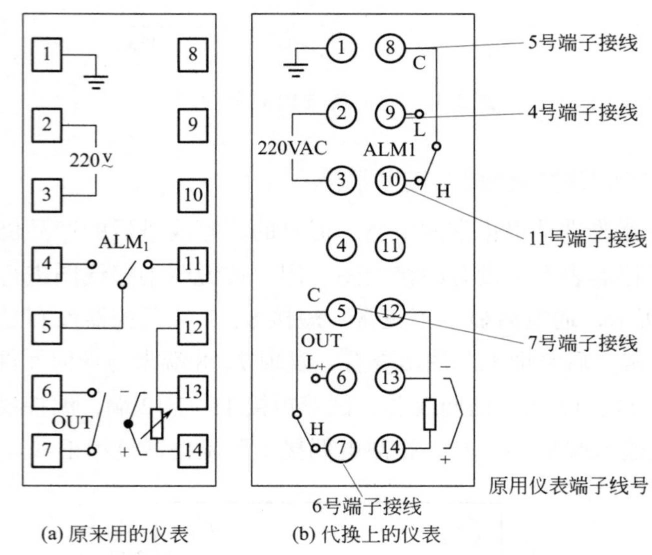


图 3-32　温控器代换接线

# 第 4 章

# 温控器的参数设置

## 4.1 温控器的跳线设置

（1）LU-904、906、960系列G型温控器设置

LU-904、906、960 系列 G 型（48mm×48mm）温控器出厂时无线性输入，若使用的信号为线性电流或电压，必须对主板跳帽进行设置，如图 4-1 所示。

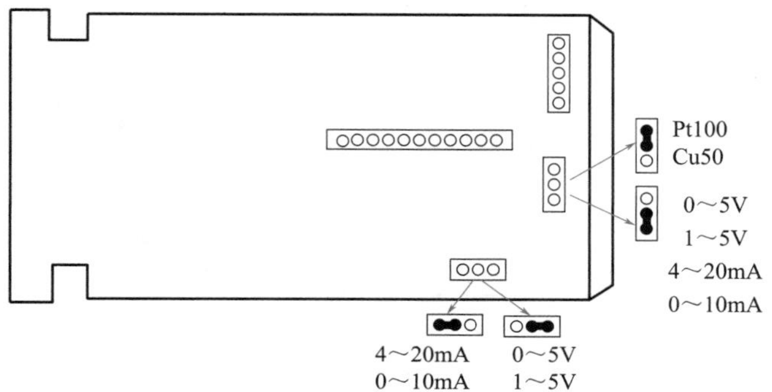


图 4-1　G 型主板跳帽设置示意图

（2）LU-926、922系列温控器的设置

① LU-926 系列 A、B、C 型温控器，线性输入时跳帽设置位置如图 4-2 所示。LU-922 系列 A、B、C、D、E 型温控器，线性输入时跳帽设置也可参考本图。

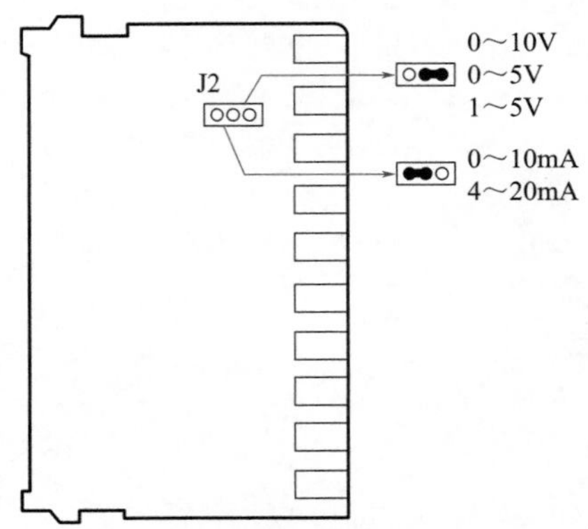


图 4-2　A、B、C 型温控器线性输入跳帽设置示意图

② LU-926 系列 F 型温控器，线性输入时跳帽的设置位置如图 4-3 所示。如果图中的 J2 逆时钟旋转 90 度，就是 LU-922 系列 F 型温控器线性输入时跳帽的设置。

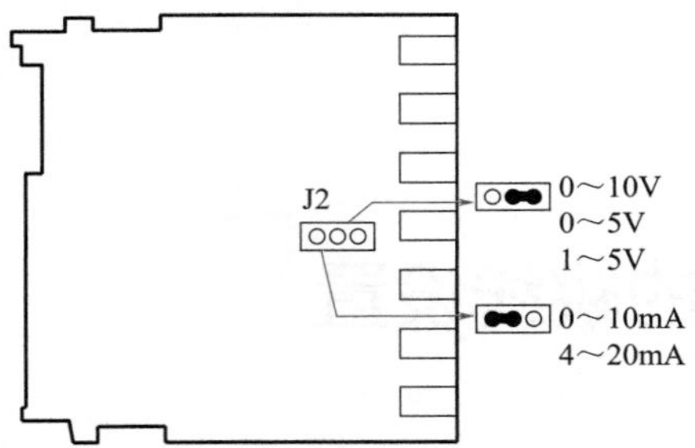


图 4-3　F 型温控器线性输入跳帽设置示意图

③ LU-926、922 系列 G 型温控器，线性输入时跳帽设置如图 4-4 所示。

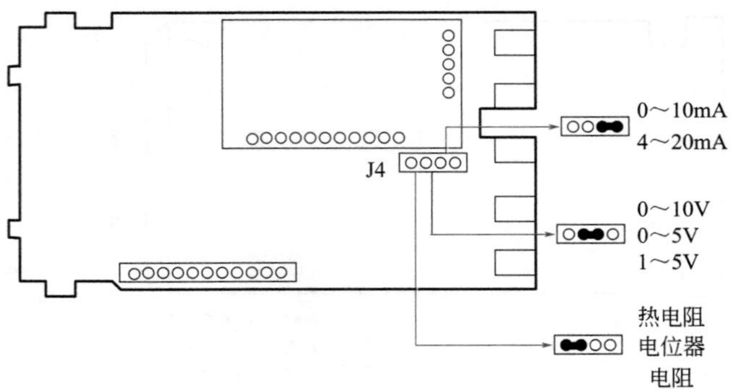


图 4-4　G 型温控器线性输入跳帽设置示意图

## 4.2 温控器参数设置按键图形及作用

温控器设置按键的功能及作用基本相同，四个设置按键的图形及作用见表 4-1，五个设置按键的图形及作用见表 4-2。

表 4-1 部分温控器四个设置按键的图形及作用

<table>
<tr><th>温控器类型</th><th colspan="4">按键图形 / 字母及作用</th></tr>
<tr><td>宇电<br>AI 系列</td><td>参数设置</td><td>数据移位；A/M 切换</td><td>数据增加；停止操作</td><td>数据减少；运行 / 暂停操作</td></tr>
<tr><td>安东<br>LU 系列</td><td>PAR（SET）<br>参数设置；翻页</td><td>左移；A/M 切换</td><td>设置时数据增加<br>手动时加大输出</td><td>设置时数据减少<br>手动时减小输出</td></tr>
<tr><td>虹润<br>NHR 系列</td><td>确认；翻页；配合增加键可进行 A/M 切换</td><td>左移；返回</td><td>增加数据；手动打印；阀位点动开大</td><td>减少数据；带打印功能时显示时间；阀位点动关小</td></tr>
<tr><td>虹润<br>AI908 系列</td><td>SET<br>操作确认</td><td>移位；A/M 切换</td><td>增加参数数值；<br>程序停止</td><td>减少参数数值；<br>程序运行、保持</td></tr>
<tr><td>金立石<br>XM 系列</td><td>SET<br>参数设置</td><td>数据移位；自整定；配合 SET 键进行 A/M 切换</td><td>数据增加</td><td>数据减少</td></tr>
<tr><td rowspan="2">百特 XMA 系列</td><td rowspan="2">SET<br>参数设定及确认</td><td rowspan="2">A/M<br>自动、手动切换</td><td>增加数值</td><td>减少数值</td></tr>
<tr><td colspan="2">可用于参数设定及菜单选择，自动时修改给定值，手动时修改输出值</td></tr>
<tr><td>上润<br>WP 系列</td><td>SET<br>参数设定选择</td><td>RES<br>复位键，用于程序清零（自检）</td><td>增加参数数值；配合 SET 键可进入二级参数设定</td><td>减少参数数值；配合 SET 键进行 A/M 切换</td></tr>
<tr><td>昌晖<br>SWP 系列</td><td>SET<br>参数选择</td><td>复位键<br>是个隐藏的键，程序复位（自检）</td><td>增加设定参数值</td><td>减少设定参数值</td></tr>
</table>

续表

| 温控器类型 | 按键图形 / 字母及作用 | | | |
|---|---|---|---|---|
| 台达<br>DTA、B、<br>K 系列 | SET<br>模式选择；储存 | 选择设置项目 | △　∧<br>增加数值及设置值 | ▽　∨<br>减少数值及设置值 |
| 台达<br>DTD<br>系列 | SET<br>模式选择；储存 | 参数切换及移位 | ∧<br>循环显示设置值及参数编辑 | |
| 理化<br>RD、RS<br>系列 | SET<br>设置；参数的调用及设定值的登录 | < R/S<br>移位；运行、停止及各模式的切换 | ∧<br>增加数值 | ∨<br>减少数值 |
| | | | 可用于模式切换（A/M、设定数据锁定、解除联锁）内的切换 | |
| 岛电<br>SR 系列 | NET<br>数字和参数修改后的确认 | 循环键<br>选择各子窗口和 0，1 窗口群间的转换 | △<br>增加数值和修改字符参数 | ▽<br>减少数值和修改字符参数 |
| 欧陆<br>2000、3000 系列 | 换页，选择新的参数菜单 | 选择当前菜单中的新参数 | △<br>增大参数数值或改变参数状态 | ▽<br>减小参数数值或改变参数状态 |

表 4-2　部分温控器五个设置按键的图形及作用

| 温控器类型 | 按键图形 / 字母及作用 | | | | |
|---|---|---|---|---|---|
| 盘古<br>CX 系列 | SET<br>确认；设置 | ◀<br>左移；翻页 | ▶<br>右移；A/M 切换 | ▲<br>增大；运行 | ▼<br>减小；停止 |
| 上润<br>A 系列 | NEX<br>在设置状态下保存设置的参数值；顺序查看参数 | PRE<br>逆序查看参数；开 / 关液晶屏背光 | RES<br>程序清零（自检） | ▲<br>增加数值；常按进入 PID 自整定；配合减小键进行 A/M 切换 | ▼<br>减少数值；常按进入 PI 自整定；配合增加键进行 A/M 切换 |
| 欧姆龙<br>E5 □ C 系列 | 菜单设定或调整 | 移动设定菜单内的项目 | 《PF<br>移位键，用户定义功能 | 设定数值增加 | 设定数值减少 |
| 岛电<br>SRS10A 系列 | ENT<br>确认；不修改 SV 值时，显示各个窗口组 | 循环键，选择下一个窗口和显示 0-4 窗口 | RUN/RST<br>运行 / 复位 | ▲<br>设定数值增加 | ▼<br>设定数值减少 |

## 4.3 温控器基本参数的设置

温控器的功能参数虽然很多，但在实际应用中，没必要对每一个参数都进行设置，但基本参数是一定要设置的，如设置输入信号类型，小数点位置，量程上、下限。通过设置先让温控器能够正常显示测量值。显示正常后，再对控制功能进行设置，如：控制方式，是常规 PID 控制还是自整定控制；主输出信号类型；PID 正、反作用方式；给定值设置。最后再设置上、下限报警值。温控器接线及基本参数设置正确后，温控器应能正常显示被测温度值，并能进行报警和常规 PID 控制，在此基础上就可以启动自整定功能了。最后再对所有要用的参数进行设置或微调。

温控器参数用字母代码来代表，字母代码大多是该功能英文的缩写或部分字母。表 4-3 列出了部分温控器基本参数的代码。

表 4-3 部分温控器的基本参数代码

| 参数名称 | 虹润 NHR 系列 1000/5000 | 安东 LU 系列 M 型 / K 型 | 宇电 AI 系列 | 金立石 XM 系列 | 百特 XMPA/F 7000 | 上润 A 系列 | 欧陆 2200 2400 系列 | 岛电 SRS10A 系列 | 欧姆龙 E5CC 系列 |
|---|---|---|---|---|---|---|---|---|---|
| 禁锁 | Loc | Loc | Loc | Loc | Lock | CL | PASS/ ACCS | LocK | PMOV |
| 输入类型 | Pn/Sn | Sn/Snl | Inp/Sn | Sn | rAng | Ln | inPt | rAnG | Cn-t |
| 量程下限 | PL/dil | LOL/ LoLi | SCL/ diL | diL | Tg.00 | dL | mG.L | Sc_L | 设置输入类型时进行选择 |
| 量程上限 | PH/diH | HiL/ HiLl | SCH/ diH | diH | Tg.fs | dH | mG.H | Sc_H | |
| 小数点 | Dp/dip | Poin/ PoiL | dpt/ dip | dip | Poln | Pot | dEc.p | dP | dp |
| 控制方式 | PIDM/ CtrL | CtrL/ CrL | CtrL | OPAd | Mod | 选择操作 | CtrL | D1_m ～ D4_m，按需要进行设置 | CNtL |
| 正反作用 | Mode | CooL/ Act | Act | SYS | Act | OP.0 | Act | Act1 Act2 | OREV |
| 控制输出 | Out | Opl | OP/ OPl | ot | dA/Out | 订货决定 | id | Out1 0ut2 | O15t O25t |

续表

| 参数名称 | 虹润 NHR 系列 1000/5000 | 安东 LU 系列 M 型 / K 型 | 宇电 AI 系列 | 金立石 XM 系列 | 百特 XMPA/F 7000 | 上润 A 系列 | 欧陆 2200 2400 系列 | 岛电 SRS10A 系列 | 欧姆龙 E5CC 系列 |
|---|---|---|---|---|---|---|---|---|---|
| 自整定 | Aut | Aut | At | OPAd=1～4，按需要进行设置 | AdPt | 按键操作 | tunE | At | At |
| 下限报警 | AL1～AL4 按需要进行设置 | AM1～AM4 按需要进行设置 | LoAL | LoAL | Lo.AL | AL1 或 AL2，按需要进行设置 | FSL | LA | Alt1～Alt4 设为 9 |
| 上限报警 | | | HIAL | HIAL | HI.AL | | FSH | HA | Alt1～Alt4 设为 8 |
| 温度单位 | | | | | | | Unit | Unit | d-U |

温控器需要设置的参数一般就是十多个，基本参数的具体设置，可以阅读本书第 5 章中各应用实例。要用好温控器就要认真阅读温控器说明书，只有对温控器所有参数的功能及设置有深入的了解，才能使温控器发挥最大作用。

## 4.4 温控器的参数设置方法

### 4.4.1 宇电 AI 系列温控器的参数设置

#### （1）AI温控器面板及按键功能

AI 温控器面板如图 4-5 所示。图中指示灯分别为：MAN 灯亮表示手动输出状态；PRG 灯亮表示处于控制运行状态；MIO、OP1、OP2、AL1、AL2、AU1、AU2 灯分别对应模块的输入输出动作；COM 灯闪亮表示正与上位机通信。按键用途及功能见表 4-4。

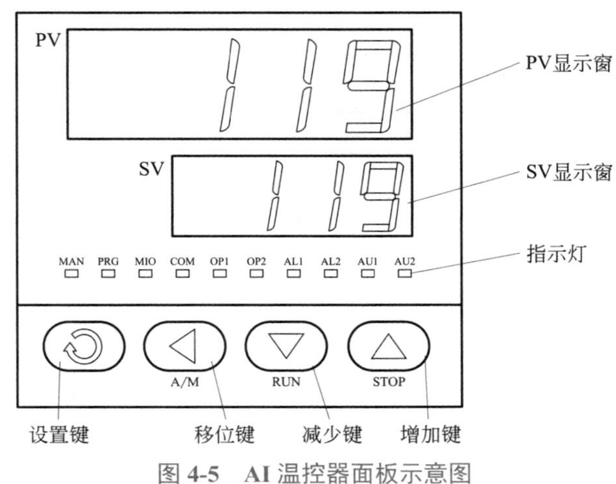


图 4-5 AI 温控器面板示意图

表 4-4 温控器按键用途及功能

| 按键名称 | 按键用途及功能 |
| --- | --- |
| ◯<br>设置键 | 设置键：数字和参数修改后的确认，在基本显示状态下长按 2s 进入现场参数设置状态<br>翻页键：参数设置下翻键<br>退出设置键：先按◁键不放再按本键可退出设置状态 |
| ◁<br>数据移位键 | 移位键：按一次光点向左移动一位<br>返回键：长按 2s 可返回上一级参数<br>定点控制操作的给定值修改<br>在基本显示状态下长按 2s 进入自整定<br>在 SV 显示窗显示给定值的状态下，按一下可进入程序设置状态<br>退出设置键：先按本键不放，再按◯键可退出设置状态<br>手动 / 自动切换操作键 |
| ▽<br>数据减少键 | 用于减少参数值<br>运行控制键：长按 2s 使 SV 显示窗显示“run”以启动运行控制；AI-7**P 温控器在停止状态下将启动程序运行 |
| △<br>数据增加键 | 用于增加参数值<br>停止操作键：长按 2s 使 SV 显示窗显示“StoP”使温控器停止控制输出；AI-7**P 温控器停止程序运行 |

### （2）AI系列温控器的参数设置

参数设置流程如图 4-6 所示。在基本显示状态下按◯键并保持约 2s 即可进入自定义的现场参数设置状态。可直接按◁、△、▽等键修改参数值。按▽键减小数据，按△键增加数据，所修改数值位的小数点会闪动。按键并保持不放，可以快速地增加 / 减少数值，并且速度会随小数点的右移自动加快。也可按◁键来直接移动修改数据的位置。按◯键可保存被修改的参数值并显示下一参数，持续按◯键可快速向下。按◁键并保持不放 2s 以上，可返回显示上一参数。先按◁键不放接着再按◯键可直接退出参数设置状态。如果没有按键操作，约 25s 后也会自动退回基本显示状态。温控器参数设置操作如图 4-7 所示。

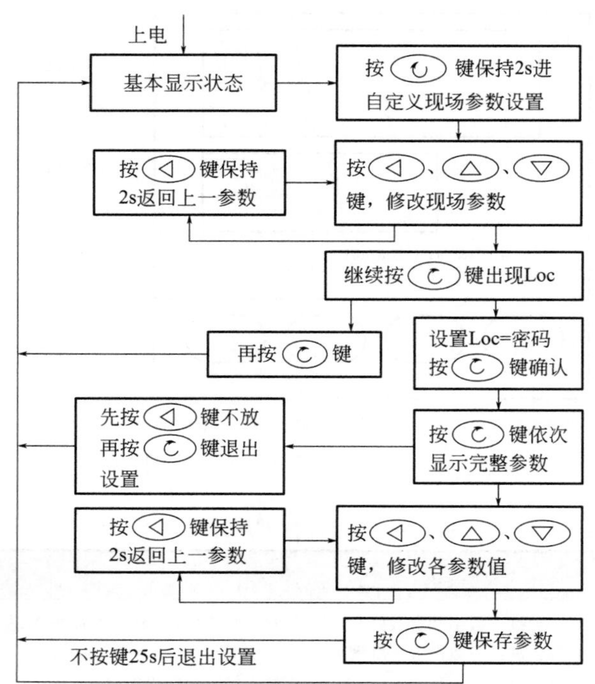


图 4-6 AI 温控器参数设置流程

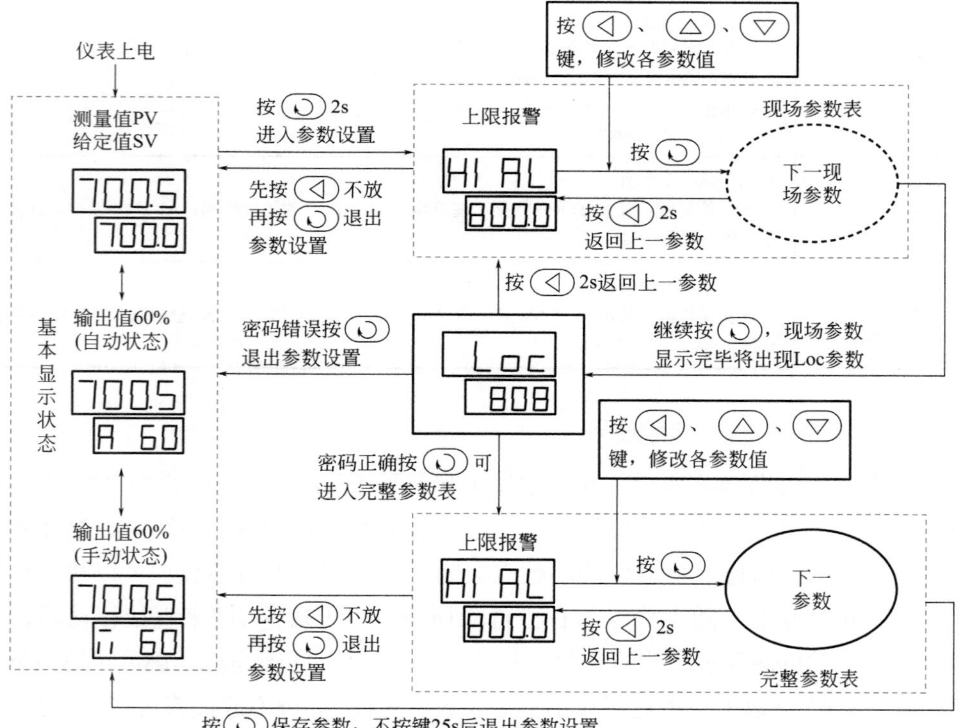


图 4-7 温控器参数设置操作示意图

**小知识** 

温控器的参数锁

运行中的温控器，给定值 SV 和内部参数无法修改，这是温控器的参数锁在起作用，使无关人员对温控器的给定值 SV 和内部参数无权修改。为了控制系统的安全，不让无关人员乱动温控器，温控器都有参数锁功能。参数锁的设置还有级别，如 AI 系列温控器，当“Loc”参数设置为“0”时只可以修改 SV 参数及定义现场常用参数，把“Loc”设置为“808”才可以修改全部参数。其他型号温控器的参数锁及设置方法，在说明书中均有介绍。

### （3）AI温控器参数表

① AI-7 系列温控器完整参数表　参数表分报警、控制、输入、输出、通信、系统功能、给定值 / 程序及现场参数定义 8 个部分，按顺序排列如表 4-5 所示（由于功能不同，有的温控器没有下列表格中的某些参数）。

表 4-5　AI-7 系列温控器完整参数表

| 参数 | 参数含义 | 说明 | 设置范围 |
|---|---|---|---|
| HIAL | 上限报警 | 测量值 PV 大于 HIAL 值时温控器将产生上限报警；测量值 PV 小于 HIAL−AHYS 值时，温控器将解除上限报警<br>注：每种报警可自由定义为控制 AL1、AL2、AU1、AU2 等输出端口动作，也可以不做任何动作，请参见后文报警输出定义参数 AOP 的说明 | −9990 ～ +32000 单位 |
| LoAL | 下限报警 | 当 PV 小于 LoAL 时产生下限报警，当 PV 大于 LoAL+AHYS 时下限报警解除<br>注：若有必要，HIAL 和 LoAL 也可以设置为偏差报警（参见 AF 参数说明） | |
| LdAL | 偏差上限报警 | 当偏差（测量值 PV- 给定值 SV）大于 HdAL 时产生偏差上限报警，当偏差小于 HdAL−AHYS 时报警解除。设置 HdAL 为最大值时，该报警功能被取消 | |
| LdAL | 偏差下限报警 | 当偏差（测量值 PV- 给定值 SV）小于 LdAL 时产生偏差下限报警，当偏差大于 LdAL+AHYS 时报警解除。设置 LdAL 为最小值时，该报警功能被取消<br>注：若有必要，HdAL 和 LdAL 也可设置为绝对值报警（参见 AF 参数说明） | |
| AHYS | 报警回差 | 又名报警死区、滞环等，用于避免报警临界位置由于报警继电器频繁动作，作用见上 | 0 ～ 2000 单位 |
| AdIS | 报警指示 | OFF，报警时在下显示窗不显示报警符号<br>ON，报警时在下显示窗同时交替显示报警符号以作为提醒，推荐使用 | |

续表

| 参数 | 参数含义 | 说 明 | 设置范围 |
|---|---|---|---|
| AOP | 报警输出定义 | AOP 的 4 位数的个位、十位、百位及千位分别用于定义 HIAL、LoAL、HdAL 和 LdAL 等 4 个报警的输出位置，如下：<br>$AOP=\frac{3}{LdAL}\frac{3}{HdAL}\frac{0}{LoAL}\frac{1}{HIAL}$<br>数值范围是 0 ～ 4，0 表示不从任何端口输出该报警，1、2、3、4 分别表示该报警由 AL1、AL2、AU1、AU2 输出<br>例如设置 AOP=3301，则表示上限报警 HIAL 由 AL1 输出，下限报警 LoAL 不输出，HdAL 及 LdAL 则由 AU1 输出，即 HdAL 或 LdAL 产生报警均导致 AU1 动作<br>注 1：当 AUX 在双向调节系统作辅助输出时，报警指定 AU1、AU2 输出无效<br>注 2：若需要使用 AL2 或 AU2，可在 ALM 或 AUX 位置安装 L3 双路继电器模块 | AI-7 系列：<br>0 ～ 6666<br>AI-5 系列：<br>0 ～ 4444 |
| CtrL | 控制方式 | OnoF，采用位式调节（ON-OFF），只适合要求不高的场合进行控制时采用<br>APID，先进的 AI 人工智能 PID 调节算法，推荐使用<br>nPID，标准的 PID 调节算法，并有抗饱和积分功能<br>PoP，直接将 PV 值作为输出值，可使温控器成为温度变送器<br>SoP，直接将 SV 值作为输出值，可使 P 型温控器成为程序发生器<br>MAnS，可向下兼容 AI-708J 手操器模式，操作方法见 AI-708J 使用说明书（AI-5 系列无此功能） | |
| Srun | 运行状态 | run，运行控制状态，RUN（PRG）灯亮<br>Stop，停止状态，下显示窗闪动显示“Stop”，RUN（PRG）灯灭<br>HoLd，保持运行控制状态。如果温控器为不限时的恒温控制（AI-5/7 或 AI-5/7P，参数 Pno=0 时），此状态等同正常运行状态，但禁止从面板执行运行或停止操作。如果温控器为程序控制（Pno>0），该状态下温控器保持控制输出，但暂停计时，同时下显示窗闪动显示“HoLd”且 RUN（PRG）灯闪动，可利用面板按键执行运行控制或停止以解除保持运行状态<br>注：仅用面板操作是无法进入保持运行状态的，只有直接修改本参数，或在程序运行中的编程、上位机通信或事件输入等方式可以进入该状态 | |
| Act | 正 / 反作用 | rE，为反作用调节方式，输入增大时，输出趋向减小，如加热控制<br>dr，为正作用调节方式，输入增大时，输出趋向增大，如制冷控制<br>rEbA，反作用调节方式，并且有上电免除下限报警及偏差下限报警功能<br>drbA，正作用调节方式，并且有上电免除上限报警及偏差上限报警功能 | |
| A-M | 自动 / 手动控制选择 | MAn 手动控制状态，由操作员手动调整 OUTP 的输出<br>Auto 自动控制状态，OUTP 的输出由 CtrL 决定的方式运算后决定<br>FMAn 固定手动控制状态，该模式禁止从前面板直接按键操作转换到自动状态<br>FAut 固定自动控制状态，该模式禁止从前面板直接按键操作转换到手动状态 | |

续表

| 参数 | 参数含义 | 说 明 | 设置范围 |
| --- | --- | --- | --- |
| At | 自整定 | OFF，自整定 At 功能处于关闭状态<br>ON，启动 PID 及 CtI 参数自整定功能，自整定结束后会自动返回 OFF<br>FOFF，自整定功能处于关闭状态，且禁止从面板操作启动自整定 | |
| P | 比例带 | 定义 APID 及 PID 调节的比例带，单位与 PV 值相同，而非采用量程的百分比<br>注：通常都可采用 At 功能确定 P、I、D 及 CtI 参数值，但对于熟悉的系统，比如成批生产的加热设备，可直接输入已知的正确的 P、I、D、CtI 参数值 | 1 ～ 32000 单位 |
| I | 积分时间 | 定义 PID 调节的积分时间，单位是 s，I=0 时取消积分作用 | 1 ～ 9999s |
| D | 微分时间 | 定义 PID 调节的微分时间，单位是 0.1s，d=0 时取消微分作用 | 0 ～ 3200s |
| Ctl | 控制周期 | 采用 SSR、晶闸管或电流输出时一般设置为 0.5 ～ 3.0s。当输出采用继电器开关输出或是采用加热 / 冷却双输出控制系统时，短的控制周期会缩短机械开关的寿命或导致冷 / 热输出频繁转换启动，周期太长则使控制精度降低，因此一般在 15 ～ 40s 之间，建议 CtI 设置为微分时间（基本应等于系统的滞后时间）的 1/10 ～ 1/5 左右<br>当输出为继电器开关（OPt 或 Aut 设置为 rELY），实际 CtI 将限制在 3s 以上，并且自整定 At 会自动设置 CtI 为合适的数值，以兼顾控制精度及机械开关寿命<br>若输出为控制阀门，推荐 CtI=3 ～ 15s，兼顾响应速度和避免阀门频繁动作<br>当调节模式参数 CtrL 定义为 ON-OFF 模式时，CtI 定义输出断开或上电后的 ON 动作延迟时间，避免断开后又立即接通，这项功能目的是保护压缩机的运行 | 0.2 ～ 300.0s |
| P2 | 冷输出比例带 | 定义 APID 及 PID 调节的冷输出比例带，单位与 PV 值相同，而非采用量程的百分比 | 1 ～ 32000 单位 |
| L2 | 冷输出积分时间 | 定义冷输出 PID 调节的积分时间，单位是 s，I=0 时取消积分作用 | 1 ～ 9999s |
| d2 | 冷输出微分时间 | 定义冷输出 PID 调节的微分时间，单位是 0.1s，d=0 时取消微分作用 | 0 ～ 3200s |
| Ctl2 | 冷输出周期 | 采用 SSR、可控硅或电流输出时一般设置为 0.5 ～ 3.0s。当输出为继电器开关（OPt 或 Aut 设置为 rELY），实际 CtI 将限制在 3s 以上，一般建议为 20 ～ 40s | 0.2 ～ 300.0s |
| CHYS | 控制回差（死区、滞环） | 用于避免 ON-OFF 位式调节输出继电器频繁动作<br>用于反作用（加热）控制时，当 PV 大于 SV 时继电器关断，当 PV 小于（SV-CHYS）时输出重新接通；用于正作用（制冷）控制时，当 PV 小于 SV 时输出关断，当 PV 大于（SV+CHYS）时输出重新接通 | 0 ～ 2000 单位 |

续表

<table>
<tr><th>参数</th><th>参数含义</th><th>说 明</th><th>设置范围</th></tr>
<tr><td>InP</td><td>输入规格代码</td><td>InP 用于选择输入规格，其数值对应的输入规格如下：
<table>
<tr><td>0 K</td><td>20 Cu50</td></tr>
<tr><td>1 S</td><td>21 Pt100</td></tr>
<tr><td>2 R</td><td>22 Pt100（-80 ～ 300.00℃）</td></tr>
<tr><td>3 T</td><td>25 0 ～ 75mV 电压输入</td></tr>
<tr><td>4 E</td><td>26 0 ～ 80Ω 电阻输入</td></tr>
<tr><td>5 J</td><td>27 0 ～ 400Ω 电阻输入</td></tr>
<tr><td>6 B</td><td>28 0 ～ 20mV 电压输入</td></tr>
<tr><td>7 N</td><td>29 0 ～ 100mV 电压输入</td></tr>
<tr><td>8 WRe3-WRe25</td><td>30 0 ～ 60mV 电压输入</td></tr>
<tr><td>9 WRe5-WRe26</td><td>31 0 ～ 1V（0 ～ 500mV）</td></tr>
<tr><td>10 用户指定的扩充输入规格</td><td>32 100 ～ 500mV</td></tr>
<tr><td>12 F2 辐射高温温度计</td><td>33 1 ～ 5V 电压输入</td></tr>
<tr><td>15 MIO 输入 1（安装 I4 为 4 ～ 20mA）</td><td>34 0 ～ 5V 电压输入</td></tr>
<tr><td>16 MIO 输入 2（安装 I4 为 0 ～ 20mA）</td><td>35 0 ～ 10V</td></tr>
<tr><td>17 K（0 ～ 300.00℃）</td><td>36 2 ～ 10V</td></tr>
<tr><td>18 J（0 ～ 300.00℃）</td><td>37 0 ～ 20V</td></tr>
</table>
注：设置 InP=10 时，可自定义输入非线性表格，或付费由厂家输入</td><td>0 ～ 37</td></tr>
<tr><td>dPt</td><td>小数点位置</td><td>可选择 0、0.0、0.00、0.000 四种显示格式<br>注：1. 一般热电偶或热电阻输入时，可选择 0 或 0.0 两种格式。即使选择 0 格式，内部仍维持 0.1℃分辨率用于控制运算，使用 S、R、B 型热电偶时，建议选择 0 格式；当 INP=17、18、22 时，温控器内部为 0.01℃分辨率，可选择 0.0 或 0.00 两种显示格式<br>2. 采用线性输入时，若测量值或其他相关参数数值可能大于 9999 时，建议不要选用 0 格式而应使用 0.000 的格式，因为大于 9999 后显示格式会变为 00.00</td><td></td></tr>
<tr><td>SCL</td><td>输入刻度下限</td><td>用于定义线性输入信号下限刻度值，当温控器作为变送输出或光柱显示时还用于定义信号的下限刻度</td><td rowspan="2">-9990 ～ +32000 单位</td></tr>
<tr><td>SCH</td><td>输入刻度上限</td><td>用于定义线性输入信号上限刻度值，当温控器作为变送输出或光柱显示时还用于定义信号的上限刻度</td></tr>
<tr><td>Scb</td><td>输入平移修正</td><td>Scb 参数用于对输入进行平移修正，以补偿传感器、输入信号或热电偶冷端自动补偿的误差<br>注：一般应设置为 0，不正确的设置会导致测量误差</td><td>-1999 ～ +4000 单位</td></tr>
</table>

续表

| 参数 | 参数含义 | 说明 | 设置范围 |
|---|---|---|---|
| FILt | 输入数字滤波 | FILt 决定数字滤波强度，设置越大滤波越强，但测量数据的响应速度也越慢。在测量受到较大干扰时，可逐步增大 FILt 使测量值瞬间跳动小于 2 ～ 5 个字即可。当温控器进行计量检定时，应将 FILt 设置为 0 或 1 以提高响应速度。FILt 单位为 0.5s | 0 ～ 40 |
| Fru | 电源频率及温度单位选择 | 50C 表示电源频率为 50Hz，输入对该频率有最大抗干扰能力；温度单位为℃<br>50F 表示电源频率为 50Hz，输入对该频率有最大抗干扰能力；温度单位为℉ | |
| SPSL | 外给定刻度下限 | 使用外给定功能时用于定义外给定输入信号刻度下限；使用位置比例输出时定义阀门位置反馈信号的下限，可由阀门自整定功能自动整定该参数 | -9990 ～ +30000 单位 |
| SPSH | 外给定刻度上限 | 使用外给定功能时用于定义外给定输入信号刻度上限；使用位置比例输出时定义阀门位置反馈信号的上限，可由阀门自整定功能自动整定该参数<br>警告：阀门位置自整定后的数值只供显示参考，除非专业人士请勿再人为修改 SPSH 及 SPSL 参数 | |
| OPt | 输出类型 | SSr，输出 SSR 驱动电压或可控硅过零触发时间比例信号，应分别安装 G、K1 或 K3 等模块，利用调整接通 - 断开的时间比例来调整输出功率，周期通常为 0.5 ～ 4.0s<br>rELy，输出为继电器触点开关或执行系统中有机械触点开关时（如接触器或压缩机等），应采用此设置。为保护机械触点寿命，系统限制输出周期为 3 ～ 120s，一般建议为系统滞后时间的 1/10 ～ 1/5<br>0-20，0 ～ 20mA 线性电流输出，需安装 X3 或 X5 线性电流输出模块<br>4-20，4 ～ 20mA 线性电流输出，需安装 X3 或 X5 线性电流输出模块<br>PHA1，单相移相输出，应安装 K5 移相触发输出模块实现移相触发输出。在该设置状态下，AUX 不能作为调节输出的冷输出端<br>nFEd，无反馈信号的位置比例输出，直接控制阀门电机正 / 反转，阀门行程时间由 Strt 参数定义<br>FEd，有反馈信号的位置比例输出，阀门行程时间应在 10s 以上，反馈信号由温控器的 0 ～ 5V/1 ～ 5V 输入端输入。注意：该输出模式下不能再使用外给定功能<br>FEAt，自整定阀门位置，温控器会先关闭阀门，把反馈信号记录在 SPSL 参数内，再全开阀门，把阀门反馈信号记录在 SPSH 参数内，完成后自动返回 FEd 的控制模式<br>PHA3，三相移相触发输出，配合 K9 模块 | |
| Aut | 冷却输出类型 | 仅当 AUX 作为加热 / 冷却双向调节中的辅助输出时，定义 AUX 的输出类型<br>SSr，输出 SSR 驱动电压或可控硅过零触发时间比例信号，应分别安装 G 或 K1 模块，利用调整接通 - 断开的时间比例来调整输出功率，周期通常为 0.5 ～ 4s<br>rELy，输出为继电器触点开关或执行系统中有机械触点开关时（如接触器或压缩机等），应采用此设置。为保护机械触点寿命，系统限制输出周期为 3 ～ 120s，一般为系统滞后时间的 1/10 ～ 1/5。<br>0-20，0 ～ 20mA 线性电流输出，AUX 上需安装 X3 或 X5 线性电流输出模块<br>4-20，4 ～ 20mA 线性电流输出，AUX 上需安装 X3 或 X5 线性电流输出模块<br>注：若 OPt 或 Aut 输出设置为 rELy，则输出周期原则上限制在 3 ～ 120s 之间 | |

续表

| 参数 | 参数含义 | 说明 | 设置范围 |
| --- | --- | --- | --- |
| OPL | 输出下限 | 设置为 0 ～ 100% 时，在通常的单向调节中作为调节输出 OUTP 最小限制值<br>设置为 -110% ～ -1 时，温控器成为一个双向输出系统，具备加热 / 冷却双输出功能，当设置 Act 为 rE 或 rEbA 时，主输出 OUTP 用于加热，辅助输出 AUX 用于制冷，反之当 Act 设置为 dr 或 drbA 时，OUTP 用于致冷，AUX 用于加热<br>当温控器成为双向输出时，OPL 用于反映最大冷输出限制，OPL=-100% 时，不限制冷输出，-110% 可使电流输出（比如 4 ～ 20mA）最大量程超出 10% 以上，适合特殊场合，SSR 或继电器输出时，最大冷输出限制不应大于 100% | -110% ～ 110% |
| OPH | 输出上限 | 在测量值 PV 小于 OEF 时，限制主输出 OUTP 的最大输出值；而当 PV 大于 OEF 时，系统修正输出上限为 100%。在无反馈位置比例输出（OPt=nFEd）时，OPH 如果小于 100，温控器会在上电时自动整定阀门位置；若 OPH=100，则温控器会在输出为 0 及 100% 时自动整定阀门位置，可缩短上电开机时间。OPH 设置必须大于 OPL | 0 ～ 110% |
| Strt | 阀门转动行程时间（仅 719/719P 有此功能） | Strt 定义当温控器为位置比例控制输出时阀门转动的行程时间，如果有阀门反馈信号时，温控器会依据 Strt 的设置自动选择阀门控制信号的回差，行程时间越短，回差越大，阀门定位精度也会降低。使用无阀门反馈信号模式或阀门反馈信号产生超量程故障时，温控器会依据 Strt 定义的行程时间对比输出来决定阀门电机动作的时间 | 10 ～ 240s |
| Ero | 过量程时输出值 | 当温控器控制方式为 PID 或 APID 时，Ero 用来设置输入过量程时（通常为传感器故障或断线导致）温控器的输出值<br>AF2 参数可以定义 Ero 是否有效及设置模式。Ero 为自动设置模式时，当偏差小于 4 个测量单位时，温控器自动存入积分输出值，因此 Ero 值会跟随系统自动变化。Ero 为手动设置模式时，由人工设置 Ero 值 | -110% ～ 110% |
| OPrt | 上电输出软启动时间 | 若温控器上电时测量值 PV 小于 OEF，则主输出 OUTP 的最大允许输出将经过 OPrt 的时间才上升到 100%。若上电时测量值大于 OEF，则输出上升时间限制在 5s 内。该功能仅特殊要求客户需要用到，手动输出或自整定时，最大输出不受软启动的限制。若需要用软启动功能降低感性负载的冲击电流，可设置 Ctl=0.5s，OPrt=5s | 0 ～ 3600s |
| OEF | OPH 有效范围 | 测量值 PV 小于 OEF 时，OUTP 输出上限为 OPH，而当 PV 大于 OEF 值时，调节器输出不限制，为 100%<br>注：该功能用于一些低温时不能满功率加热的场合，例如由于需要烘干炉内水分或避免升温太快，某加热器在温度低于 150℃时只允许最大 30% 的加热功率，则可设置：OEF=150.0（℃），OPH=30（%） | -999.0 ～ 3200.0℃ 或线性单位 |
| Addr | 通信地址 | Addr 参数用于定义温控器通信地址，有效范围是 0 ～ 80。在同一条通信线路上的温控器应分别设置不同的 Addr 值以便相互区别 | 0 ～ 80 |

续表

| 参数 | 参数含义 | 说 明 | 设置范围 |
|---|---|---|---|
| bAud | 波特率 | bAud 参数定义通信波特率，可定义范围是 1200 ～ 19200bit/s（19.2K）。当 COM 位置不用于通信功能时，可由 bAud 参数设置将 COM 口作为其他功能使用：<br>bAud=0，将 COMM/AUX 模块位置作为 AUX 使用，只适合 D2 面板型温控器；<br>bAud=1，作为外部开关量输入，功能同 MIO 位置，当 MIO 位置被占用时可将 I2 模块装在 COMM 位置；<br>bAud=2，将 COMM 口作为 ALM 功能使用，适合 D 型面板温控器；<br>bAud=3，将 COMM 口作为 0 ～ 20mA 测量值变送输出功能；<br>bAud=4，将 COMM 口作为 4 ～ 20mA 测量值变送输出功能 | 0 ～ 19200 |
| Et | 事件输入类型 | nonE，不启用事件输入功能<br>ruSt，运行 / 停止，MIO 短时间接通，启动运行控制（RUN），常按保持 2s 以上，停止控制（STOP）<br>SP1.2，定点控制时（AI-7**P 的参数 Pno=0），给定值切换，MIO 开关断开时，给定值 SV=SP1，MIO 接通时，给定值 SV=SP2<br>PId2，MIO 开关断开时，使用 P、I、D 及 CtI 参数进行运算调节，MIO 开关接通时，切换使用 P2、I2、d2 及 CtI2 参数进行调节运算，此功能仅适合单输出控制<br>EAct，外部开关切换加热 / 冷却控制。MIO 开关断开时，使用 P、I、d 及 CtI 参数进行加热调节；MIO 开关接通时，切换使用 P2、I2、d2 及 CtI2 参数进行冷却调节运算。此功能仅适合单输出（OUTP）控制 | |
| AF | 高级功能代码 | AF 参数用于选择高级功能，其计算方法如下：<br>AF=A×1+B×2+C×4+D×8+E×16+F×32+G×64+H×128<br>A=0，HdAL 及 LdAL 为偏差报警；A=1，HdAL 及 LdAL 为绝对值报警，这样温控器可分别拥有 2 路绝对值上限报警及绝对值下限报警<br>B=0，报警及位式调节回差为单边回差；B=1，为双边回差<br>C=0，温控器光柱指示输出值；C=1，温控器光柱指示测量值（仅带光柱的温控器）<br>D=0，进入参数表密码为公共的 808；D=1，密码为参数 PASd 值<br>E=0，HIAL 及 LoAL 分别为绝对值上限报警及绝对值下限报警；E=1，HIAL 及 LoAL 分别改变为偏差上限报警及偏差下限报警，这样有 4 路偏差报警<br>F=0，精细控制模式，内部控制分辨率是显示的 10 倍，但线性输入时其最大显示值为 3200 单位；F=1，宽范围显示模式，当要求显示数值大于 3200 时选该模式<br>G=0，传感器断线导致的测量值增大允许上限报警（上限报警设置值应小于信号量程上限）；G=1，传感器断线导致的测量值增大不允许上限报警，注意该模式下即使正常报警上限报警（HIAL）也会延迟约 30s 才动作<br>H=0，温控器通信协议为 AIBUS；H=1，温控器通信协议为 MODBUS 兼容模式<br>注：非专家级别用户，可设置该参数为 0 | 0 ～ 255 |

续表

<table>
<tr><th>参数</th><th>参数含义</th><th>说 明</th><th>设置范围</th></tr>
<tr><td>AF2</td><td>高级功能代码 2</td><td>AF2 用于选择第二组高级功能代码，其计算方法如下： AF=A×1+B×2+C×4+D×8+E×16+F×32+G×64+H×128<br>A=0，给定值为内给定；A=1，给定值为外给定，外给定信号由 5V 输入端输入<br>B=0，外给定信号为 1 ～ 5V；B=1，外给定信号为 0 ～ 5V<br>C=0， 正常输入模式；C=1，线性输入信号进行开方处理<br>D=0，变送输出用 SCH/SCL 定义刻度；D=1，变送输出用 SPSL/SPSH 定义刻度（注：有使用阀门反馈信号输入时请勿使用）<br>E=0，传感器断线时输出 0；E=1，传感器断线时输出 Ero 参数<br>F=0，系统自动设置 Ero；F=1, 手动设置 Ero。自动定义 Ero 是 AI 人工智能自学习控制内容之一，即温控器会自动记忆下当测量值和给定值一致时，最新的平均输出值，以用于 PID 调节运算作为参考，能提升控制效果。为安全起见，Ero 最大学习值为 70% 输出功率，如果需要更高的 Ero 值，可人工设置 Ero 参数时，设置为最安全常用输出<br>G=0，备用<br>H=0，正常控制模式；H=1，允许温控器使用双支热电偶输入，当其中一只故障时会显示“EErr”错误，同时自动切换使用另一支工作</td><td></td></tr>
<tr><td>PASd</td><td>密码</td><td>PASd 等于 0 ～ 255 或 AF.D=0 时，设置 Loc=808 可进入完整参数表<br>PASd 等于 256 ～ 9999 且 AF.D=1 时，必须设置 Loc=PASd 方可进入参数表<br>注：只有专家级用户才可设置 PASd，建议用统一的密码以避免忘记</td><td>0 ～ 9999</td></tr>
<tr><td>SPL</td><td>SV 下限</td><td>SP 允许设置的最小值</td><td rowspan="2">-9990 ～ +30000 单位</td></tr>
<tr><td>SPH</td><td>SV 上限</td><td>SP 允许设置的最大值</td></tr>
<tr><td>SP1</td><td>给定点 1</td><td>对于 AI-719 型温控器或 AI-7**P 的参数 Pno=0 或 1 时，正常情况下给定值 SV=SP1</td><td rowspan="2">SPL ～ SPH</td></tr>
<tr><td>SP2</td><td>给定点 2</td><td>对于 AI-719 型温控器或 AI-7**P 的参数 Pno=0 或 1 时，当 MIO 位置安装了 I2 模块，且设置参数 Et=SP1.2 时，可通过一个外部的开关来切换 SP1/SP2。当开关断开时 SV=SP1，当开关接通时 SV=SP2</td></tr>
<tr><td>SPr</td><td>升温速率限制（仅程序型温控器有）</td><td>若 SPr 被设置为有效，则程序启动时，若测量值低于给定值，将先以 SPr 定义的升温速率限制值升温至首个给定值。在升温速率限制状态下，RUN 灯将闪动<br>对于斜率模式，SPr 只对首个程序段有效；而在平台模式下，SPr 将对任何程序段有效</td><td>0 ～ 3200℃ /min</td></tr>
<tr><td>Pno</td><td>程序段（仅程序型温控器有）</td><td>用于定义有效的程序段数，数值 0 ～ 50，可减少不必要的程序段数，使操作及程序设置方便最终客户的使用。其中设置 Pno=0 时，AI-7**P 为恒温模式，同时亦可设置 SPr 参数用于限制升温速率；设置 Pno=1 时为单段程序模式，只需要设置一个给定值和一个保温时间，设置非常方便；设置 Pno=2 ～ 50 时，AI-7**P 采用正常程序控制温控器操作模式进行操作</td><td>0 ～ 50</td></tr>
</table>

续表

| 参数 | 参数含义 | 说 明 | 设置范围 |
| --- | --- | --- | --- |
| PonP | 上电自动运行模式（仅程序型温控器有） | Cont，停电前为停止状态则继续停止，否则在温控器通电后继续在原终止处执行<br>StoP，通电后无论出现何种情况，温控器都进入停止状态<br>run1，停电前为停止状态则继续停止，否则来电后都自动从头开始运行程序<br>dASt，在通电后如果没有偏差报警则程序继续执行，若有偏差报警则停止运行<br>HoLd（仅 AI-7**P），温控器在运行中停电，来电后无论出现何种情况，温控器都进入暂停状态。但如果温控器停电前为停止状态，则来电后仍保持停止状态 | |
| PAF | 程序运行模式（仅程序型温控器有） | PAF 参数用于选择程序控制功能，其计算方法如下：<br>PAF=A×1+B×2+C×4+D×8+E×16+F×32<br>A=0，准备功能（rdy）无效；A=1，准备功能有效<br>B=0，斜率模式，程序运行存在温度差别时，按折线过渡，可以定义不同的升温模式，也可以降温运行；B=1，平台模式（恒温模式），每段程序定义给定值及保温时间，段间升温速率可受 SPr 限制，到达下段条件可受 rdy 参数限制；另外，即使设置 B=0，如果程序最后一段不是结束命令，则也执行恒温模式，时间到后自动结束<br>C=0，程序时间以分为单位；C=1，时间以小时为单位<br>D=0，无测量值启动功能；D=1，有测量值启动功能<br>E=0，作为程序给定发生器时上显示窗显示测量值；E=1，作为程序给定发生器时上显示窗显示程序段号<br>F=0，标准运行模式；F=1，程序运行时执行 RUN 操作将进入暂停（HoLd）状态 | |
| EP1 ～ EP8 | 现场使用参数定义 | 可定义 1 ～ 8 个现场参数，作为 Loc 上锁后常用的需要现场操作工修改的参数，如果没有或不足 8 个现场参数，可将其值设置为 nonE | |

② AI-5 系列温控器的部分参数　AI-5 系列温控器许多参数与 AI-7 系列温控器基本相同，表 4-6 仅列出 AI-5 系列温控器的部分参数，其他参数可参考表 4-5。

表 4-6　AI-5 系列温控器的部分参数表

| 参数 | 参数含义 | 说 明 | 设置范围 |
| --- | --- | --- | --- |
| Fru | 电源频率及温度单位选择 | 50C 表示电源频率为 50Hz，输入对该频率有最大抗干扰能力；温度单位为℃<br>50F 表示电源频率为 50Hz，输入对该频率有最大抗干扰能力；温度单位为℉<br>60C 表示电源频率为 60Hz，输入对该频率有最大抗干扰能力；温度单位为℃<br>60F 表示电源频率为 60Hz，输入对该频率有最大抗干扰能力；温度单位为℉ | |

续表

| 参数 | 参数含义 | 说 明 | 设置范围 |
|---|---|---|---|
| Aut | 辅助输出类型 | 当 AUX 作为加热 / 冷却双向调节中的辅助输出时，定义 AUX 的输出类型<br>SSR，输出 SSR 驱动电压或可控硅过零触发时间比例信号，应分别安装 G、K1 等模块，利用调整接通 - 断开的时间比例来调整输出功率，周期通常为 0.5 ～ 4s<br>rELy，输出为继电器触点开关或执行系统中有机械触点开关时（如接触器或压缩机等），应采用此设置<br>0-20，0 ～ 20mA 线性电流输出，AUX 上需安装 X3 或 X5 线性电流输出模块<br>4-20，4 ～ 20mA 线性电流输出，AUX 上需安装 X3 或 X5 线性电流输出模块<br>注：加热 / 冷却双输出控制时，若 OPt 或 Aut 中任何一个输出设置为 rELy，则输出周期按 rELy 的原则限制在 3 ～ 120s 之间。对于通常的单输出调节，设置 Aut 为 SSR | |
| bAud | 波特率 | bAud 参数定义通信波特率，可定义范围是 1200 ～ 19200bit/s（19.2K）。对于 D2 面板类型温控器，当 COMM/AUX 模块位置作为 AUX 使用时，需设置 bAud 参数为 0<br>如果设置 bAud=1，COMM 端口可以替代 MIO 端口作为外部事件输入<br>对于 D2 面板（48mm×48mm 规格）的温控器，如果设置 bAud=2，则 COMM 端口的报警可以作为 AU1+AL1 输出，这可用于 526P 型温控器需要事件输出的场合，因为事件只可定义为 AL1 或 AL2 动作 | 0 ～ 19.2K |

（4）温控器手动/自动切换及自整定设置

若 Loc 参数没有锁上，在下显示窗 SV 显示给定值时可直接按◁、△、▽等键修改给定值。

在下显示窗 SV 显示输出值状态下，按 A/M 键（即◁键），可以使温控器在自动及手动之间进行无扰动切换。在手动状态且下显示窗显示输出值时，可直接按△键或▽键增加及减少手动输出值。

当温控器选用 APID 或标准 PID 调节方式时，均可启动自整定功能来协助确定 PID 等控制参数。在基本显示状态下按◁键并保持 2s，将出现 At 参数，按△键可将下显示窗的 oFF 修改为 on，再按↻键确认即可开始执行自整定功能。温控器下显示窗口将闪动显示“At”字样，此时温控器执行位式调节，经 2 个振荡周期后，温控器内部微处理器可自动计算出 PID 参数并结束自整定。如果要提前放弃自整定，可再按↻键并保持约 2s 调出 At 参数，并将 on 设置为 oFF 再按↻键确认即可。自整定成功结束并且控制效果满意后，应该把 At 参数设置为 FoFF，将禁止从面板启动自整定功能，以防止误操作。若需要再启动自整定可进入参数表修改 At 参数进行操作。具体操作可按图 4-8 的步骤进行。

执行自整定功能前，应先将给定值 SV 设置在最常用值或是中间值上，如果系统是保温性能好的电炉，给定值应设置在系统使用的最大值上。自整定过程中禁止修改 SV 值。不同的系统，自整定时间可从数秒至数小时不等。

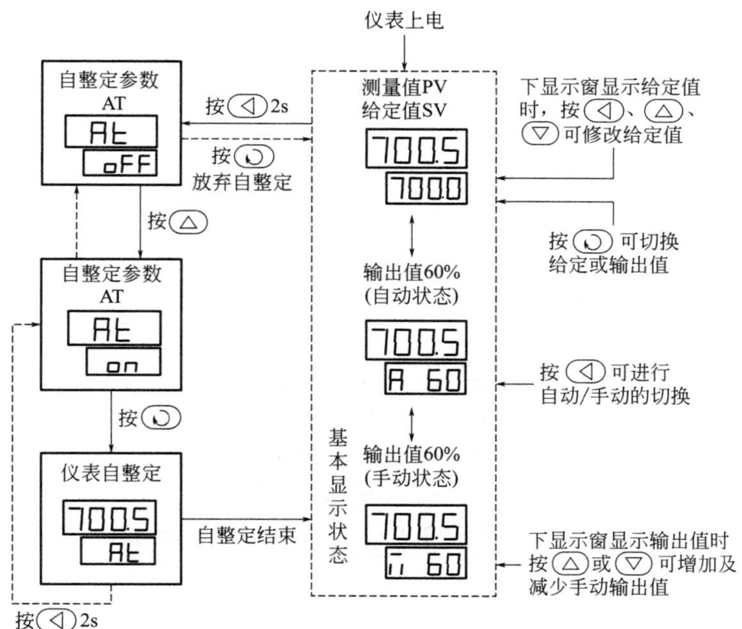


图 4-8　温控器手动 / 自动切换及自整定设置操作示意图

位式调节回差参数 CHYS 的设置对自整定过程会有影响，一般 CHYS 的设定值越小自整定参数准确度越高。但 CHYS 值设得过小，有可能因输入波动而引起位式调节的误动作，这样反而可能会整定出完全错误的参数，推荐 CHYS=2.0。

在加热 / 冷却双向输出的调节系统中，自整定必须在主输出端（OUTP）执行。

自整定刚结束时调节效果可能还不是最佳，由于温控器有学习功能，因此使用一段时间后才会获得最佳的调节效果。

## 4.4.2　虹润 NHR1000/5000 系列温控器的参数设置

### （1）NHR1000/5000 系列温控器面板及按键功能

NHR1000/5000 系列温控器面板结构如图 4-9 所示。图中指示灯分别为：

OUT：输出指示灯；

RUN：运行指示灯；

AL1：第一报警指示灯；

AL2：第二报警指示灯。

温控器型号不同面板会略有差别。一是数码管的位数不同，如 NHR-1103 型为双排三位数码管显示；二是面板指示灯的个数不同，如 NHR-5300/5400 型有 8 个指示灯，分别为：

A/M：自 / 手动切换指示灯；

EV1：事件报警指示灯；

AL1：第一报警指示灯；
AL2：第二报警指示灯；
OP1：输出指示灯；
OP2：输出指示灯；
OP3：输出指示灯；
OP4：输出指示灯。
温控器的按键用途及功能详见表 4-7。

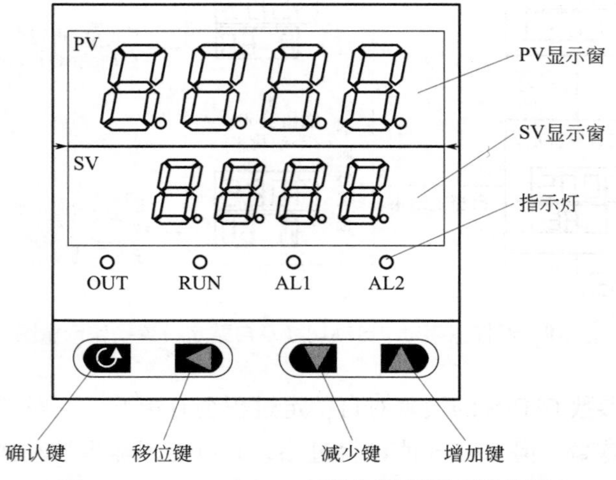


图 4-9 NHR1000/5000 系列温控器面板结构图

表 4-7 NHR1000/5000 系列温控器按键用途及功能

| 按键名称 | 温控器型号 | 按键用途及功能 |
| --- | --- | --- |
| 确认键 | NHR1000/5000 | 确认键：数字和参数修改后的确认<br>翻页键：参数设置下翻键<br>退出设置键：长按 4 ～ 5s 可返回测量画面 |
| | NHR-5300<br>NHR-5400 | 配合(▽)键可实现自动 / 手动控制输出的切换 |
| | NHR-5400 | 配合(▽)键可实现控制曲线的清零 |
| (◁)<br>移位键 | NHR1000/5000 | 移位键：按一次数据向左移动一位<br>返回键：长按 4 ～ 5s 可返回上一级参数 |
| | NHR-1000 | 长按温控器复位 |
| (▽)<br>减少键 | NHR1000/5000 | 用于减少参数值 |
| | NHR-5000 | 带打印功能时，显示时间 |
| | NHR-5300 | 在点动输出时，可以实现阀位点动关小 |

续表

| 按键名称 | 温控器型号 | 按键用途及功能 |
|---|---|---|
| △<br>增加键 | NHR1000/5000 | 用于增加参数值 |
| | NHR-5000 | 带打印功能时，用于手动打印 |
| | NHR-5300 | 在点动输出时，可以实现阀位点动开大 |

### （2）NHR1000/5000系列温控器Loc参数的设置

温控器接通电源后进入自检，PV窗口显示温控器的型号，SV窗口显示软件的版本号，自检完毕，温控器自动转入工作状态。在工作状态下，按压↻键显示 Loc，可对 Loc 参数进行设置。

当 Loc 等于任意参数时可进入一级菜单；当 Loc=00 时无禁锁，可修改一级参数；设置 Loc=132 时无禁锁，可修改一、二级参数。

当 Loc=132，按压↻键 4s 可进入二级菜单。当 Loc 等于其他值，按压↻键 4s 退出到测量画面。

如果 Loc=577，在 Loc 菜单下，同时按住↻键和△键 4s，可以将温控器的所有参数恢复到出厂默认设置。

在Loc=130的状态下，按压↻键4s，即进入时间参数设置，如温控器PV显示“d=18”，SV 显示“0826”，表示当前日期为 2018 年 8 月 26 日，在此状态下，可参照温控器参数设置方法，设定当前日期。在温控器当前日期显示状态下，按压↻键，温控器 PV 显示“T=15”，SV 显示“3045”，表示当前时间为 15 点 30 分 45 秒，在此状态下，可参照温控器参数设置方法，设定当前时间。在温控器当前时间显示状态下，再次按压↻键 4s，可退出时间设置回到测量值显示状态。

### （3）NHR1000/5000系列温控器的参数设置

参数设置流程如图 4-10 所示。图中按键时间的秒数 5000 系列温控器为 4s 及 30s，1000 系列温控器分别为 5s 及 60s。

① 温控器一级参数的设置　在实时测量状态下，按压↻键 PV 显示 Loc，SV 显示参数字符，按增加△、减少▽键来进行设置。一级参数如表 4-8 所示，表中参数与订货型号所带功能对应，无此功能时与之相对应的参数不会显示。

② 控制目标值 SV 的设置　在实时测量状态下，按压↻键 5s 后，即进入控制目标值 SV 的设定状态，按增减键进行设置，目标值设置完成后按↻键退到实时测量状态（控制方式选择定值控制才有效）。

③ 温控器二级参数的设置　在实时测量状态下，按压↻键 PV 显示 Loc，SV 显示参数字符，按压增加、减少键来进行设置，Loc=132 且长按↻键进入二级参数。二级参数如表 4-9 所示，表中参数与订货型号所带功能对应，无此功能时与之相对应的参数不

会显示。

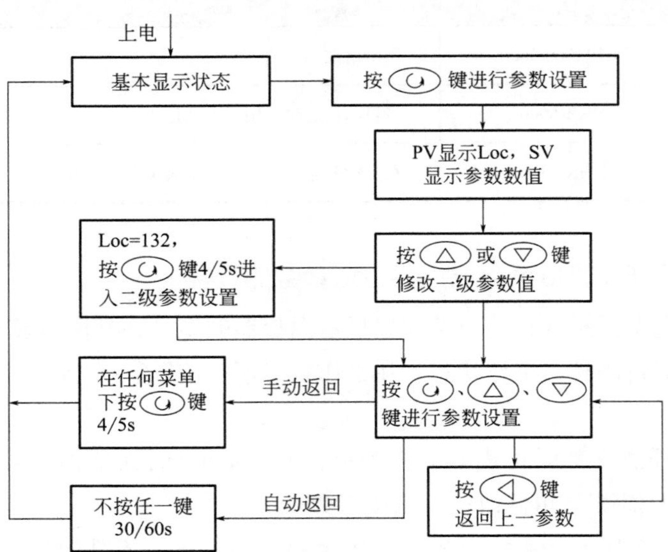


图 4-10　NHR1000/5000 系列温控器参数设置流程

表 4-8　温控器一级参数设定值

| 符号 | 名称 | 设定范围 | 说明 | 出厂预设值 |
|---|---|---|---|---|
| Loc | 设定参数禁锁 | Loc=00<br>Loc≠00 或 132<br>Loc=132 | 无禁锁（一级参数修改有效）<br>禁锁（一级参数修改无效）<br>无禁锁（一级参数、二级参数修改有效） | 00 |
| AL1 | 第一报警值 | -1999 ～ 9999 | 第一报警的报警设定值 | 50 或 50.0 |
| AL2 | 第二报警值 | -1999 ～ 9999 | 第二报警的报警设定值 | 50 或 50.0 |
| Auto | 自动演算 | Auto=OFF<br>Auto=ON | 关：手动设定 PID 参数值<br>开：自动演算 | OFF |
| AH1 | 第一报警回差 | 0 ～ 9999 | 第一报警回差值 | 02 或 2.0 |
| AH2 | 第二报警回差 | 0 ～ 9999 | 第二报警回差值 | 02 或 2.0 |
| AHSU | 位式控制回差值 | 0 ～ 9999 | 位式控制回差值（以控制目标值为报警值） | 05 |
| SdiS | SV 显示窗测量状态显示内容 | SdiS=0<br>SdiS=1<br>SdiS=2<br>SdiS=3<br>SdiS=4<br>SdiS=5<br>SdiS=6<br>SdiS=7 | 显示输入分度号<br>显示第一报警值<br>显示第二报警值<br>显示控制目标值<br>显示控制输出百分比<br>显示 pH 单位<br>显示温度（℃）<br>不显示 | 3 |

续表

| 符号 | 名称 | 设定范围 | 说明 | 出厂预设值 |
| --- | --- | --- | --- | --- |
| P | 比例 | 0 ～ 9999 | 显示比例的设定值 P 值越小，系统响应越慢；P 值越大，系统响应越快 | 500 |
| I | 积分时间 | 1 ～ 9999 | 显示程序积分时间的设定值，用于解除比例控制所产生的残留偏差。I 值越小，积分作用越强；I 值越大，积分作用相应减弱。设定为 9999 时，积分作用为 OFF | 400 |
| D | 微分时间 | 1 ～ 9999（×0.5s） | 显示程序微分时间的设定值：D 值越小，系统微分作用越弱；D 值越大，系统微分作用越强；设定为零时，微分动作则成 OFF。用于预测输出的变化，防止扰动，提高控制的稳定性 | 100 |
| T | 输出周期 | 1 ～ 160（×0.5s） | 控制输出的周期 | 8 |
| SF | 内部保留参数 | | | |

表 4-9 温控器二级参数设定值

| 符号 | 名称 | 设定范围 | 说明 | 出厂预设 |
| --- | --- | --- | --- | --- |
| Pn | 输入分度号 | 0 ～ 35 | 设定输入分度号类型 （见输入信号类型表 4-10） | 27 |
| dP | 小数点 | dP=0<br>dP=1<br>dP=2<br>dP=3 | 无小数点<br>小数点在十位（显示 XXX.X）<br>小数点在百位（显示 XX.XX）<br>小数点在千位（显示 X.XXX），1304 型温控器无此参数 | 0 |
| ALM1 | 第一报警方式 | ALM1=0<br>ALM1=1<br>ALM1=2<br>ALM1=3<br>ALM1=4<br>ALM1=5 | 无报警<br>第一报警为下限报警<br>第一报警为上限报警<br>第一报警为下偏差报警<br>第一报警为上偏差报警<br>第一报警为偏差内报警 | 2 |
| ALM2 | 第二报警方式 | ALM2=0<br>ALM2=1<br>ALM2=2<br>ALM2=3<br>ALM2=4<br>ALM2=5 | 无报警<br>第二报警为下限报警<br>第二报警为上限报警<br>第二报警为下偏差报警<br>第二报警为上偏差报警<br>第二报警为偏差内报警 | 1 |
| PIDM | 控制方式 | PIDM=PID<br>PIDM=bit | PID 控制输出<br>位式控制（以控制目标值为报警值） | PID |
| FK | 滤波系数 | 0 ～ 4 | 设置温控器滤波系数，防止显示值跳动 | 0 |
| Addr | 设备号 | 0 ～ 250 | 设定通信时本温控器的设备代号 | 1 |

续表

<table>
<tr><th>符号</th><th>名称</th><th>设定范围</th><th>说明</th><th>出厂预设</th></tr>
<tr><td>bAud</td><td>通信波特率</td><td>1200<br>2400<br>4800<br>9600</td><td>通信波特率为 1200bit/s<br>通信波特率为 2400bit/s<br>通信波特率为 4800bit/s<br>通信波特率为 9600bit/s</td><td>9600</td></tr>
<tr><td>Pb</td><td>显示输入<br>的零点迁移</td><td>全量程</td><td>设定显示输入零点的迁移量</td><td>0</td></tr>
<tr><td>PK</td><td>显示输入<br>的量程比例</td><td>0 ～ 2.000 倍</td><td>设定显示输入量程的放大比例</td><td>1.000</td></tr>
<tr><td>PIDL</td><td>PID 控制<br>输出下限</td><td>0.0 ～ 100.0</td><td>设定控制输出下限量程</td><td>0.0</td></tr>
<tr><td>PIDH</td><td>PID 控制<br>输出上限</td><td>0.0 ～ 100.0</td><td>设定控制输出上限量程</td><td>100.0</td></tr>
<tr><td>PL</td><td>测量量程下限</td><td>全量程</td><td>设定输入信号的测量下限量程</td><td>0</td></tr>
<tr><td>PH</td><td>测量量程上限</td><td>全量程</td><td>设定输入信号的测量上限量程</td><td>1000</td></tr>
<tr><td>Cut</td><td>测量小信<br>号切除</td><td>0.000 ～ 1.000</td><td>此功能仅对电压 / 电流开方信号有效<br>公式：输入信号<输入信号下限 +（输入信号上限 - 输入信号下限）× 设定百分比时，温控器显示测量量程下限</td><td>0.000</td></tr>
<tr><td>Out</td><td>模拟量<br>输出类型</td><td colspan="2"><table>
<tr><th colspan="4">信号类型及参数符号</th></tr>
<tr><th>信号类型</th><th>参数符号</th><th>信号类型</th><th>参数符号</th></tr>
<tr><td>0 ～ 20mA</td><td>20mA</td><td>0 ～ 5V</td><td>0 ～ 5V</td></tr>
<tr><td>0 ～ 10mA</td><td>10mA</td><td>1 ～ 5V</td><td>1 ～ 5V</td></tr>
<tr><td>4 ～ 20mA</td><td>4-20</td><td>无输出</td><td>0mA</td></tr>
</table></td><td>4 ～ 20</td></tr>
<tr><td>T-Pb</td><td>冷端零点修正</td><td>全量程</td><td>设定冷端零点修正值</td><td>0</td></tr>
<tr><td>T-Pk</td><td>冷端增益修正</td><td>0 ～ 2.000 倍</td><td>设定冷端增益修正值</td><td>1.000</td></tr>
<tr><td>SUH</td><td>控制目标<br>设定上限</td><td>全量程</td><td>设定控制目标值设定上限</td><td>0</td></tr>
<tr><td>Mode</td><td>PID 作用方式</td><td>Mode=0<br>Mode=1</td><td>PID 作用方式为正作用<br>PID 作用方式为反作用</td><td>1</td></tr>
<tr><td>o-Pb</td><td>模拟量输出的<br>零点迁移量</td><td>-1.999 ～ 2.000</td><td>设定模拟量输出的零点迁移量</td><td>0</td></tr>
<tr><td>o-Pk</td><td>模拟量输出的<br>放大比例</td><td>0 ～ 2.000</td><td>设定模拟量输出的放大比例</td><td>1.000</td></tr>
<tr><td>FSEL</td><td>电源频率选择</td><td>FSEL=0<br>FSEL=1</td><td>电源频率为 50Hz<br>电源频率为 60Hz</td><td>0</td></tr>
</table>

续表

| 符号 | 名称 | 设定范围 | 说明 | 出厂预设 |
|---|---|---|---|---|
| DISt | 采样滤波 | 1～5 | 设置温控器采样滤波：值越小，采样速度越快；值越大，采样速度越慢 | 5 |
| PID | 算式类型 | PID=0 | PID=0：模糊 PID 算式，适用于滞后大、控制速度比较缓慢的控制系统，如电炉的加热 | 0 |
| | | PID=1 | PID=1：模糊 PID 算式，适用于控制响应速度迅速的系统，如调节阀对压力、流量等物理量的控制系统 | |

④ 输入信号类型（表 4-10）。

表 4-10 输入信号类型

| 分度号 Pn | 信号类型 | 测量范围 /℃ | 分度号 Pn | 信号类型 | 测量范围 |
|---|---|---|---|---|---|
| 0 | 热电偶 B | 400～1800 | 17 | 0～500Ω 线性电阻 | -1999～9999 |
| 1 | 热电偶 S | 0～1600 | 18 | 0～350Ω 远传电阻 | -1999～9999 |
| 2 | 热电偶 K | 0～1300 | 19 | 30～350Ω 远传电阻 | -1999～9999 |
| 3 | 热电偶 E | 0～1000 | 20 | 0～20mV | -1999～9999 |
| 4 | 热电偶 T | -200.0～400.0 | 21 | 0～40mV | -1999～9999 |
| 5 | 热电偶 J | 0～1200 | 22 | 0～100mV | -1999～9999 |
| 6 | 热电偶 R | 0～1600 | 25 | 0～20mA | -1999～9999 |
| 7 | 热电偶 N | 0～1300 | 26 | 0～10mA | -1999～9999 |
| 8 | 热电偶 F2 | 700～2000 | 27 | 4～20mA | -1999～9999 |
| 9 | 热电偶 Wre3-25 | 0～2300 | 28 | 0～5V | -1999～9999 |
| 10 | 热电偶 Wre5-26 | 0～2300 | 29 | 1～5V | -1999～9999 |

**小经验**

选择快速切换分度号的方法：更改二级参数 Pn，将小数点移动到千位或百位上，按增加或减少键切换第一位和最后一位分度号；小数点在十位时，间隔十位切换分度号；小数点在个位时，依次切换分度号。当温控器信号断线时，输出最小。

### 4.4.3 台达温控器的参数设置

台达 DTA、DTB、DTD 温控器的设置方法相同，有运行、设定、调整三种模式。温控器接通电源将处于运行模式，在运行模式下按“SET”键超过 3s，可切换至设定模式，按“SET”键低于3s，可切换至调整模式，在设定模式或调整模式下按“SET”键一次，可切回至运行模式。在运行模式、调整模式及设定模式时，按“⮐”键选择设定项目，利用“∧”或“∨”键更改设定，被改变的参数值会快速闪动，完成更改后按“SET”键即可储存设定。设置操作如图4-11所示。

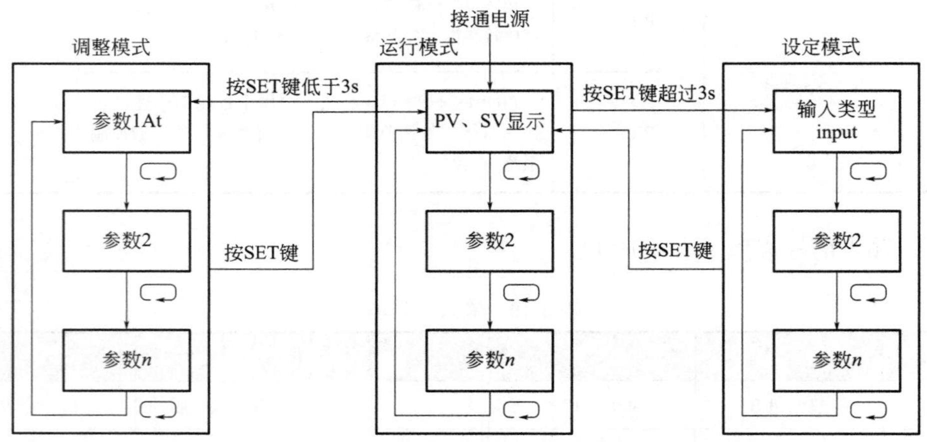


图4-11　台达温控器参数设置操作示意图

## 4.4.4　岛电温控器的参数设置

### （1）岛电SR90系列温控器面板及按键功能

岛电SR90系列温控器面板如图4-12所示。OUT1、OUT2灯亮表示有调节输出；EV1为上限报警指示灯，亮时有继电器信号输出；EV2为下限报警指示灯，亮时有继电器信号输出；AT为自整定灯，闪烁时表示自整定；MAN闪烁时为手动状态；SB/COM闪烁时为SB（设定值偏移）/COM（通信）状态之一。温控器按键用途及功能见表4-11。

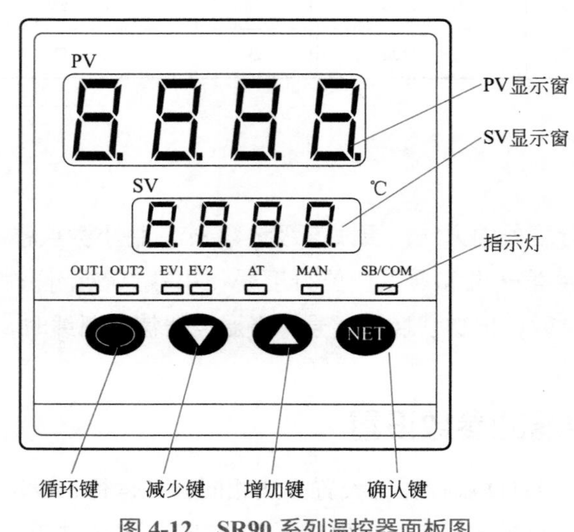


图4-12　SR90系列温控器面板图

表 4-11 SR90 系列温控器按键用途及功能

| 按键名称 | 按键用途及功能 |
|---|---|
| 循环键 | 选择各子窗口和 0、1 窗口群之间的切换 |
| (NET) 确认键 | 数字或参数修改后的确认 |
| (▽) 减少键 | 减少数字或修改字符参数 |
| (△) 增加键 | 增加数字或修改字符参数 |

## （2）岛电 SR90 系列温控器的参数设置

SR90 系列温控器分为 0-0 ～ 0-7 基本窗口和 1-0 ～ 1-57 参数窗口两个窗口群，共 66 个选项窗口，每个窗口可设置一个参数。每个窗口采用了编号，例如传感器量程选择窗口 [1-51]，表示 1 号窗口群的第 51 号窗口。按增减键修改参数时，面板 SV 窗口的小数点闪动，按“NET”键确认修改后，小数点熄灭。其参数设置操作如图 4-13 所示。

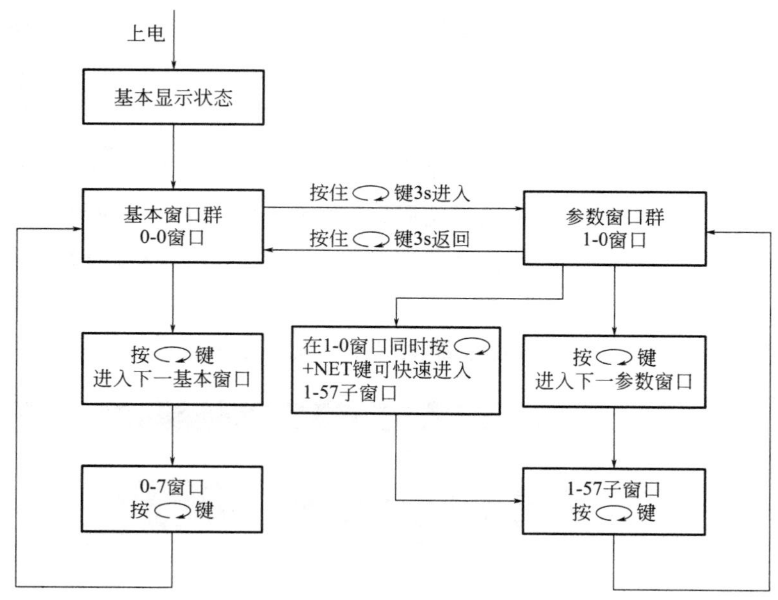


图 4-13 SR90 系列温控器参数设置操作示意图

## （3）岛电 SRS10A 系列温控器的参数设置

SRS10A 系列温控器分为 5 组窗口，0 号基本窗口、1 号定值窗口、2 号 PID 参数窗口、3 号程序曲线窗口、4 号初始设置窗口。每个子窗口能设置一个参数，子窗口采用编号，如量程选择窗口 [4-58]，表示 4 号窗口组的第 58 号子窗口。其参数设置操作如图 4-14 所示。

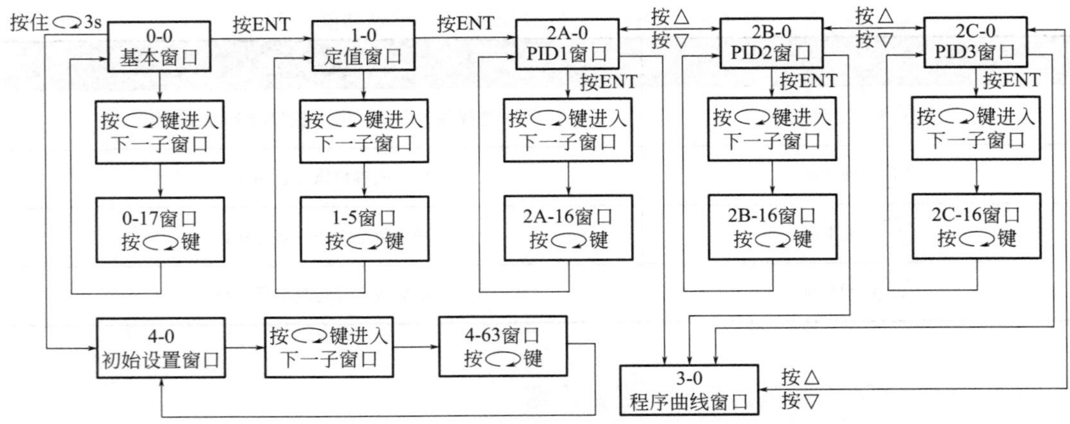

图 4-14　SRS10A 系列温控器参数设置操作示意图

### 4.4.5　用电脑设置温控器参数

具有通讯功能的温控器，如果厂家又有相关软件，温控器的参数设置可以在电脑上进行。这类软件有通讯软件（如台达的 DTCOM）或 DCS 软件（如宇电的 AIDCS）。

（1）台达温控器参数设置

台达 DTCOM 软件的使用在本书第 6 章中有详细介绍，打开软件，单击图 4-15 中的“监控程序”按钮，进入温控器监控程序操作界面，如图 4-16 所示。设定温控器的通讯地址后，点击“开始联机”，通讯成功后，就可以读取温控器的所有参数，选择“通讯写入”为允许，可对所列出的温控器参数进行设置或修改，设置或修改参数后要按电脑的回车键，才会使设置或修改生效。在电脑上设置或修改温控器参数，对程序型温控器设定升、降温曲线很方便，比在温控器上设置，尤其是批量设置效率高很多。

图 4-15　从 DTCOM 软件主菜单进入监控程序

（2）AI 温控器参数设置

用 AIDCS 软件对 AI 温控器设置或修改参数很方便，但温控器与 AIDCS 必须处于通讯状态。操作界面如图 4-17 所示，先单击“参数”，然后在“参数名称”栏目中选择要设置或修改的参数，如单击“控制方式”变为蓝色条，在下部“参数值”窗口中输入要设置或修改的参数值，单击“确定”按钮后，温控器的参数已改变。通讯不正常则会有“设备中断，无法修改参数！”的提示。

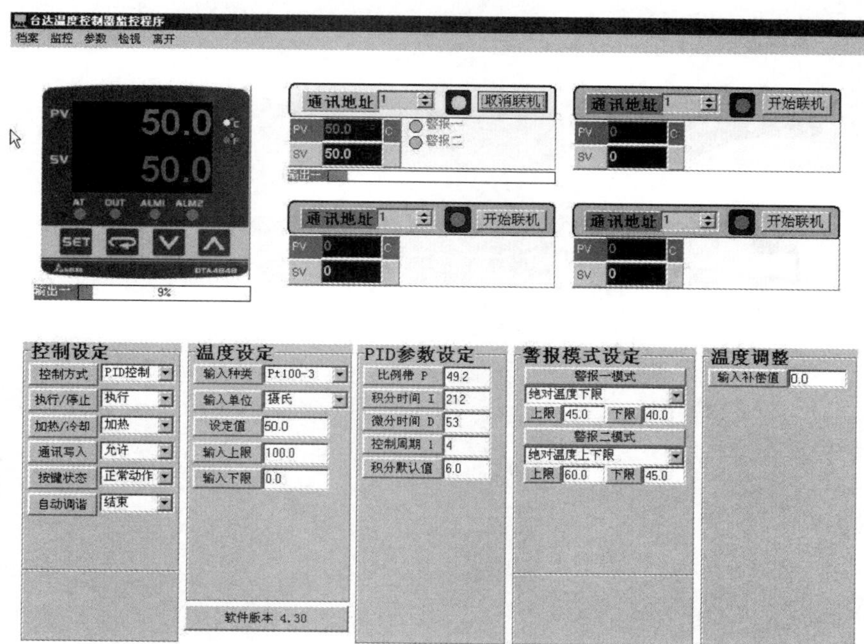

图 4-16　温控器参数修改设置操作界面

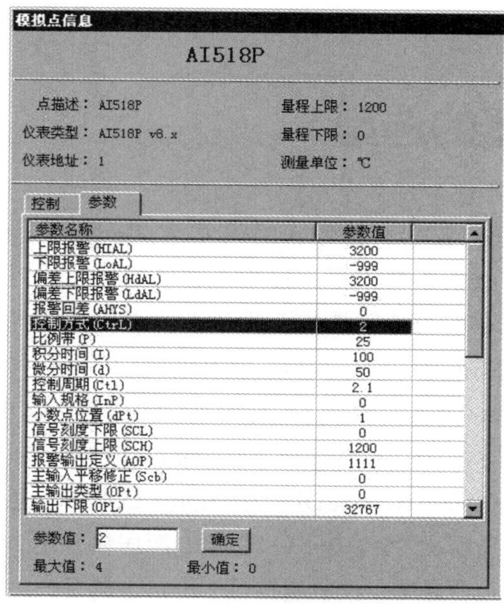

图 4-17　AI 温控器参数修改设置操作窗口

# 第5章

# 温控器的使用

## 5.1 温控器的选型

① 尺寸选择　更换温控器时按原来的尺寸选择；新增加的温控器应兼顾安装在盘柜上整体的协调性，过大了装不下，过小了看不清显示，同样功能的温控器，体积大的价格会贵些，体积小的可能功能扩充性稍差。温控器常见的外形尺寸（宽×高）有：48mm×48mm，72mm×72mm，96mm×96mm，96mm×48mm，48mm×96mm，160mm×80mm，80mm×160mm。有的欧美温控器是用1/4DIN、1/8DIN、1/16DIN、1/32DIN表示外形尺寸：1/4DIN为96mm×96mm，1/8DIN为96mm×48mm或48mm×96mm，1/16DIN为48mm×48mm，1/32DIN为48mm×25.4mm。还可选择导轨式的温控器。

② 工作电源　工作电源以85～265V AC宽电源居多，用24V DC电源要定制。

③ 显示位数　显示位数越多，读数越精确，价格也越贵。常见的有3位、4位、5位，可根据测量精度要求选择几位显示的温控器。

④ 输入信号　热电偶、热电阻可直接接入温控器，有些信号要经过转换才能接入温控器，如4～20mA电流转换为电压信号才能接入温控器。选型时要搞清楚测量信号的

类型，是电流信号还是电压信号，是脉冲信号还是线性信号等，还要弄清信号的大小，否则选购的温控器有可能不能使用，甚至会损坏温控器。简易型或经济型温控器的输入信号大多为温度传感器信号，不能接收电压和电流信号。

⑤ 输出信号　温控器输出信号有继电器触点输出、晶闸管无触点输出、晶闸管触发输出、SSR 驱动电压输出、线性电流输出等，要选择对应的输出模块来实现。辅助输出用于扩展功能，如加热 / 制冷双输出控制、电流变送输出、控制器的第二输出，辅助输出功能要选择对应的模块才能实现。

⑥ 温控器功能　温控器的功能可通过选择模块来定制，功能应根据现场应用来决定。可选功能有：报警功能及报警输出的组数、控制类型（位式控制、时间比例控制、PID 控制、自整定等）、控制输出（开关量输出、模拟量输出、电压输出等，还应考虑输出电压的大小及功率）、变送输出及变送输出的类型（如 4 ～ 20mA 是否光电隔离等），由于可选功能很多，应参照厂家的选型样本进行，与厂家沟通确认无误后再订货。有的温控器可以在使用中通过更换模块来改变温控器的功能，但需要进行相应的设置。

⑦ 报警、通信　温控器具有上下限报警功能。需要对温控器的数据进行采集或者在电脑上监测时，应选择有通信功能的。温控器大多用的是 RS485 通信，通信协议应向厂商咨询，并由其提供相应的通信协议资料。

⑧ 特殊要求 使用现场有特殊要求，如高温、潮湿、有强干扰、有 IP 防护等级要求等，应与厂商沟通，确认能否满足要求，进行特殊订货。

**选型提示**

温控器的功能靠模块支持

在阅读温控器的选型手册及使用说明书时，会发现一台温控器具有许多功能，如说明书介绍某型温控器具有位式控制、PID 控制、人工智能控制功能，多种控制输出接口，多种报警模式，具有变送、通信等功能。不要以为买回这样一台温控器就有以上所有功能了，具有以上功能不等于都能实现以上功能，要实现以上功能是要有相应的模块来支持的。即在订货时要根据现场应用选择对应的模块，才能实现你所需要的一些功能。再者，有的温控器由于端子数量有限，有通信功能，可能就没有 OUT 输出功能了。

## 5.2 温控器在温度测量和控制中的应用

### 5.2.1 电加热设备的温度控制

电烘箱、电加热器、电炉等设备的温度控制应用广泛，虽然容量及使用要求不同，但温度测量及控制方式基本相似，区别只是执行器件有交流接触器、固态继电器、晶闸管、调功器等多种，温控器的输出信号也略有差别。温控器的参数设置见表 5-1。

表 5-1　电加热设备温控器参数设置

<table>
<tr><th rowspan="2">参数名称</th><th rowspan="2">参数符号</th><th colspan="3">设置范围或代码</th><th rowspan="2">说　明</th></tr>
<tr><th>a. 用交流接触器电路</th><th>b. 用固态继电器电路</th><th>c. 用晶闸管电路</th></tr>
<tr><td>输入分度号</td><td>InP</td><td>0</td><td>1</td><td>7</td><td>0：K 型热电偶，1：S 型热电偶，7：N 型热电偶</td></tr>
<tr><td>小数点位置</td><td>dpt</td><td colspan="3">0.0</td><td>用普通热电偶，只可选择 0 或 0.0</td></tr>
<tr><td>输入刻度下限</td><td>SCL</td><td colspan="3">0</td><td>单位为℃</td></tr>
<tr><td>输入刻度上限</td><td>SCH</td><td>1000</td><td>1400</td><td>1200</td><td>单位为℃</td></tr>
<tr><td>上限报警</td><td>HIAL</td><td></td><td></td><td></td><td>根据被加热工件的技术要求确定</td></tr>
<tr><td>报警指示</td><td>AdIS</td><td colspan="3">on</td><td>报警时在温控器下显示窗有显示</td></tr>
<tr><td>输入数字滤波</td><td>FILt</td><td colspan="3">4</td><td>数值越大滤波作用越强，但响应越慢，应根据实际进行调整</td></tr>
<tr><td>控制方式</td><td>Ctrl</td><td>OnoF</td><td>APID</td><td>APID</td><td>OnoF：位式控制<br>APID：AI 人工智能 PID 控制</td></tr>
<tr><td>控制回差</td><td>CHYS</td><td>8</td><td colspan="2"></td><td>单位为℃</td></tr>
<tr><td>控制周期</td><td>Ctl</td><td>20</td><td colspan="2">1</td><td>单位为 s</td></tr>
<tr><td>正 / 反作用</td><td>Act</td><td colspan="3">rE</td><td>加热用反作用</td></tr>
<tr><td>自整定</td><td>At</td><td colspan="3">on</td><td>启用 Ctl 参数自整定</td></tr>
<tr><td>输出类型</td><td>OPt</td><td>rELy</td><td colspan="2">SSr</td><td>rELy：输出为继电器触点信号<br>SSr：输出为 SSR 驱动电压或晶闸管过零触发时间比例信号</td></tr>
<tr><td>输入平移修正</td><td>Scb</td><td colspan="3">0</td><td>一般设置为 0，不要轻易修改</td></tr>
<tr><td>控制目标值</td><td>SU</td><td>600</td><td>850</td><td>650</td><td>根据工艺确定，单位为℃</td></tr>
</table>

### （1）使用交流接触器的温度控制电路

对控温要求不高时，执行器件可采用交流接触器，如图 5-1 所示。使用 K 型热电偶测温，温控器量程为 0 ～ 1000℃。KM 为 CJX2-4011 型交流接触器，设置的温控器参数见表 5-1 中“a. 用交流接触器电路”一列。通电后电加热器 EE 开始加热，到给定温度 600℃后，温控器内 L1 模块的继电器动作，使 KM 失电停止加热，过一段时间，炉内温度低于 600℃ −8℃ =592℃时（即 SV−CHYS），温控器内的继电器 K 又闭合，使 KM 动作，加热器 EE 又开始加热，如此循环就可达到所控制的温度。本例采用位式控制（OnoF），但选择了自整定方式（At），使温控器在自整定时自动设置控制周期（Ctl）的数值，以兼顾温度控制精度及交流接触器的寿命。

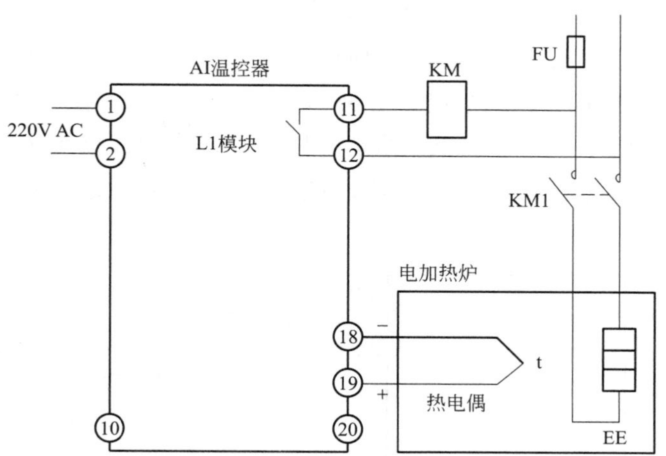


图 5-1　使用交流接触器的温度控制电路

（2）使用固态继电器的温度控制电路

图 5-2 电路用 S 型热电偶测温，SSR 为交流固态继电器，温控器配用了固态继电器驱动电压输出的 G 模块（12V DC/30mA）。温控器参数设置见表 5-1 中 “b. 用固态继电器电路” 一列。通电后电炉温度低于给定温度，温控器的 G 模块有电压输出，驱动 SSR 导通，电加热器 EE 开始加热，到给定温度 850℃，温控器动作使 SSR 关断，电炉停止加热，过一段时间，电炉温度低于给定值，温控器的 G 模块又有电压输出，驱动 SSR 导通，加热器 EE 又开始加热，如此循环就可达到所要控制的温度。选择自整定方式（At），通过调整接通 / 断开的时间比例来调整输出，间接调整了加热器 EE 的功率，比位式控制的控温精度要高。

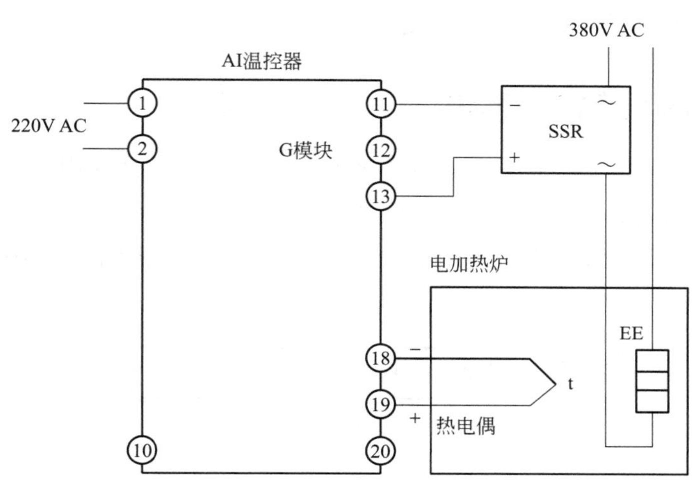


图 5-2　使用固态继电器的温度控制电路

（3）使用晶闸管的温度控制电路

图 5-3 电路用 N 型热电偶测温，TRIAC 为双向晶闸管，温控器配用了 K1“烧不坏”型单路过零触发输出模块。温控器参数设置见表 5-1 中“c. 用晶闸管电路”一列。通电后电炉温度低于给定温度，温控器的 K1 模块有触发信号输出，使双向晶闸管 TRIAC 导通，电加热器 EE 开始加热，到给定温度 650℃后，温控器动作使 TRIAC 关断，电炉停止加热，过一段时间，当电炉温度低于给定值时，温控器的 K1 模块又有触发信号输出，驱动 TRIAC 导通，加热器 EE 又开始加热，如此循环就达到所要控制的温度。

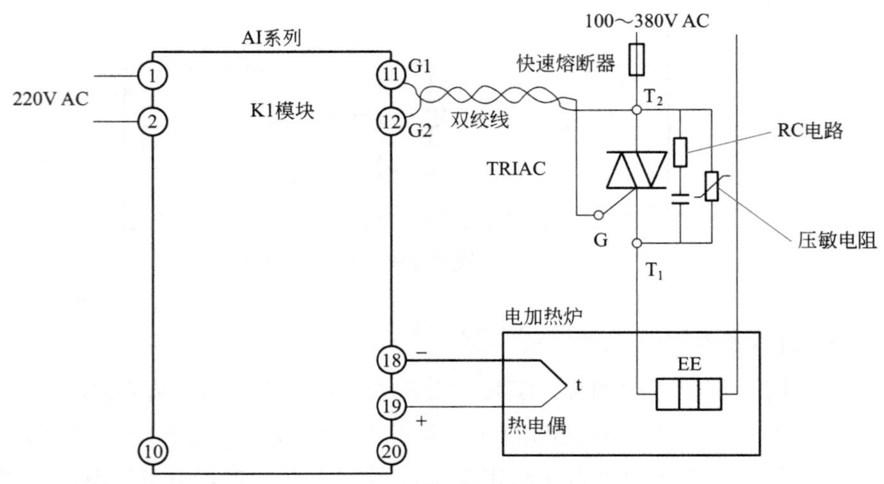

图 5-3　使用晶闸管的温度控制电路

表 5-1 中的 b、c 两例都选择了自整定（At），投用 At 的步骤是：按◁键并保持 2s，将出现 At 参数，按△键，将下显示窗的 OFF 修改为 ON，再按 ⟲键确认即开始执行自整定，温控器下显示窗将闪动显示“At”字样，温控器经过 2 个振荡周期的 ON-OFF 控制后可自动计算出 PID 参数。若要提前放弃自整定，可再按◁ 键并保持约 2s 调出 At 参数，将 ON 改为 OFF 再按 ◁键确认即可。

## 5.2.2　加热水温度控制系统

加热水是用蒸汽加热器把自来水的温度升高至 62℃供生产使用，系统结构如图 5-4 所示。热电阻检测的加热水温度，在温控器中与给定温度进行比较，根据温度偏差，计算并输出相应的控制电流至电气阀门定位器，控制气动调节阀的开度来调节蒸汽流量，使加热水温度保持在给定温度。

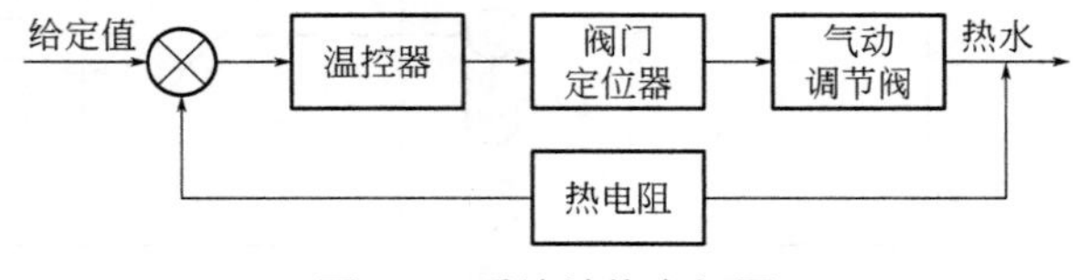

图 5-4　系统结构方框图

控制电路如图 5-5 所示。图中 Rt 为 Pt100 热电阻，检测到的加热水温度信号输入温控器，温控器根据温度偏差进行 PID 控制，阀门定位器将温控器送来的 4 ～ 20mA 电流信号转换为 0.02 ～ 0.1MPa 的气压信号， 控制气动调节阀的开度来改变蒸汽的流量，以达到控制水温的目的。参数设置见表 5-2。

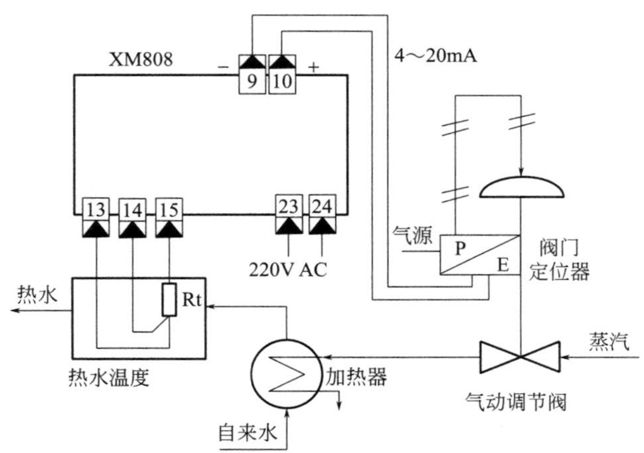


图 5-5　加热水温度控制电路图

表 5-2　加热水温度控制温控器参数设置

| 参数名称 | 参数符号 | 设置范围或代码 | 说明 |
|---|---|---|---|
| 输入规格 | Sn | 21 | 输入信号为 Pt100 热电阻 |
| 小数点位置 | dIp | 2 | 显示格式为 00.00 |
| 输入下限显示值 | dIL | 0 | 0℃ |
| 输入上限显示值 | dIH | 100 | 100℃ |
| PID 控制方式 | oPAd | 1 | 采用出厂设置：专家 PID 控制 |
| 控制输出方式 | ot | 4 | 安装有电流输出模块 |
| 控制周期 | T | 按实际设置 | T 值越小可使控制器输出响应越快 |
| 滞后时间参数 | dt | 按实际设置 | 对 P、I、D 三参数均起影响作用 |
| 控制输出下限值 | oL | 0 | 相当于设置阀门位置的下限（%） |
| 控制输出上限值 | oH | 100 | 相当于设置阀门位置的上限（%） |
| 输入数字滤波 | dL | 按实际设置 | 用于减少干扰使显示值稳定 |
| 给定值下限限定 | SVL | 50 | 用于防止误操作 |
| 给定值上限限定 | SVH | 64 | 用于防止误操作 |
| 系统功能选择 | SYS | 0 | 反作用控制方式 |
| 上限报警限值 | HiAL | 64 | 64℃ |

## 5.2.3 热处理炉温度控制系统

热处理工艺有升温、保温、降温的操作程序，用温控器来实现这些操作程序，实质就是按一定的时间规律自动改变温度给定值来进行控制。图 5-6 是某铸件扩散退火工艺曲线，该系统共有 5 个升温、保温程序段。用 AI-516P 型温控器控制温度时，程序设置见表 5-3。

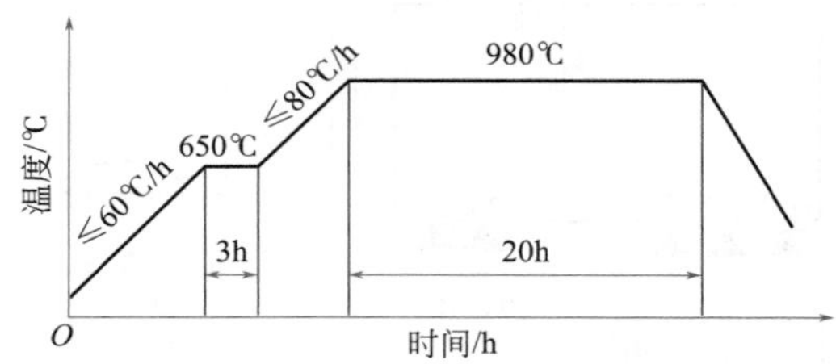


图 5-6 某铸件扩散退火工艺曲线图

表 5-3 某铸件扩散退火温度控制温控器参数设置

| 参数名称 | 参数符号 | 设置范围 | 说明 |
|---|---|---|---|
| 升温速率限制 | SPr | 1 | 第 1 段升温速率为 1℃ /min |
| 程序段数 | Pno | 5 | |
| 上电自动运行模式 | PonP | Cont | 停电前为停止状态则继续停止，否则在温控器通电后继续在原终止处执行 |
| 程序运行模式 | PAF | 8 | 程序编排为斜率模式，时间以分为单位，有测量值启动功能 |
| 第 1 段控制目标值 | SP1 | 40.0 | 40℃起开始线性升温到 650.0℃ |
| 第 1 段控制时间 | t1 | 630 | 升温时间为 630min |
| 第 2 段控制目标值 | SP2 | 650.0 | 在 650℃保温运行 |
| 第 2 段控制时间 | t2 | 180 | 保温时间为 180min |
| 第 3 段控制目标值 | SP3 | 650.0 | 从 650℃起开始线性升温到 980.0℃ |
| 第 3 段控制时间 | t3 | 250 | 升温时间为 250min |
| 第 4 段控制目标值 | SP4 | 980.0 | 在 980℃恒温运行 |
| 第 4 段控制时间 | t4 | 1200 | 恒温时间为 1200min |
| 第 5 段控制目标值 | SP5 | 980.0 | 恒温时间完成后，温控器程序停止控制 |
| 第 5 段控制时间 | t5 | -121 | 自然降温到常温 |

温度控制程序的设置方法如下。

### (1) 在温控器设置

在基本显示状态下按一下◁键，就进入了程序设置状态，上窗口将显示 SP1，下窗口显示第 1 段程序的给定值，通过按△、▽键设置或修改参数值，如本例为 40.0℃。再按↺键，上窗口将显示 t-1，下窗口显示第 1 段程序的控制时间，如本例为 630.0min。继续按↺键，上、下窗口将分别显示 SP2 及 t-2，通过按△、▽键设置或修改参数值，如此操作直到程序设置完成，返回基本显示状态。

（2）在上位机设置

温控器有通信功能时，可用上位机对温控器进行设置，图 5-7 就是用上位机进行程序编辑的截图。用上位机设置完成，单击图中的“下载”按钮将程序下载至温控器，可单击“保存到文件”按钮把编辑的程序保存作备份。在上位机设置比在温控器上设置方便。

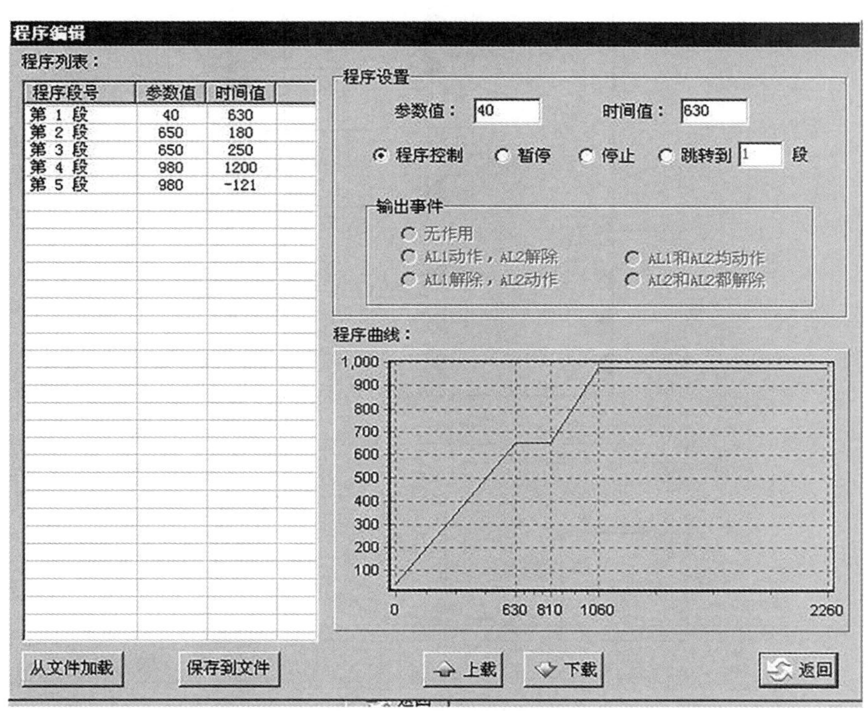


图 5-7　某铸件扩散退火温度控制程序编辑图

需要运行程序控制时，按▽键并保持约 2s，使温控器下显示窗显示“run”符号即可。温控器在停止状态下将启动程序运行或解除保持运行状态。如果要停止控制，按△键并保持 2s，使温控器下显示窗显示“Stop”符号即可。温控器停止程序运行，并且程序段号参数 Step 将返回到第 1 段。

## 5.2.4　温度控制 PID 参数自整定功能的使用

温控器大多具有 PID 参数自整定功能。初次使用时，可通过自整定确定系统的最佳 P、I、D 控制参数，以实现理想的控制效果。启动自整定后，温控器经过 2 ～ 3 个振荡周期后，结束自整定状态。不同的系统由于惯性不同，自整定时间有所不同，从几分钟到几小时不等。温控器的 PID 参数自整定，大多能够满足温度控制系统的要求。

图 5-8 是一个换热温度控制系统电路图，系统由加热炉与换热设备组成一个循环加热系统，导热油在炉体内被电热管加热后，通过热油泵及管路传送到换热设备，换热后再次回到炉体内加温，是个连续的加热、换热的循环过程。由热电阻检测的油温信号，传送至温控器 7、9、10 输入端，温控器从 14、15 端输出直流电压信号，驱动固态继电器（SSR），改变晶闸管固定周期内的输出占空比，从而控制电热器的输出功率，以达到控制温度的目的。

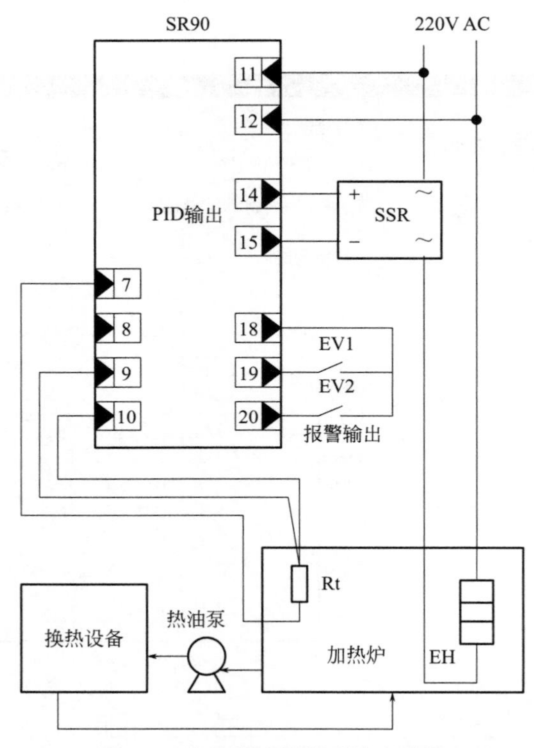


图 5-8　换热温度控制系统电路图

温控器用 SR90 型，温度传感器用 Pt100 热电阻，量程 0 ～ 200℃，给定温度 90℃，上限报警（EV1）95℃，下限报警（EV2）85℃，报警为上电抑制，输出驱动固态继电器（SSR）。温控器的参数设置见表 5-4。

表 5-4　换热温度控制系统温控器参数设置

| 设置窗口 | 参数名称 | 参数符号 | 设置范围或代码 | 说明 |
| --- | --- | --- | --- | --- |
| 1-51 | 输入量程 | rAnG | 34 | Pt100　　0 ～ 200℃ |
| 1-52 | 温度单位 | Unit | C | ℃ |
| 1-45 | 作用方式 | Act | rA | 加热用反作用 |

续表

| 设置窗口 | 参数名称 | 参数符号 | 设置范围或代码 | 说明 |
|---|---|---|---|---|
| 1-10 | OUT1 比例周期 | O-C | 2 | 2s |
| 1-21 | 上限报警类型（EV1） | E1_M | HA | 上限绝对值 |
| 1-24 | 下限报警类型（EV2） | E2_M | LA | 下限绝对值 |
| 1-26 | 下限报警抑制 | E2_i | 2 | 仅上电抑制 |
| 0-5 | 上限报警值 | E1Hd | 95 | 95℃ |
| 0-6 | 下限报警值 | E2Ld | 85 | 85℃ |

完成温控器和电路的接线及参数设置后，先把温控器的给定值调至给定温度 90℃。把 PID 参数按经验值分别设置为：P=3.0，I=120，D=30，超调抑制系数 SF=0.4。投运时先用手动控制，使温度测量值接近或等于给定温度，再切换至自动控制，然后启动 PID 参数自整定功能，在 0-4 窗口 AT 自整定，按“增 / 减”键将 OFF 改为 ON 状态，按“ENT”键启动自整定，AT 灯闪烁，同时 OUT 指示灯时亮时灭，表示晶闸管时断时通，已进入控温阶段。自整定结束后，AT 灯灭。通过查看，此时的 PID 参数值分别为：P=0.6，I=278，D=69，SF=0.4；自整定时间为 16min。自整定后系统工作稳定，加热油温度始终为 90℃，控制效果满意。

**小经验**

温度控制系统投运注意事项

系统在投运前，一定要按温控器说明书的要求进行正确的安装与接线，并进行正确的参数设置。在确认接线准确、参数设置无误的情况下，才可送电试机。对于大功率的电加热设备，在投运前应断开加热电源，先对系统进行人工模拟试验，正常后再接入加热电源试机。

温度给定值的正确与否，直接关系到温度参数的控制，进而影响温度的高低。因此，投运前应认真参照工艺参数，设置好温度给定值，以免造成温度误差。应优先采用 PID 自整定，对于滞后和变频控制等特殊系统，如经过几次自整定后控制效果还不理想时，就必须通过手动设置参数的方式对 PID 参数进行微调，以达到最佳控制效果。

对于温度较高的系统，在投运自整定时，为了避免超调过大出现温度升高的问题，可以先把给定温度调小 50% ～ 70% 进行自整定，待自整定结束并正常后，再把给定温度调至规定的数值。但控制系统在不同的给定值下整定的参数值不完全相同，在调回给定值后应观察控制效果，必要时可再运行一次自整定。

# 5.3 温控器在恒压供水控制中的应用

恒压供水是用水压来间接控制用水流量的大小，只要保持供水压力，也就保证了供水流量与用水流量的平衡。图 5-9 的恒压供水控制系统中，压力变送器检测供水总管压力，将其变换为 4 ～ 20mA 电流信号送入温控器，与压力给定值比较后，通过 PI 进行控制。图中 PLC 可控制多台水泵切换及报警信号处理。系统的控制过程如下。

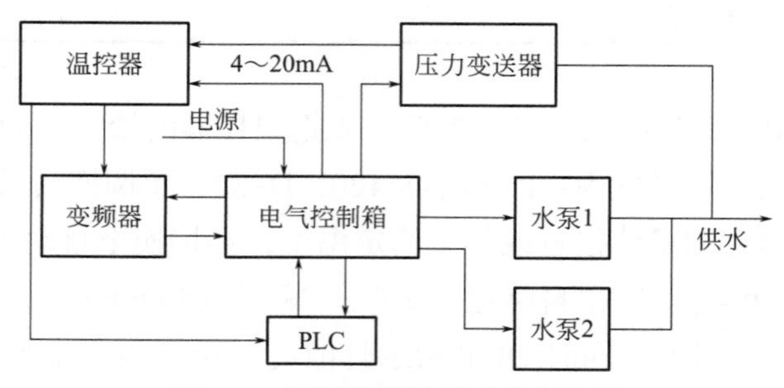


图 5-9　恒压供水控制系统方框图

① 系统稳定时　水泵供水流量与用水流量处于平衡状态，供水压力稳定在给定值，此时测量信号与给定信号基本相等，水泵在变频器输出的某一频率下运行。

② 用水流量减小时　用水流量减少时供水压力会上升，压力测量信号大于给定值。由于是反作用，温控器的输出电流下降，使变频器的输出频率下降，电机的转速也下降，水泵的供水流量减少，水压也开始下降使之回复到给定值，系统又处于平衡状态。

③ 用水流量增加时　用水流量增加时供水压力会下降，压力测量信号小于给定值。由于是反作用，温控器的输出电流上升，使变频器的输出频率上升，电机的转速也上升，水泵的供水流量增加，水压也开始上升使之回复到给定值，系统又处于平衡状态。

用 NHR-5300 温控器进行压力控制，接线如图 5-10 所示，参数设置见表 5-5。

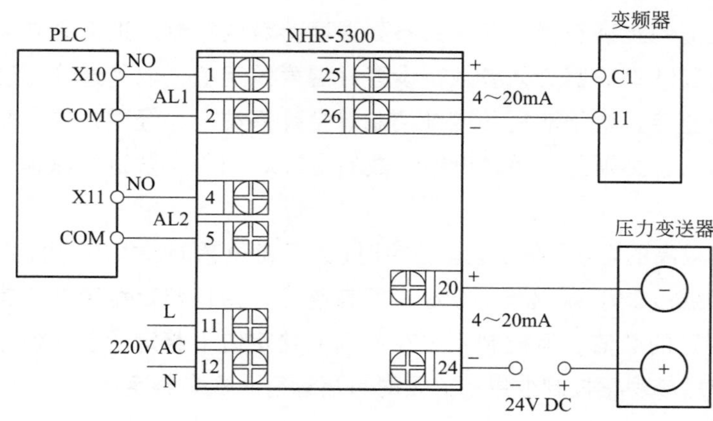


图 5-10　恒压供水控制系统温控器接线图

表 5-5 恒压供水控制系统温控器参数设置

| 参数名称 | 参数符号 | 设置范围或代码 | 说明 |
|---|---|---|---|
| 第一报警值 | AL1 | 0.8 | MPa |
| 第二报警值 | AL2 | 0.3 | MPa |
| 自整定 | Aut | 1 | 开自整定 |
| 控制目标值 | SV | 0.5 | 给定压力为 0.5MPa |
| 输入分度号 | Pn | 27 | 输入信号为 4 ～ 20mA |
| 小数点位置 | dp | 2 | 小数点在百位，显示为 XX.XX |
| 第一报警方式 | ALM1 | 2 | 第一报警为上限报警 |
| 第二报警方式 | ALM2 | 1 | 第二报警为下限报警 |
| 滤波系数 | FK | 8 | 即采样的次数 |
| PID 作用方式 | Mode | 1 | 反作用 |
| 加热冷却模式 | H-C | 0 | 标准模式（单 PID 控制） |
| PID 输出类型 | Out | 1 | 4 ～ 20mA 电流控制输出 |
| 算式类型 | PID | 1 | 人工智能算式 |
| 控制方式选择 | Ctrl | 0 | 单路输入 PID 控制 |
| 测量量程下限 | PL | 0 | MPa |
| 测量量程上限 | PH | 1.6 | MPa |

恒压供水的控制品质取决于 P、I 参数的整定。对于多数被控对象，温控器的 P、I、D 出厂默认参数有时不能达到理想控制效果。尤其是经验不足时，一定要启动自整定功能，通过自整定，温控器可以根据被控对象的特性，自动寻找最优参数以达到很好的控制效果。

启动自整定方法：将 Loc 密码设置为 0 或者 132 后，按◯键进入一级菜单，继续按◯键找到参数 Aut，将 Aut 由 0 改为 1 开启自整定。自整定开启后 A/M 灯快速闪烁，表明温控器已进入自整定状态。温控器采用 ON/OFF 二位式整定方法，输出 0% 或 100% 使系统形成振荡，然后根据系统响应曲线计算 PID 参数。对象时间常数越大，自整定所需时间越长，可从数秒至数小时不等。自整定结束 A/M 灯由闪烁变为熄灭，系统就进入自动控制状态。

**小经验**

恒压供水 PID 参数整定经验

恒压供水的控制参数是水的压力，其有别于温度参数，因为水压参数几乎没有时间滞后，但其有一定的过渡周期及噪声。恒压供水控制系统，如果 PI 参数没有调好，常会出现水压控制不准确，有时修改了对应参数，甚至做了自整定也控制不好的现象，此时可以按以下方法进行调试。

① 使用经验参数　如老款 AI−708、AI−808 型温控器，可设置控制方式 CtrL=4，虽然仍是人工智能控制方式，但 P 参数定义为原来的 10 倍，可获得更精细的控制；保持参数 M5=5，以增强积分作用；速率参数 P=4，以减弱比例、微分作用；滞后时间 T=1，以同时增加比例、积分作用；输出周期 Ctl=1。通常都能达到满意的控制效果。

② 人工整定 PI 参数　压力参数的变化比较快，PI 参数调整不当往往就会波动很大，大大偏离给定压力。此时可先将积分作用取消，即 I= ∞， 按纯比例系统整定比例带 P 值，以得到比较好的控制过程，使压力参数的波动减小，然后调大一点比例带，将积分时间从大到小地改变，观察水压的变化，使压力参数的波动更小。在此积分时间下，再把比例带改小或增大，观察压力参数的波动是否更小，如果变小，就继续同方向改变比例带，或者微调积分时间，这样就可慢慢找到一个比较合适的 PI 参数。

③ 先手动后自动进行自整定　温控器如果有手动输出功能，可将温控器调至手动输出，通过手动操作，使水压值 PV 接近给定值 SV 后，再开启自整定，常能得到满意的恒压控制 PID 参数。

## 5.4 温控器在液位测量和控制中的应用

### 5.4.1 水箱水位的控制

某酒店高位热水箱的水位控制采用位式控制，通过进水电磁阀来保持水位稳定，间接保持出水压力的稳定。水位测量采用 SC-BP500 高温投入式水位计，测量范围 0 ～ 2500mm， 把水位信号转换成 4 ～ 20mA，输入至 NHR-1300F 型温控器，如图 5-11 所示。水位变送器的 24V DC 电源由温控器提供，温控器的 1、2 端为 24V DC 馈电输出端，9、13 端为 4 ～ 20mA 输入端。其接线为：24V 的正（2 端）→变送器正→变送器负→温控器电流输入正（9 端）→温控器电流测量电路→温控器电流输入负（13 端）→ 24V DC 的负（1 端）。本例给定水位为 1800mm，当水位低于 1800mm 时，温控器输出触

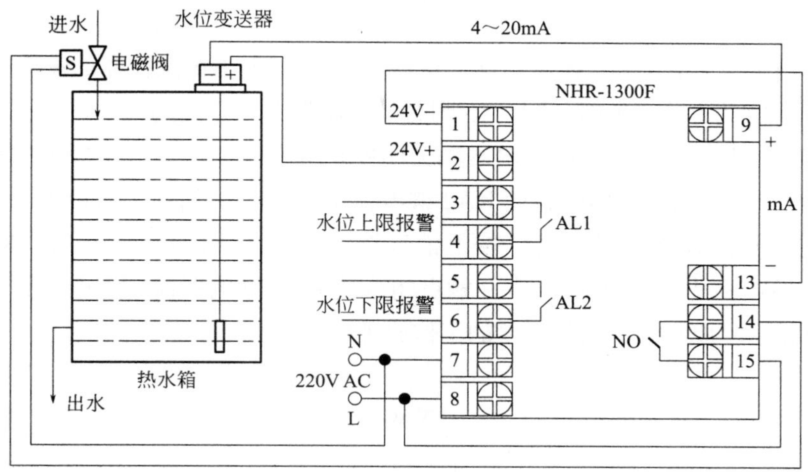


图 5-11 水箱水位控制系统电路图

点（14、15）接通，电磁阀通电进水水位上升；水位升高至 2000mm 时，温控器的输出继电器触点（14、15）断开，停止进水。设置位式控制回差可以防止水位在给定值附近波动使电磁阀频繁动作。温控器参数设置见表 5-6。

表 5-6 水箱水位控制温控器参数设置

| 参数名称 | 参数符号 | 设置范围或代码 | 说　明 |
|---|---|---|---|
| 第一报警值 | AL1 | 2300 | mm |
| 第二报警值 | AL2 | 800 | mm |
| 自整定 | Aut | 1 | 开自整定 |
| 控制目标值 | SV | 1800 | 给定水位为 1.8 m |
| SV 显示状态 | sdis | 3 | 显示给定水位 |
| 输入分度号 | Pn | 27 | 输入信号为 4 ～ 20mA |
| 小数点位置 | dp | 0 | 无小数点 |
| 第一报警方式 | ALM1 | 2 | 第一报警为水位上限报警 |
| 第二报警方式 | ALM2 | 1 | 第二报警为水位下限报警 |
| 滤波系数 | FK | 4 | 根据现场实际设置用以防显示值跳动 |
| 采样滤波 | DISt | 2 | 数值小采样速度快，数值大采样速度慢 |
| 控制方式选择 | PIDM | bit | 位式控制 |
| 位式控制回差 | AHSU | 200 | 按实际设置以避免电磁阀开关太频繁 |
| 测量量程下限 | PL | 0 | mm |
| 测量量程上限 | PH | 2500 | mm |

当需要外接水位上、下限报警，手动 / 自动切换时，用继电器电路来实现，图 5-12 就是一例。图中当 SA 开关切换至自动（A）时，KA 继电器由温控器的输出触点 14、15 进行控制。水位低于给定值时，14、15 闭合使 KA 带电，电磁阀打开进水；水位高于给定值时，14、15 断开，KA 失电，电磁阀关闭停止进水。当水位低于规定的水位时，温控器的 5、6 端子输出报警信号，使 KA2 继电器动作，KA2 闭合，水位下限报警灯亮，同时电铃响，提醒操作人员注意。按下消音按钮 SB，KA3 继电器吸合，KA3 常闭触点断开，电铃声停止。同时 KA3 常开触点闭合使 KA3 继电器保持通电，直至低水位报警消除，电路恢复原状。高水位报警的工作原理同上。

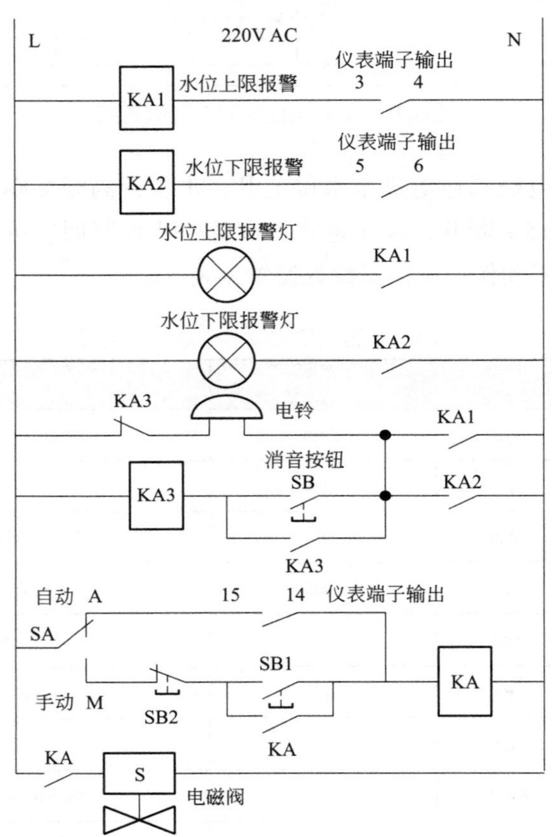


图 5-12　水位控制手动 / 自动操作及报警电路图

系统投运前先观察水位显示是否正常。手动操作确定电磁阀能正常工作，就可以切到自动控制。但本例切换到自动，在设置给定水位时，发现无法设置给定水位，经检查发现原来是温控器的控制目标值设置上限为出厂设置值 0。进入二级参数，把控制目标值设置上限（SUH）改为大于 2000，就可进行给定水位的设置。因为，这个参数设置值小于所要设置的目标值，就无法改大数值，只要把 SUH 设置超过所要设置的目标值，给定值就可以改大了。

### 5.4.2 10t/h 工业锅炉水位控制系统的改造

某厂 10t/h 工业锅炉原来采用常规调节器与电动调节阀控制汽包水位，电动调节阀机械部件常出故障。为了提高控制系统的稳定性及生产安全，对原系统进行改造，采用 AI-519 温控器控制变频器的输出，通过改变给水泵转速来改变给水流量，达到控制汽包水位的目的。

系统结构如图 5-13 所示，锅炉汽包水位通过水位变送器变换成 4 ～ 20mA 的电流信号，输入温控器，测量水位与给定水位的偏差，经 PID 计算后，输出 4 ～ 20mA 控制信号，使变频器按照控制信号的大小改变输出频率，来控制给水泵的转速，间接控制了给水泵的给水流量，从而稳定了汽包水位，既保证了锅炉安全生产，还节约了维修费用。

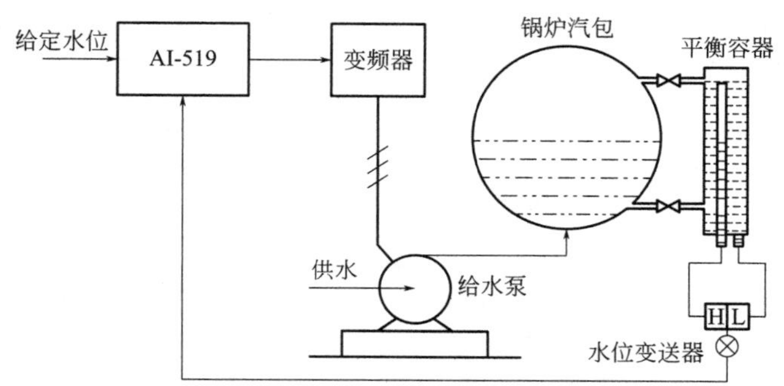


图 5-13 锅炉汽包水位控制系统结构图

采用的温控器型号为 AI-519C3I4X5L3。型号中 C3 表示温控器面板尺寸为 80mm×160mm， 带光柱显示；I4 表示温控器的辅助输入口安装有模拟量输入模块，且模块有 24V 馈电输出；X5 表示温控器的主输出为线性电流信号输出；L3 表示温控器在 ALM 口安装有双路常开触点输出模块。温控器具有手动 / 自动无扰动切换功能。控制系统的接线如图 5-14 所示，温控器的参数设置见表 5-7。

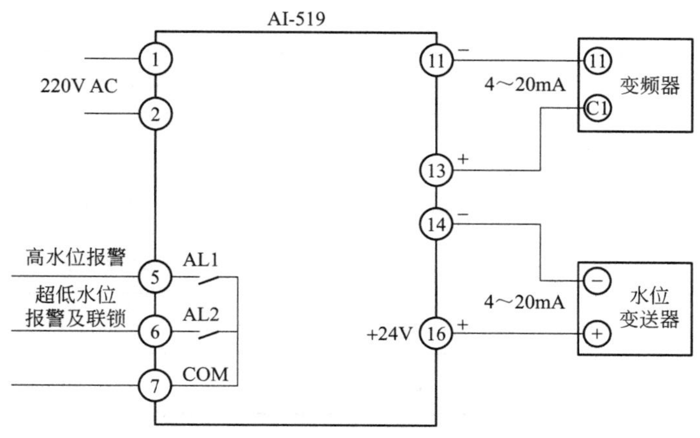


图 5-14 锅炉汽包水位控制系统接线图

连接好所有接线并检查无误，确定温控器及变频器都已正确设置后，即可进行系统调试。汽包水位的给定值取水位的中间值 50%，先用手动进行操作，确认水位显示正常，人为地改变汽包水位，确定高水位报警、超低水位报警并停炉等项目正常，变频器及给水泵运行正常，就可以启动自整定功能。在自整定投用后，要多观察系统的运行状态，以避免失控而出现事故。

温控器投入使用后，为了避免司炉工误操作而将参数更改成错误的数值，危及锅炉安全，启用了参数锁及 Loc 密码功能。

表 5-7　锅炉汽包水位控制系统温控器参数设置

| 参数名称 | 参数符号 | 设置范围或代码 | 说明 |
| --- | --- | --- | --- |
| 上限报警 | HIAL | 80 | 汽包水位的 80% |
| 下限报警 | LoAL | 20 | 汽包水位的 20% |
| 报警回差 | AHYS | 4 | 用于避免报警继电器频繁动作 |
| 报警指示 | AdIS | on | 报警时在下显示窗交替显示报警符号 |
| 控制方式 | CtrL | APid | 人工智能 PID 控制算法 |
| 正 / 反作用 | Act | rE | 反作用 |
| A/M 控制选择 | A-M | Auto | 根据情况设置或锁定 |
| 自整定 | At | on | 开自整定 |
| 控制周期 | Ctl | 2 | 单位：s |
| 输入规格代码 | lnP | 15 | 在辅助输入（MIO）上安装 I4 模块 |
| 小数点位置 | dPt | 0.0 | |
| 信号刻度下限 | SCL | 0 | 0% 对应水位变送器输出电流 4mA |
| 信号刻度上限 | SCH | 100 | 100% 对应水位变送器输出电流 20mA |
| 输入平移修正 | Scb | 0 | 通常不用进行修正 |
| 输入数字滤波 | FlLt | 现场设置 | 设置越大滤波越强，但响应速度也越慢 |
| 主输出类型 | OPt | 4 | 4 ～ 20mA 电流输出，安装有 X3 模块 |
| 输出下限 | OPL | 0 | 0% |
| 输出上限 | OPH | 100 | 100% |
| 控制目标值 | SV | 50 | 给定水位为 50% |

小知识 

AI-519 温控器的手动 / 自动控制切换方法

在温控器下显示窗显示输出值的状态下，按 A/M 键◁，可以使温控器在自动及手动之间进行无扰动切换。在手动状态且下显示窗显示输出值时，直接按△键或▽键可增加或减少手动输出值。通过对 M-A 参数设置，也可使温控器固定在自动状态而不允许由面板按键操作来切换至手动状态，以防止误入手动状态。

## 5.5 温控器在复杂控制系统中的应用

串级控制系统能改善过程的动态特性，有较强的抗扰动能力，有一定的自适应能力，可改善和提高控制系统的品质。其适用于：

① 被调对象的容量滞后比较大，用单回路控制时过渡过程时间长、超调量大、参数恢复慢的场合；

② 被调对象的纯滞后时间比较长，用单回路控制系统不能满足控制质量的场合；

③ 系统内存在变化急剧和幅值很大的干扰作用时，需要提高系统抗干扰能力的场合；

④ 被调参数给定值需要根据工艺情况经常改变的场合。

随着智能温度控制器功能增多，价格下降，以往没有条件实施复杂控制的场合，现在可以用温控器来实施，下面提供一些方案供读者参考。

### 5.5.1 用单台温控器进行串级控制

XMPAF7000 是带伺服放大器的双回路串级控制器，具有 5 个模拟量输入，1 个模拟量输出，3 个继电器输出，220V AC 正、反转驱动信号输出。温控器有 11 种控制模式供选择使用，用一台温控器就可实现各种过程参数的串级控制、前馈控制、双回路控制。在串级控制时，主、副控制器可以分步投入自动，以方便 PID 参数的整定。XMPAF7000 用于串级控制模式时的工作原理见图 5-15，图中 PID1 为主控制器，PID2 为副控制器，主、副测量参数分别从 IN1 和 IN2 输入温控器，AL1 ～ AL3 为报警输出，正、反转驱动输出器件为双向晶闸管，可直接驱动各种电动执行器。

初看图 5-15 原理方框图，感觉是不是有点复杂？其实使用起来还是很简单的，因为图中虚线框内的大多数功能都是用程序实现的，而用户只需要对温控器的输入、输出、报警信号进行接线，进行相应设置就可以使用了。

以锅炉三冲量给水控制系统为例，对使用作一介绍。我们仍以图 5-15 为基础，把汽包水位信号从 IN1 输入 PID1，给水流量信号从 IN2 输入 PID2，蒸汽流量从 IN3 输入 PID1（如图中的虚线圆圈及括号所示）。从图可看出汽包水位控制器 PID1 与给水流量控制器 PID2 串联在一起，根据偏差按反馈方式进行控制。生产中蒸汽流量是主要的干扰因素，将蒸汽流量接入温控器是为了提前克服这一干扰，这种按干扰大小控制的方式称为前馈作用，故蒸汽流量在系统中是个前馈信号。由于引入了前馈量，又采用串级控制，所以这种控制系统称为前馈 - 串级控制系统，其控制品质好，控制精度高。

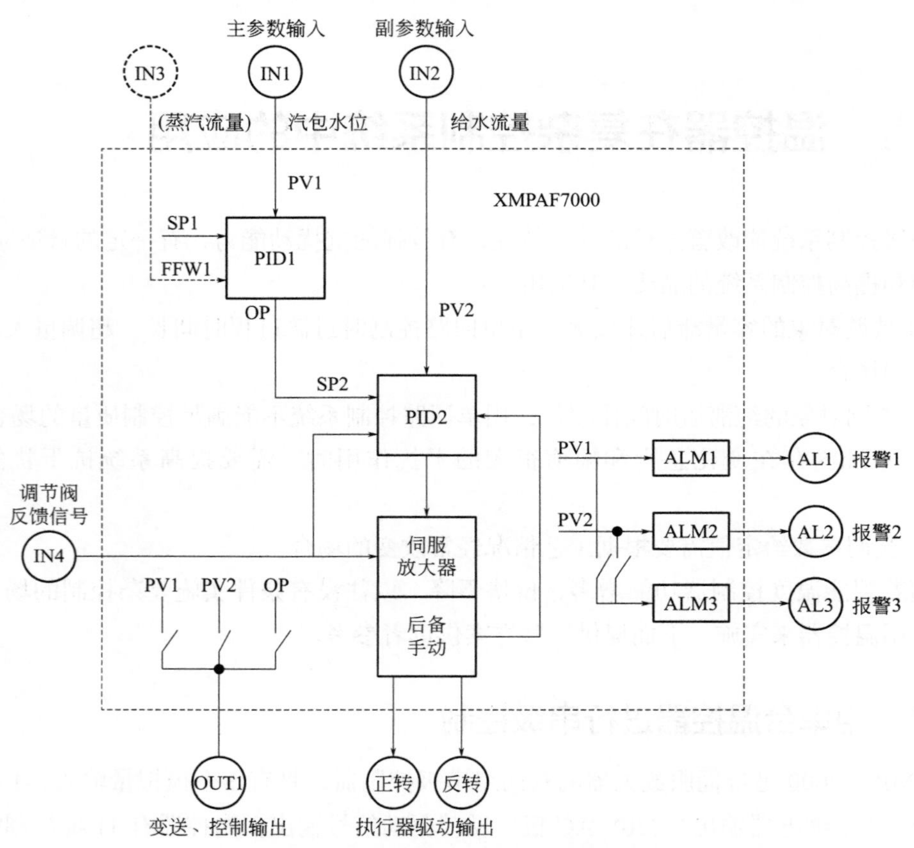


图 5-15　**XMPAF7000** 温控器串级控制工作原理方框图

温控器有 5 个参数设置键，分别为：“SET”参数设置确认键，“A/M”自动 / 手动切换键，“LOOP”显示回路切换键，“▽”参数设置减少键，“△”参数设置增加键。需要设置的有：控制、模式、报警、量程及迁移、阀门、副屏显示、通信等参数。使用前先对温控器进行设置，在模式选择菜单中将模式设为 2。在控制参数菜单中，将 PID1 的前馈系数及前馈偏置设为 0。设置输入信号：汽包水位为线性 4 ～ 20mA，给水流量和蒸汽流量为开方 4 ～ 20mA。温控器的量程：汽包水位为 0 ～ 220mm，给水流量为 0 ～ 40t/h，蒸汽流量为 0 ～ 40t/h，都统一按 0 ～ 100% 量程来设置。

该型温控器没有 PID 自整定功能，PID 参数需要人工整定。本例锅炉给水控制系统先按两冲量进行整定，把前馈系数和前馈偏置分别设为 0，然后用一步整定法进行。

① 系统投运后，主、副控制器在比例控制作用下，按经验数值设置副控制器的比例带 P 为 20% ～ 80%。

② 利用单回路控制系统的经验整定方法，对主控制器进行整定，P 减小响应会加快，超调加大，逐渐调小 P 以加大比例作用，使系统快速响应，但又不出现超调或振荡。

③ P 值确定后，加入积分 I，把 I 调小以加强比例作用的效果，I 减小响应会加快，超调加大。观察控制过程，适当调整控制器参数，使主参数水位较稳定即可。

**小经验**

一步整定法副参数和比例带的经验数值见表 5-8

表 5-8　一步整定法副参数和比例带的经验数值

| 副参数 | 温度 | 压力 | 流量 | 液位 |
|---|---|---|---|---|
| 比例带 /% | 20 ～ 60 | 30 ～ 70 | 40 ～ 80 | 20 ～ 80 |

整定好 PI 参数后再加入前馈量，因此，应进行蒸汽流量前馈作用的计算及设置。系统投运后待额定负荷工作稳定，读出前馈输入值，如为 28t/h，则前馈量百分比值 $FFS=\dfrac{28}{40-0}=70\%$。

如果最大负荷时的蒸汽流量为 34t/h，最小负荷时的蒸汽流量为 28t/h，则前馈输入扰动为：最大负荷流量 - 最小负荷流量 =85%-70%=15%。

前馈加法作用的值越大，前馈蒸汽流量对给水流量的影响越大。在三冲量水位控制中，按经验取前馈加法作用为 10%。由于前馈加法作用与前馈输入扰动之比就是前馈系数，则 PID1 的前馈系数 FFS.k=10% ÷ 15%≈0.67；

前馈偏置值 FFS.B=-FFS.k×FFS ≈ -0.67×70% ≈ -47%。

根据以上计算结果，在控制参数菜单中，将 PID1 的前馈系数 FFS.K 设置为 0.67，前馈偏置值 FFS. B 设为 -47%。以上计算只是一种静态计算，不一定符合现场动态实际，因此设置后应观察控制效果，并根据现场实际进行适当的调整，才能达到较好的控制效果。

## 5.5.2　液位—流量串级均匀控制系统

用两台温控器可以进行多种参数的串级控制，如温度—流量、加热炉出口温度—炉膛温度、压力—流量等的控制，但要求做副控制器的温控器具有外给定功能。以下介绍一个液位—流量串级均匀控制系统实例。

化工生产中，要求冷凝塔的液位保持一定高度，但液位的高度会受冷凝液流量的影响。当塔内压力或冷凝液排出端压力变化时，即使调节阀开度不变，流量也会随调节阀前后的压差变化而改变。流量的变化也会导致液位的变化。要使液位及流量的变化能在生产允许的范围内，采用图 5-16 的液位—流量串级均匀控制系统可达到目的。

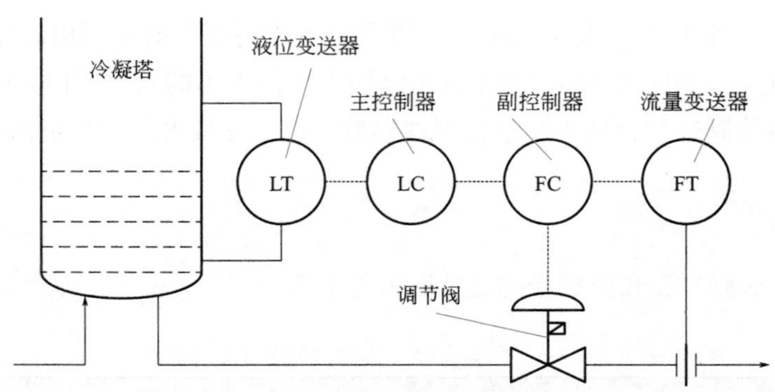


图 5-16 液位—流量串级均匀控制系统

本例串级均匀控制系统，是将液位控制器 LC 的输出作为流量控制器 FC 的给定值，用流量控制器的输出控制调节阀的开度。为了更直观地看出控制过程，画出控制方框图，如图 5-17 所示。从原理知，当液位升高时应开大调节阀使流量增加而使液位下降；而液位下降时需要关小调节阀使流量减少，来保持液位的稳定，所以主控制器 LC 应选择“正作用”。由于副控制器 FC 的给定值受主控制器的控制，当液位上升时，主控制器输出增大，副控制器给定值增大，相当于流量减少，故副控制器的输出增大，调节阀开大。调节阀使用的是气开阀，所以副控制器应选择“反作用”。

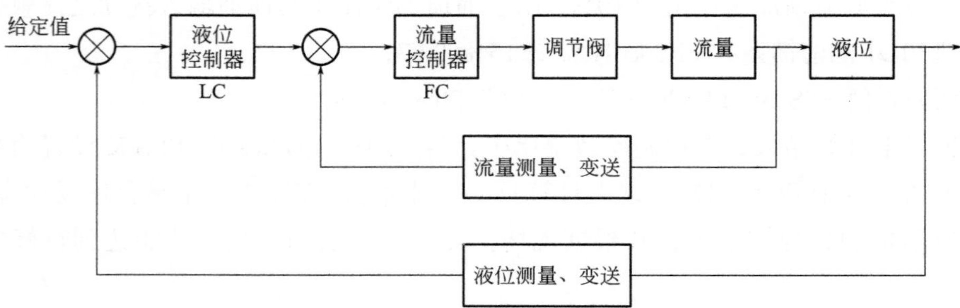


图 5-17 串级均匀控制系统方框图

本例使用了 2 台 AI-808AX3L2 温控器，型号中 A 表示外形尺寸为 96mm×96mm，X3 表示安装有光电隔离电流输出模块，L2 表示安装有继电器常开 + 常闭触点输出模块。温控器的主要参数设置见表 5-9。表中的参数如 P、t、Ctl、dL 等，需要结合现场实际进行调整。

表 5-9 液位—流量串级均匀控制系统温控器主要参数设置

| 参数名称 | 参数符号 | 设置范围或代码 | | 说明 |
|---|---|---|---|---|
| | | 主调节器 | 副调节器 | |
| 上限报警 | HIAL | 75（600） | | 测量值大于 HIAL+dF 时产生上限报警，单位为 %（mm） |
| 下限报警 | LoAL | 25（200） | | 测量值小于 LoAL-dF 时产生下限报警，单位为 %（mm） |
| 回差 | dF | 10 | | 又称为死区或滞环 |
| 控制方式 | CtrL | 1 | 1 | 采用 AI 人工智能控制 /PID 控制 |
| 保持参数 | M5 | 0 | 0 | 副控制器作 PD 控制器使用 |
| 速率参数 | P | 8 | 4 | 类似于 PID 控制器的比例增益，P 值越大比例微分作用越强，P 值越小比例微分作用越弱 |
| 滞后时间 | t | 0 | 0 | t 越小，比例和积分作用越强，微分作用相对减小 |
| 输出周期 | Ctl | 4 | 4 | 温控器运算控制的快慢 |
| 输入规格 | Sn | 33 | 32 | 电压输入 |
| 小数点位置 | DIP | 1 | 1 | 小数点在十位，显示格式为 000.0 |
| 输入下限显示值 | dlL | 0 | 0 | 4mA 对应的显示值，单位为 % |
| 输入上限显示值 | dlH | 100（800） | 100（1500） | 20mA 对应的显示值，单位为 % |
| 输入数字滤波 | dL | 2 | 4 | dL 越大显示值越稳定。但响应也越慢，可结合现场实际设置 |
| 系统功能选择 | CF | 1 | 8 | 副控制器为反作用方式，允许外部给定 |
| 输出方式 | OP1 | 4 | 4 | 4 ～ 20mA 线性电流输出 |

系统接线如图 5-18 所示。液位变送器输出的 4 ～ 20mA 电流信号，通过 250Ω 标准电阻转换为 1 ～ 5V 电压信号，从主控制器的 1、2 号端输入；流量变送器输出的 4 ～ 20mA 电流信号，通过 50Ω 标准电阻转换为 0.2 ～ 1V 电压信号，从副控制器的 2、3 端输入；注意，图中是流量变送器不能用差压变送器，前者的输出电流与流量成正比，而后者的输出电流与流量的平方成正比。主控制器的电流输出信号从 5、7 端输出，输入副控制器 1、2 端，做副控制器的给定值，副控制器的电流输出信号从 5、7 端输出到电气阀门定位器，用以驱动气动调节阀。设置有高、低液位报警，从主控制器的 11、12、13 端输出给报警电路。

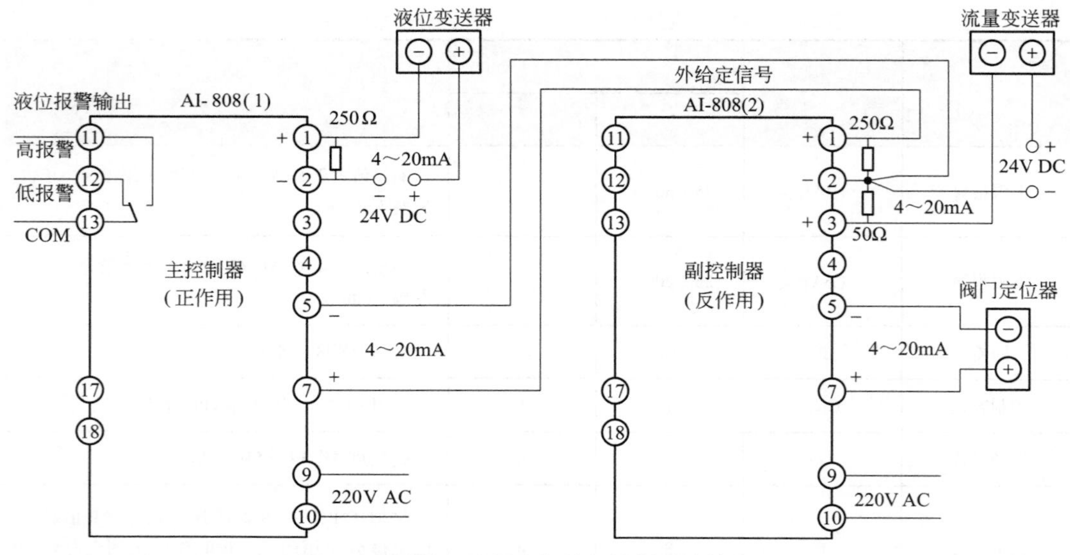


图 5-18 液位—流量串级均匀控制系统接线图

## 知识扩展

均匀控制系统的主次及参数整定

均匀控制系统是用来保持主、副参数在规定范围内缓慢地、均匀地变化的系统，其对被调参数是同时兼顾的。如被调的液位和流量两个参数有缓慢地变化，并不是液位波动多大，流量也要波动多大，因此，在应用及调试中要根据生产实际正确理解“均匀”的主次。

均匀控制系统之所以能够使两个参数间的关系得到协调，是通过控制器参数整定来实现的。在均匀控制系统中，参数整定的目的不是使变量尽快地回到给定值，而是要求变量在允许的范围内作缓慢变化。参数整定的方法与一般的不同，一般控制系统的比例度和积分时间是由大到小地进行调整（相当于慢慢增大比例增益和积分增益），而均匀控制系统却正相反，是由小到大地进行调整（相当于慢慢减小比例增益）。均匀控制系统的控制器参数数值一般都很大。串级均匀控制系统的主、副控制器一般都采用纯比例作用，只在要求较高时，为了防止偏差过大而超过允许范围，才引入适当的积分作用。

串级均匀控制参数整定常用经验逼近法，就是根据经验给主、副控制器一个适当的参数，即温控器的比例带参数 P，然后由小到大地调整，即比例增益向减小方向调整，使控制过程成为缓慢的非周期衰减过程。其操作步骤为：

① 将主控制器的 P 参数调在一个适当的经验值上（如 100），由小到大地调整副控制器的 P 参数，同时观察控制过程，直到出现缓慢的非周期衰减过程为止；

② 将副控制器的 P 参数固定在整定好的数值上，由小到大地调整主控制器的 P 参数，观察变化，得到更缓慢的非周期衰减过程；

③ 还可适当给主控制器加入积分，但其既有有利的一面，也有不利的一面。只能根据对象的具体情况来决定。

# 5.6 温控器的抗干扰对策

## 5.6.1 干扰产生的途径

① 信号源与温控器之间的连接导线通过磁耦合在电路中形成干扰。大功率变压器、交流电动机、变频器等都有较强的交变磁场，如果温控器测量及控制的连接导线通过交变磁场，就会受到这些交变磁场的作用，在温控器的输入回路中感应出交流电压。这种感应电压与有用信号相串联，当传感器与温控器距离较远时，串模干扰尤为突出。

② 干扰源通过电容的耦合在回路中形成干扰，这是两电场相互作用的结果。通过静电耦合的方式，能在两输入端感应出对地的共同电压，以共模干扰的形式出现。由于共模干扰不和信号相叠加，它不直接对温控器产生影响，但它能通过测量系统形成到地的泄漏电流，泄漏电流通过电阻的耦合就能直接作用于温控器而产生干扰。

电磁感应、静电感应所形成的干扰大多是工频干扰电压，但变频器、带整流子的电机等会产生谐波干扰。由于雷电的作用，在电力线上也会感应出干扰电压。

③ 有的测温场合。当将热电偶电极直接焊于通电加热的金属件上，由于金属件在平行于电流方向的各点存在电位差，就会引入很大的干扰电压。在高温下，耐火材料的绝缘电阻急剧下降，热电偶的瓷保护套管、瓷珠的绝缘性能也会下降，则电炉的电源电压通过耐火砖、热电偶套管、瓷珠等泄漏到热电偶丝上，在热电偶电极与地之间产生干扰电压。

④ 大地中各个不同点之间往往存在电位差，尤其在大功率用电设备附近，当这些设备的绝缘性能下降时，电位差更大。而温控器在现场使用中，有时不注意会使回路存在两个以上的接地点，就会把不同接地点的电位差引入温控器中而形成共模干扰。

**小知识** 

什么是串模干扰和共模干扰

串模干扰是指在温控器输入端之间出现的干扰，也就是叠加在被测信号上的交流电压，这种干扰大多是由电磁感应引起的。

共模干扰是指出现在温控器任一输入端（正端或负端）对地之间的交流干扰电压，这种干扰大多是由漏电引起的。

### 5.6.2 克服和消除干扰的方法

（1）串模干扰的消除方法

温度传感器的信号线要远离强电磁场，不要离动力线太近；不要把温控器信号线和控制输出线与动力线放在同一个桥架托盘内，或穿在同一根穿线管内。必要时信号线应使用屏蔽电线或屏蔽电缆，屏蔽层采取一端接地方式，温控器要设置数字滤波常数，还应根据现场实际对滤波常数进行调整。串模干扰可能产生在信号源，也可能是信号线上感应或接收的，由于它与测量信号是叠加的，所以较难消除，因此应该防止它的产生。如信号传输导线使用绞线，能使信号回路所包围的面积大为减少，能使两根信号线到干扰源的距离大致相等，分布电容也大致相同，所以能使进入温控器的串模干扰大大减小。

（2）共模干扰的消除方法

可采取把热电偶浮空的措施；不要用露端式热电偶以避免热电极接地；热电偶保护套管要可靠接地；使用屏蔽线时采用等电位屏蔽方式；还可在信号线上加装旁路电容器。为了防止电场的干扰，可把信号线穿入铁管中，或者使用屏蔽线，并对屏蔽层一点接地。对于直流信号，可在温控器输入端加滤波电路，把杂散信号干扰衰减至最小。信号线要远离动力线，不能把信号线与动力线平行敷设在一起，信号线与电源线不要由同一孔进入温控器内，信号线应以尽量短的绞线接至信号端子的相邻位置上。温控器和变送器的外壳都应接地，保持零电位，以提高温控器的抗共模干扰能力。

## 5.7 温控器应用中的一些实际问题

（1）温控器输出的触点信号控制交流固态继电器的一个方法

温控器输出的触点信号属于无源信号，不能驱动交流固态继电器，因为固态继电器需要触发电压驱动。但可以在继电器输出的触点信号回路中串联直流电压，电压值的选择可以根据固态继电器的触发电压来决定，串接 10V 左右的直流电压大多能驱动固态继电器。

（2）温控器控制电流输出为反方向的原因

某温控器测量温度上升时，输出电流也在上升，跟常见的刚好相反，从现象看是温控器的正 / 反作用设置反了，经检查是设置有误。温控器的反作用是用于加热控制，正作用用于冷却控制，常见的温度控制系统大多是加热控制，控制作用应选择反作用，即测量温度下降时→控制器的输出电流上升→调功器的输出上升→测量温度上升。

（3）温控器的显示值反应慢的原因

温控器的温度显示反应很慢，尤其是在刚上电时，测量值缓慢上升，经过较长时间才达到实际值。此时应检查温控器的滤波参数 FiLt 设置值，该值不宜过大，该值设置越大，温控器测量反应越慢，若设置为“0”则表示取消数字滤波，显示会很快，但显示波动也会增大，该值一般设置为 0 ～ 5 即可。

（4）温控器常用报警功能

温控器的报警功能很多，常用的有上限报警、下限报警、上下限报警，如图 5-19 所示。图中 ON 表示报警继电器输出触点为闭合状态，OFF 表示报警继电器输出触点为断开状态。

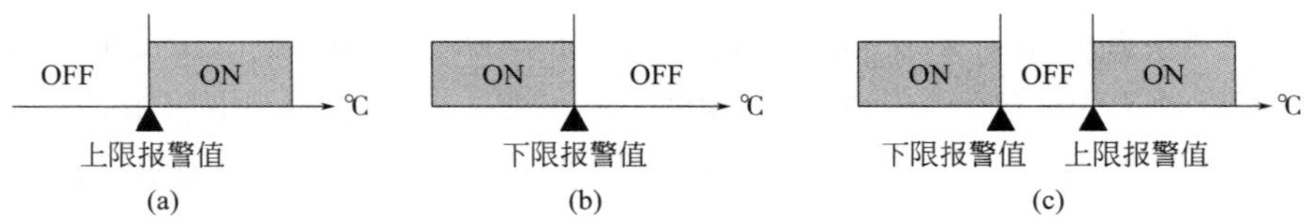


图 5-19　温控器常用报警功能示意图

图 5-19 中所示属于绝对值报警状态，即无论设置的报警值是多少，一旦高于报警值便会从 OFF 变为 ON［图 5-19（a）］，一旦低于报警值便会从 OFF 变为 ON［图 5-19（b）］，而图 5-19（c）则是图 5-19（a）图 5-19（b）两种状态的组合。实际上温控器大多具有报警输出带回差的功能。

（5）温控器的报警回差及设置方法

没有设置下限报警回差时，当测量温度高于报警值 150℃，温控器输出继电器失电断开（OFF）；当测量温度低于报警值 150℃，温控器输出继电器带电吸合（ON），这样会让继电器频繁动作而使触点很快损坏［图 5-20（a）］。为了延长继电器触点寿命，应设置报警回差。

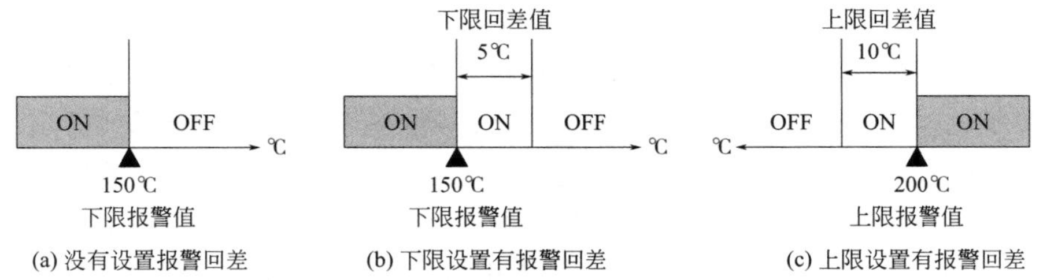


图 5-20　温控器设置报警回差示意图

温控器的参数表中都有报警回差参数，回差又称为报警死区、报警滞后、滞环。报警回差是指上、下限报警值与变为 OFF 的温度之差，或称为 ON 点与 OFF 点的差，如图 5-20 中（b）（c）所示。报警的工作过程为：如图 5-20（b）下限报警回差设置为 5℃，当测量温度低于 150℃时，温控器将下限报警，待温度上升到 150℃时，温控器输出继电器仍处于ON状态，只有待温度上升到156℃时，温控器输出继电器才会从ON变为OFF状态。如图5-20（c）上限报警回差设置为10℃，当测量温度高于200℃温控器将上限报警，待温度下降到200℃时，温控器输出继电器仍处于ON状态，只有当温度下降到189℃，温控器输出继电器才会从ON变为OFF状态。

（6）温控器的偏差报警及设置方法

所谓偏差就是测量值PV减给定值SV。偏差报警就是当（PV–SV）大于或小于偏差上、下限报警值时，温控器才会出现的报警。如某台温控器的给定温度为400℃，偏差上限报警值设为2℃，则当测量温度超过402℃，由于402℃ -400℃≥2℃，将产生偏差上限报警；如果设置有报警回差0.5℃，则偏差小于（偏差上限报警值 - 报警回差）时报警解除， 即测量温度402℃ -0.5℃ =401.5℃时报警解除。当偏差下限报警值设为 -2℃，则当测量温度低于398℃，由于398℃ -400℃≤ -2℃，将产生偏差下限报警；如果设置有报警回差0.5℃，则偏差大于（偏差下限报警值 + 报警回差）时报警解除， 即测量温度398℃+0.5℃ =398.5℃时报警解除。

**注意**

在实际应用中如果不使用偏差上、下限报警功能时，应将偏差上限报警设置为最大值，或将偏差下限报警设置为最小值，就可取消偏差报警功能。不要认为把上、下限偏差报警值设为0℃就不会报警了。

有的温控器还可设置偏差内报警输出和偏差外报警输出，参数设置方法同上，只需对换ON和OFF触点即可。

（7）有没有控制精度最高的温控器

这说法不准确。通常温控器提供的是测量精度，如0.1级、0.2级、0.5级，或者标注最高分辨率，如到小数点后第几位。再者控制精度是针对整个控制系统而言，温控器厂不可能提供这一技术指标。

从控制系统的反馈原理可知，PID控制器的输入信号是测量值与给定值的偏差，控制器接收了偏差信号以后使输出信号发生变化，只要有偏差，不管偏差如何小，控制器的积分作用就会进行，直到把偏差消除为止。可见积分增益的大小决定着控制精度的高低，积分增益越大控制精度就越高。温控器的控制精度还涉及表内一切可能出现的误差项，如给定值的稳定性、环境温度变化、电源电压波动、零点偏移、电磁干扰等的影响。因此，温控器的控制精度是低于温控器测量精度的。选择测量精度高的温控器能获得较高的控制精度，且控制系统的控制精度还取决于组成系统的各环节，如传感器、变送器、温控器等的精度。

（8）怎样才能学好和用好温控器

要用好温控器，就要仔细阅读温控器的说明书，了解温控器的性能、参数设定值的含义及作用、温控器型号与模块配置的对应关系。读者可根据自己企业所用的温控器，参考本章的应用实例及本书第 2 章、第 7 章的内容，学习温控器、温度传感器和执行器件的工作原理及在系统中所起的作用，再深入学习控制系统的构成及用途，并通过实践掌握温控器在生产控制中的应用及对系统进行调试和投用。

如果手中有温控器，可结合说明书对其进行实际操作和学习，如参数的设置、修改。还可用毫伏、电阻、电流信号发生器来模拟输入信号，模拟温控器的工作状态，通过设置和改变一些参数来加深对温控器工作及动作过程的了解。如报警参数、报警回差、控制回差等参数较难理解，但通过实际的操作和设置，就较容易理解，你会感觉动手操作一次比看十遍说明书还强。还可以学习程序型温控器的设置操作，通过简单设置几段升、降温曲线及模拟投用，来理解程序型温控器的程序运行模式、上电自动运行模式等的功能。如果有热电阻、固态继电器、电烙铁，还可以进行温度自动控制的实际操作，学习自整定功能。

在用好温控器的基础上，还可以对现有的应用进行一些小的改进，如原用的位式继电器触点控制，可以将其改为效果更好的固态继电器无触点控制，把继电器输出模块更换为固态继电器驱动电压输出模块即可。举一反三，还可以把温控器原来就具备的功能使用起来，如程序型温控器，可以通过增加线性电流输出模块进行设置就可以作为温度变送器或程序发生器使用。

对温控器的参数设置和接线有了深入的理解，在检查测量控制系统故障时，无法判断是温控器还是传感器、变送器的故障，只需把温控器输入规格设置成某分度的热电偶，再设置上、下限量程后，用电线短接温控器的热电偶 +、- 输入端子，若显示室温说明温控器正常，可依此来缩小故障检查范围。

通过对温控器的学习和应用，你会发现温控器只是一个称呼而已，实际上它可称得上是一台通用的工业控制器。温控器具有万能输入信号的功能，其控制输出信号有触点信号、电压信号、电流信号等，生产中需要测量和控制的参数几乎都能通过温控器来实现。要使温控器发挥最大作用，只有对温控器有深入全面的了解，应用才会得心应手。

# 第6章

# 温控器的通信

## 6.1 温控器RS485通信模块结构及工作原理

### （1）DTA温控器的RS485通信电路

图6-1是DTA温控器的通信电路板。图6-2是电路原理图，图中65176B是半双工通信收发器，为防止输入信号过流，RS485信号输出A、B端串联有R017自恢复保险丝F2及F3，电流正常时保险丝的电阻为4Ω左右，过电流时保险丝的电阻呈高阻抗，如某台温控器通信收发器芯片损坏短路时，其他温控器的通信不会受到影响。VD9、VD10为肖特基二极管组成的浪涌吸收电路。R39、R38为上、下拉电阻，人为地使A端电位高于B端电位，使总线空闲时呈现唯一的高电平，防止误中断时，MCU收到乱码。

### （2）AI温控器的RS485通信电路

图6-3是AI温控器的S通信模块。图6-4是电路原理图，图中HD588是半双工通信收发器，其与65176B、MAX1478芯片的引脚排列及功能相同。各引脚功能说明见表6-1。

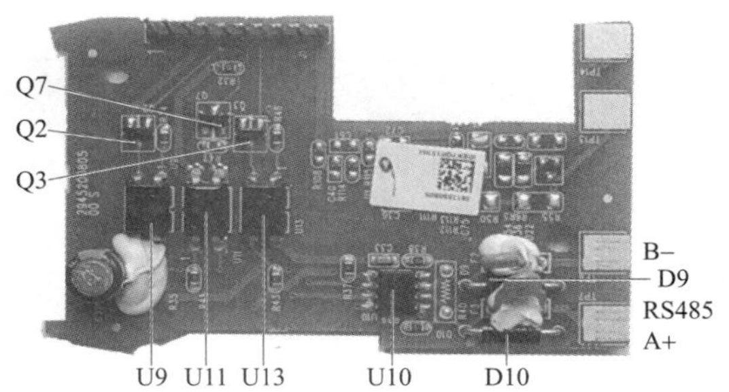


图 6-1　DTA 温控器的通信电路板

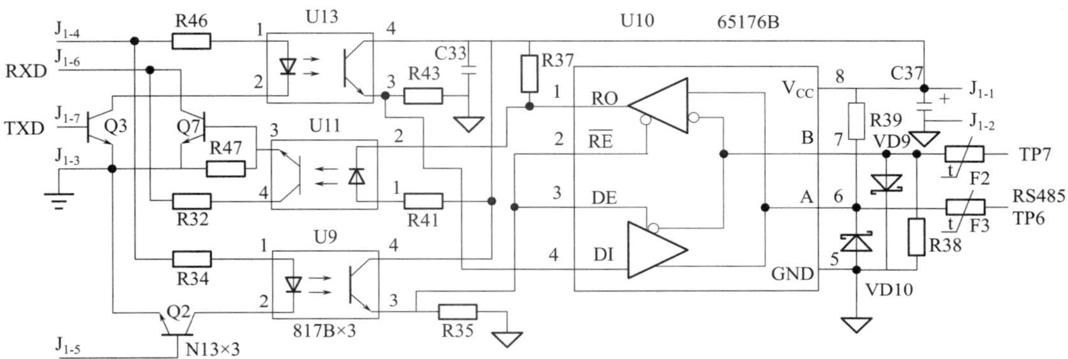


图 6-2　DTA 温控器通信板电路原理图

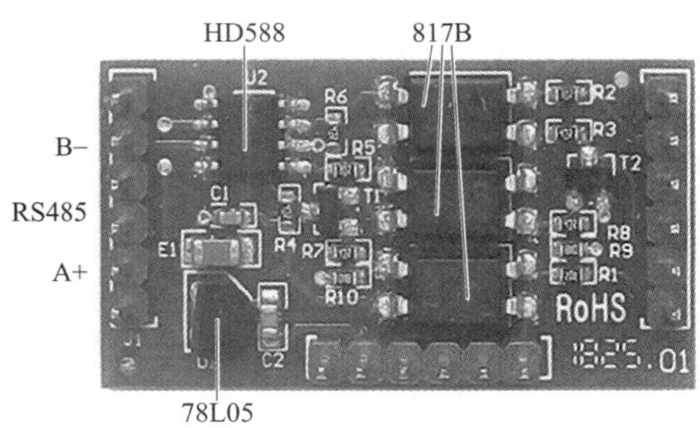


图 6-3　AI 温控器的 S 通信模块

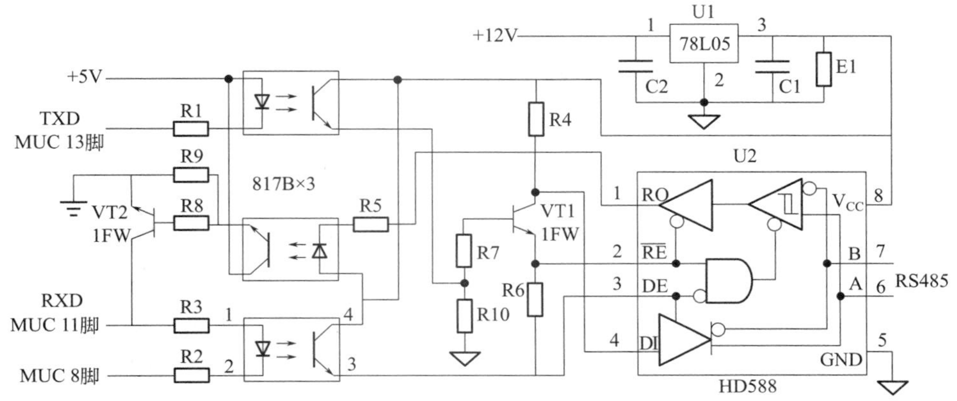


图 6-4　AI 温控器的通信模块电路原理图

表 6-1　HD588 各引脚功能说明

| 引脚 | 名称 | 功能说明 |
|---|---|---|
| 1 | RO | 接收器数据输出。当 $\overline{RE}$ 为低电平时，若 A−B ≥ −50mV，RO 输出为高电平；若 A−B ≤ −200mV，RO 输出为低电平 |
| 2 | $\overline{RE}$ | 接收器输出使能。$\overline{RE}$ 接低电平时 RO 输出有效；当 $\overline{RE}$ 接高电平时 RO 为高阻态；$\overline{RE}$ 接高电平且 DE 接低电平时，器件进入低功耗关断模式 |
| 3 | DE | 驱动器输出使能。DE 接高电平时驱动器输出有效；DE 为低电平时输出为高阻态；$\overline{RE}$ 接高电平且 DE 接低电平时，收发器进入低功耗关断模式 |
| 4 | DI | 驱动器数据输入。DE 为高电平时，DI 上的低电平强制同相输出为低电平，反相输出为高电平。同样，DI 上的高电平将强制同相输出为高电平，反相输出为低电平 |
| 5 | GND | 接地 |
| 6 | A | 接收器同相输入和驱动器同相输出 |
| 7 | B | 接收器反相输入和驱动器反相输出 |
| 8 | $V_{CC}$ | 正电压供应端：3.0V ≤ $V_{CC}$ ≤ 5.5V |

温控器通信的主要元件就是通信收发器，RO 为接收器的输出端，DI 为驱动器的输入端，它们受 MCU 接收端 RXD 和发送端 TXD 的控制。当 $\overline{RE}$ 为“0”时，处于接收状态；当 DE 为“1”时，处于发送状态。A 和 B 为接收和发送的差分信号端。当 A 的电平高于 B 时，表示发送的数据为“1”；当 A 的电平低于 B 时，表示发送的数据为“0”。

温控器通信收发器的驱动器数据输入 DI（4 脚），和接收器数据输出 RO（1 脚）不是直接与 MCU 相连，而是通过光电隔离耦合器与 MCU 相连，并通过驱动器输出高电平使能 DE，接收器低电平使能 $\overline{RE}$ 进行发送与接收。由于发送与接收控制信号的有效电平正好相反，只需用 MCU 的一个输出信号就可以控制驱动器、接收器轮换使能，来实现半双工通信。光电耦合器及晶体管的工作原理较简单，不再赘述。

## 6.2　RS485 通信的接线方式

RS485 通信采用的是主从通信方式，即一个主站（上位机）带多个从站（温控器）。温控器的 RS485 通信都是采用一对双绞线将发送方与接收方连接起来，即每台温控器通信接口的“A+”“B−”端与主站进行连接。

上位机大多只有 RS232 接口或 USB 接口，需要通过接口转换器进行连接，它将单端的 RS232 信号转换为平衡差分的 RS485 信号，以适应原有的接口硬件。用 RS232/RS485 转换器进行点到点二线半双工通信，如图 6-5 所示。

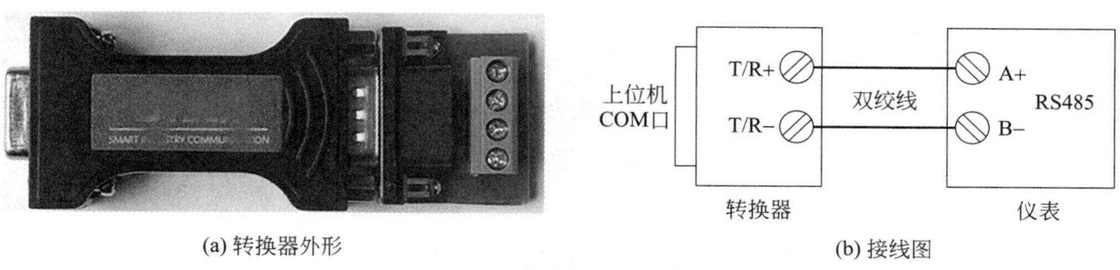


(a) 转换器外形　　(b) 接线图

图 6-5　**RS232/RS485** 转换器外形及接线图

USB 接口正在逐步代替老式低速接口，应用较多的是 USB 转 RS485 转换器，用 USB/RS485 转换器进行点到多点二线半双工通信时，如图 6-6 所示。

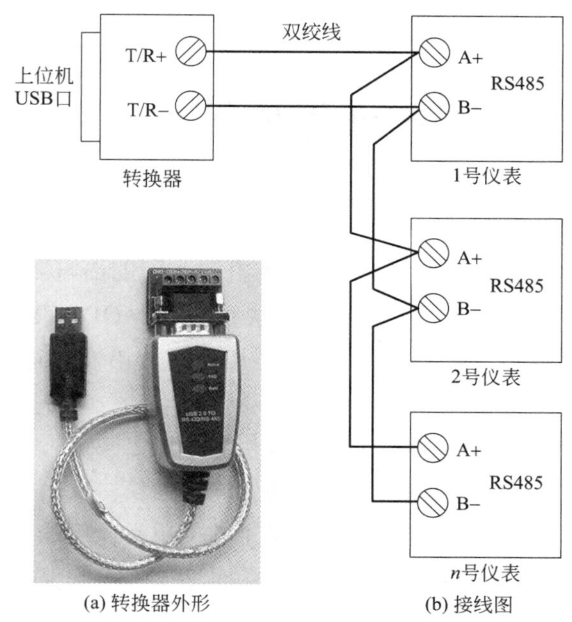


(a) 转换器外形　　(b) 接线图

图 6-6　**USB/RS485** 转换器外形及接线图

**小知识** 

通信基础知识

通信是一种两个人或多人之间的信息传递行为，我们日常打电话就是一种通信，电脑与温控器的通信也是一种信息的传递，不同的是传递信息时人使用的是语言，而电脑与温控器使用的是二进制代码。通信时两台电话机之间需要电线连接。而电脑与温控器通信也要用电线连接。假设电脑向温控器传递一串代码（如 01010101）时，电脑就要在其通信端口产生一组高低电平的组合，并将这个高低电平组合翻译成 01010101 形式的二进制代码，这就完成了电脑向温控器传递数据。反之温控器向电脑传递数据也是一个同样的过程。

主从通信　在一个通信网络中只有一个站点是主站(如上位机、PLC、触摸屏)，其他站点作为从站(温控器)。主站和从站之间可以直接进行数据的传递，但是从站与从站之间不能直接进行数据的传递，如果从站之间想要交换数据也必须通过主站。

半双工　同一时刻通信端口要么只能发送数据，要么只能接收数据，两个工作不能同时进行。温控器的 RS485 只用一对双绞线，所以是“半双工”通信方式。

通信速率　就是 1s 内通信端口发送 01 代码的数量。如通信速率是 9600bit/s 表示通信端口每秒发送 9600bit 的数据，即每秒可产生 9600 个高低电平。

## 6.3 温控器的通信协议

在了解通信协议前再说说打电话，打电话一是要有电话机，二是要用语言来相互交流。电话机可传送普通话、方言、英语等不同的语言。可以把 RS485 接口比喻为电话机，因为 RS485 接口可传输不同的协议，如 MODBUS、AIBUS 等协议。可以把语言比喻为通信协议，打电话交流双方是用相同的语言，这也可以算是交流双方都明白的标准。

通信协议可以简单地理解为上位机与温控器之间进行相互会话所使用的共同语言，即上位机与温控器进行通信时，必须使用同一通信协议。通信协议就是双方实体完成通信所必须遵循的规则和约定。协议定义了数据单元使用的格式、信息单元应该包含的信息与含义、连接方式、信息发送和接收的时序，从而确保网络中数据顺利地传送到确定的地方。

RS485 是串行数据接口标准，但标准只对接口的电气特性做出规定，而不涉及接插件、电缆或协议，在此基础上用户可以建立自己的应用层通信协议。因此，每个温控器生产厂都有自行开发的应用层通信协议供自家温控器使用，所以不同厂商的温控器通信协议是不通用的，但也有相似之处，即都由以下两部分组成。

(1) 接口规格

都是使用异步串行通信接口，接口电平符合 RS232 或 RS485 标准的规定。数据格式(帧格式)包括以下全部或部分内容：起始位、数据位、停止位、校验位、寻址 / 数据判别位。传输数据的波特率为 4800 ～ 19200bit/s。

每个温控器厂的数据格式是不相同的，如 AI 温控器的数据格式为：1 个起始位，8 位数据，无校验位，1 个停止位，波特率为 9600bit/s，传输格式为 AIBUS，即通信协议为：9600，8，0，1，AIBUS。而 DTA 温控器的数据格式为：7 位数据，偶校验，1 个停止位，波特率为 9600bit/s，传输格式为 ASCⅡ，即通信协议为：9600，7，E，1，ASCⅡ。

在主站上要进行 COM 端口的设置，如端口号、波特率、数据位、校验位、停止位等设置。在从站温控器上也要进行相同的设置，有的温控器只需设置通信地址、通信波特率、传输格式即可，而有的还需要对数据位、校验位、停止位、通信写许可 / 禁止等进行设置。

（2）通信指令

温控器大多用 16 进制格式来表示各种指令代码及数据，常用的是读指令和写指令两条。

① XM 系列温控器的通信指令　表 6-2 和表 6-3 分别为 XM 系列温控器的读指令格式和返回数据格式，表 6-4 是写指令格式。表中所有数据都是高字节在前，低字节在后。

表 6-2　XM 系列温控器的读指令格式

| 发送字节 | 1 | 2 | 3 | 4 | 5 | 6 | 7 | 8 |
|---|---|---|---|---|---|---|---|---|
| 含义 | ADDR | 读 | A1 | A2 | A3 | A4 | CRC | |
| | 温控器地址 | 03H，04H | 开始读取的地址 | | 连续读取数据的个数 | | 校验码 | |

表 6-3　XM 系列温控器读指令的返回数据格式

<table>
<tr><td>返回字节</td><td>1</td><td>2</td><td>3</td><td>4</td><td>5</td><td>……</td><td></td><td></td><td colspan="2"></td></tr>
<tr><td rowspan="2">含义</td><td rowspan="2">地址</td><td rowspan="2">03<br>04<br>读</td><td rowspan="2">返回数据有效字节数</td><td>高字节</td><td>低字节</td><td>……</td><td>高字节</td><td>低字节</td><td>高字节</td><td>低字节</td></tr>
<tr><td colspan="2">第一数据</td><td>……</td><td colspan="2">第 N 数据</td><td colspan="2">CRC</td></tr>
</table>

表 6-4　XM 系列温控器的写指令格式

| 发送字节 | 1 | 2 | 3 | 4 | 5 | 6 | 7 | 8 |
|---|---|---|---|---|---|---|---|---|
| 含义 | ADDR | 写 | A1 | A2 | A3 | A4 | CRC | |
| | 温控器地址 | 06H | 需要写入数据的地址 | | 要写入的数据 | | 校验码 | |

注：06H 指令写入数据时，发送与返回的数据是一致的。

② NHR 系列温控器的通信指令　表 6-5 和表 6-6 分别为 NHR 系列温控器的读寄存器格式和写寄存器格式。

表 6-5　NHR 系列温控器读寄存器格式

| 从站地址 | 功能代码 | 首寄存器地址 | 寄存器数 N | CRC16 |
|---|---|---|---|---|
| 1 字节 | 1 字节 | 2 字节 | 2 字节 | 2 字节 |
| 0 ～ 250 | 03H | AddrH，AddrL | NH，NL（1 ～ 24） | CrcL，CrcH |

表 6-6　NHR 系列温控器写寄存器格式

| 从站地址 | 功能代码 | 首寄存器地址 | 寄存器数 N | 字节数 | 寄存器数据 | CRC16 |
|---|---|---|---|---|---|---|
| 1 字节 | 1 字节 | 2 字节 | 2 字节 | 1 字节 | N2×2 字节 | 2 字节 |
| 0 ～ 247 | 10H | AddrH，AddrL | NH，NL（1 ～ 24） | N2×2 | DataH，DataL | CrcL，CrcH |

③ AI 系列温控器的通信指令　表 6-7 为 AI 温控器 AIBUS 通信协议（V8.0）读指令格式，表 6-8 为 AI 温控器 MODBUS RTU 通信协议（V8.0）读指令格式。详细应用可参考本书第 5.4 节。

表 6-7　AI 温控器 AIBUS 通信协议（V8.0）读指令格式

| 发送字节 | 1 | 2 | 3 | 4 | 5 | 6 | 7 | 8 |
|---|---|---|---|---|---|---|---|---|
| 含义 | ADDR | | 52H | XXH | 00H | 00H | CRC | |
| | 温控器地址 | | 读指令 | 要读的参数代号 | | | 校验码 | |
| 示例及说明 | 81 | 81 | 52 | 06 | 00 | 00 | 53 | 06 |
| | 地址为 1，用 2 个相同字节 | | 读指令 | 温控器的 CtrL 控制方式，见表 6-9 | | | 低字节 | 高字节 |

表 6-8　AI 温控器 MODBUS RTU 通信协议（V8.0）读指令格式

| 发送字节 | 1 | 2 | 3 | 4 | 5 | 6 | 7 | 8 |
|---|---|---|---|---|---|---|---|---|
| 含义 | ADDR | 03H | 0 | XXH | 0 | 4 | CRC | |
| | 温控器地址 | 读指令 | | 要读的参数代号 | | 读 4 个数据 | 校验码 | |

从以上可看出各型温控器的通信协议并不相同，使用通信功能，要阅读所用温控器通信协议说明，而且厂商都会提供通信协议资料及技术支持。

# 6.4 仪表厂的通信软件与温控器通信

## 6.4.1　虹润温控器通信软件的使用

该软件是一个可执行文件。把温控器与电脑连接好，打开文件后主界面如图 6-7 所示，选择需要通信的温控器，单击对应的按钮就出现该温控器的面板图，如图 6-8 所示，设置串口、波特率、地址后，单击“打开串口”，再单击“开始”，会有显示；若通信异常则显示“连接失败”，应检查连线或设置是否正确。

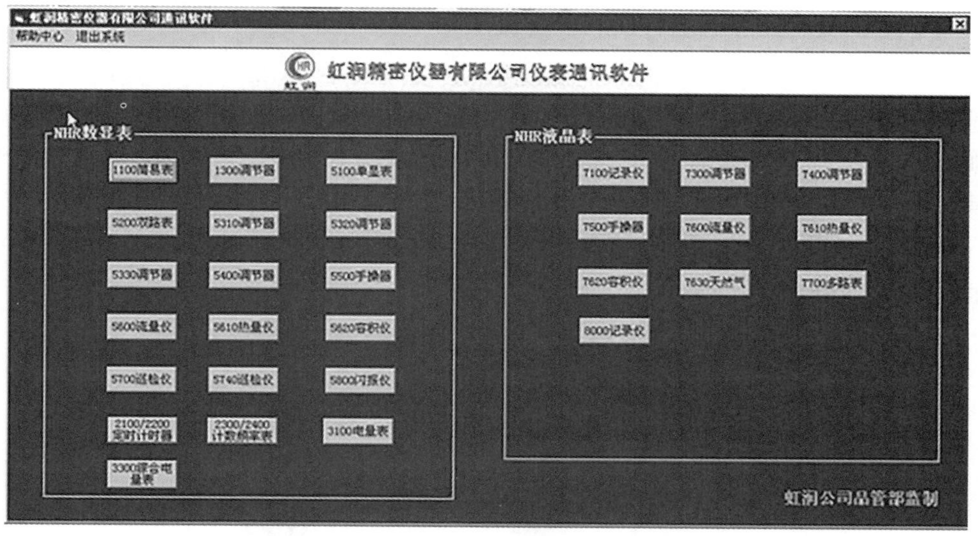


图 6-7 虹润温控器通信软件主界面

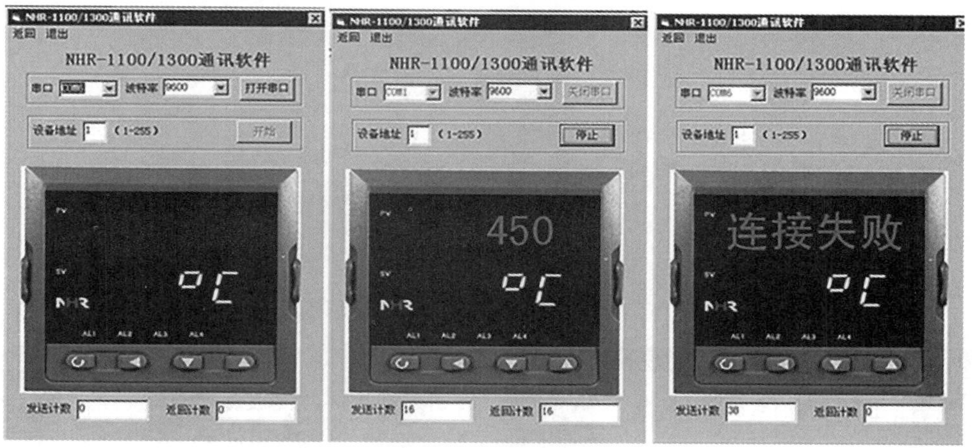


图 6-8 通信测试的显示界面

## 6.4.2 台达温控器通信软件 DTCOM 的使用

台达 DTCOM 软件支持 DTA、DTB、DTC、DTV 系列温控器，在台达官网可下载简体中文版。DTCOM 软件的主菜单如图 6-9 所示。

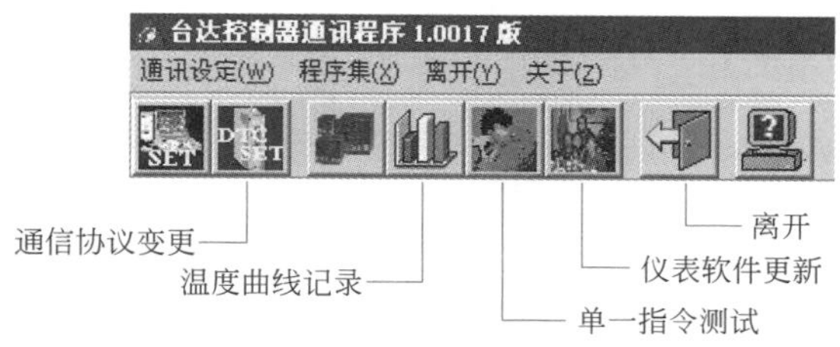


图 6-9 DTCOM 软件的主菜单

（1）电脑及温控器通信协议的设定及侦测

单击图6-10中左一图标，就进入电脑通信设定，在温控器通信协议自动侦测界面，单击“侦测通讯协议”按钮，就进入图6-11的界面，单击图6-11（a）界面的“开始”按钮启动自动侦测，侦测完成后，将会在图6-11（b）界面中提示侦测到几台温控器，并将温控器通信地址、通信协议等列出。如通信地址为01H，通信速率为9600（波特率），7（数据位长度），E（偶校验，图中的“偶同位”），1（停止位），ASCⅡ（通讯格式）。电脑的COM端口也要按以上数据进行设置。

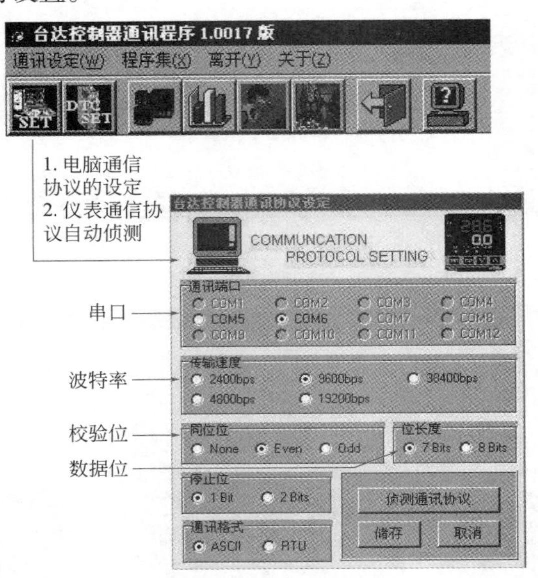


图6-10 温控器通信协议设定界面

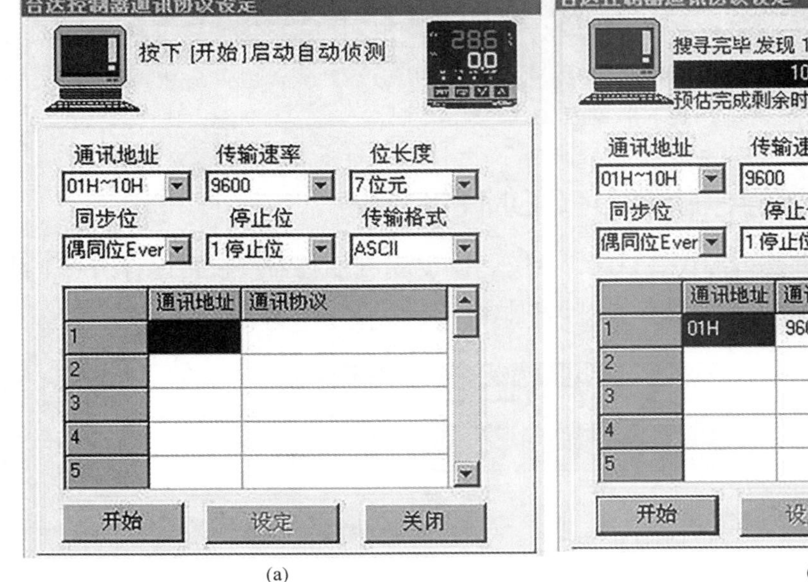


图6-11 温控器通信协议自动侦测操作界面

（2）温控器监控程序的使用

单击图 6-10 中左三图标，进入温控器监控程序操作界面。选择温控器的通信地址后，单击“开始联机”，通信成功，左边温控器图形中的 PV、SV、输出值将会有显示，如图 6-12 所示，并且可以读取和修改温控器的所有参数。

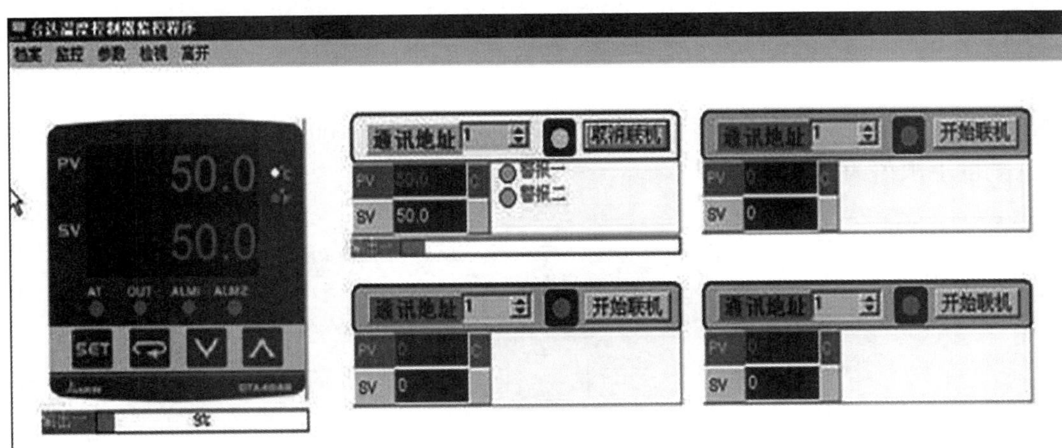

图 6-12　温控器监控程序的显示界面

# 6.5　串口调试工具与温控器通信

## 6.5.1　宇电 AI 温控器 MODBUS 通信协议的使用

AI 温控器使用 MODBUS 通信协议时，其能支持 MODBUS 协议下的 03H（读参数及数据）及 06H（写单个参数）2 条子指令。温控器采用 RTU（二进制）模式，其数据格式为 1 个起始位，8 位数据，无校验位，1 个停止位，波特率要设置为 9600bit/s。

（1）读取温控器的参数

温控器的 03H 指令，要求一次性读取 4 个数据，读取指令为：ADDR+03H+0+ 要读的参数代号 +0+4+CRC 校验码。返回数据为：ADDR+03H+08H+ 测量值 PV 高位 + 测量值 PV 低位 + 给定值 SV 高位 + 给定值 SV 低位 + 报警状态 + 输出值 MV+ 所读参数值高位 + 所读参数值低位 +CRC 校验码低位 +CRC 校验码高位。

如读取温控器的 SCH 刻度上限值，若温控器的地址为 1，则读指令为：01 03 00 0E 00 04 25 CA。其中 01 是温控器的地址，03 是 MODBUS 协议下的 03H 子指令，0E 是要读参数 SCH 刻度上限值的代号 0EH（见表 6-9），04 是读取 4 个数据，25 CA 为

CRC 校验码。打开串口调试工具后，先选择对应的串口，其余的设置如图 6-13 所示。在“发送框”中输入“01 03 00 0E 00 04 25 CA”8 个字节，然后点击“打开串口”按钮，再点击“发送”按钮，若通信正常，温控器会返回一组数据，本例的返回数据为：01 03 08 0C A6 0B B8 60 00 27 10 F6 D4；第 3 个字节 08 表示返回数据的有效字节数，其他字节的含义也在图 6-13 中标注。测量值 0C A6 换算成十进制为 3238，实际值 323.8℃；给定值 0B B8 换算成十进制为 3000，实际值 300.0℃；报警状态 60 换算成二进制为 1100000，其具体含义与温控器型号有关，可查阅温控器的通信协议上的说明；输出值 00 表示输出为 0；所读参数 27 10 换算成十进制为 10000，即所读参数温控器的输入刻度上限值为 1000.0℃。

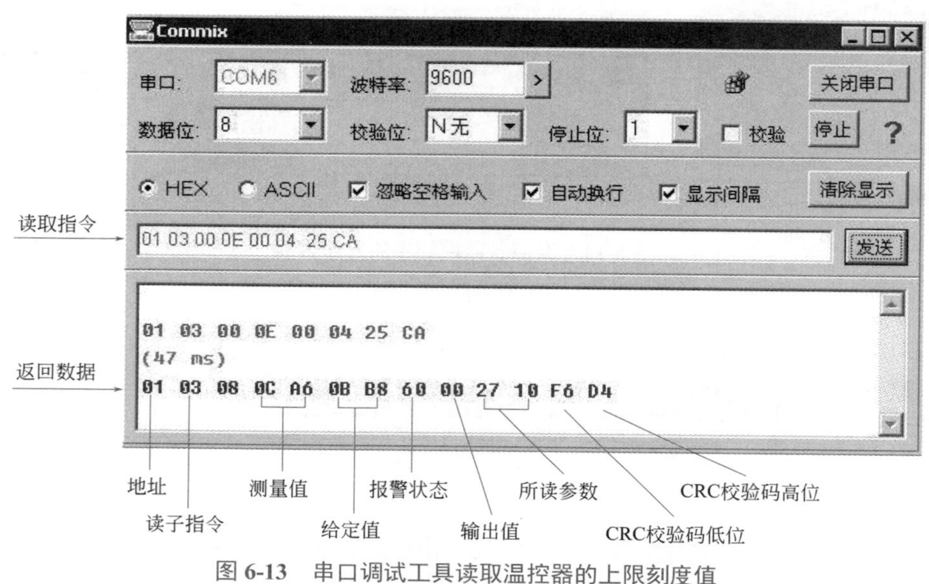


图 6-13　串口调试工具读取温控器的上限刻度值

### （2）写入（修改）温控器的参数

写单个参数的指令为：ADDR+06H+0+ 要写的参数代号 + 要写入的数据高位 + 要写入的数据低位 +CRC 校验码。若要修改温控器的给定值为 200℃，由于有小数点应按 2000 换算成十六进制，则为 07 D0；则写指令为：01 06 00 00 07 D0 8A 66。其中 01 是温控器的地址，06 是 MODBUS 协议下的 06H 子指令，00 是要写给定值的代号 00H（见表 6-9），07 是要写数据的高位，D0 是要写数据的低位，8A 66 为 CRC 校验码。在“发送框”中输入“01 06 00 00 07 D0 8A 66”8 个字节，然后点击“打开串口”按钮，再点击“发送”按钮。由于 MODBUS 协议本身的限制，写指令不支持返回测量值等信息，只返回本身写入的参数值，也就是返回在 40001 中的数据 2000，如图 6-14 所示。

读取、写入通信都涉及 CRC 校验码的计算，其都有相应的计算方法。如果对计算不熟悉，可到网上下载 Modbus RTU CRC16 计算器使用。

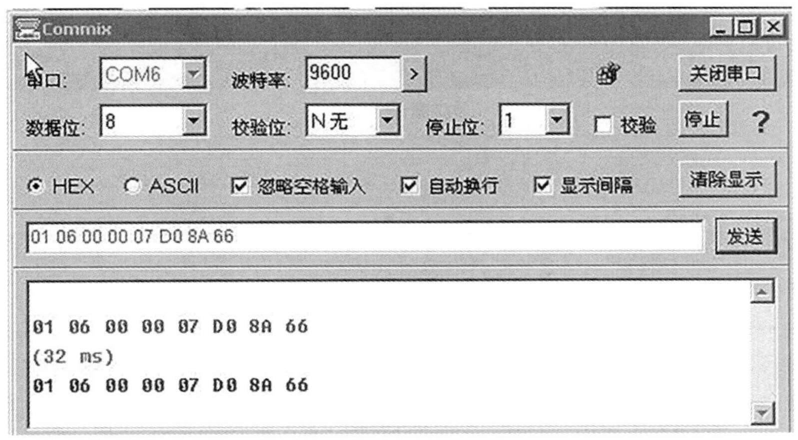


图 6-14　串口调试工具写入（修改）温控器的给定值

## 6.5.2　宇电 AI 温控器 AIBUS 通信协议的使用

AIBUS 是 AI 温控器专用的通信协议，采用 16 进制数据格式来表示各种指令代码及数据，其在写参数的同时还可完成读功能。其数据格式为 1 个起始位，8 位数据，无校验位，1 个或 2 个停止位，波特率通常用 9600bit/s。

标准的通信指令只有两条，一条为读指令，一条为写指令，两条指令使得上位机软件编写容易，且能完整地对温控器进行操作。读指令和写指令如下：

读：地址代号 +52H（82）+ 要读的参数代号 +0+0+ 校验码；

写：地址代号 +43H（67）+ 要写的参数代号 + 写入数低字节 + 写入数高字节 + 校验码。

### （1）温控器读/写参数的代号

温控器的参数用 1 个 8 位二进制数（一个字节，写为 16 进制数）的参数代号来表示。它在指令中表示要读 / 写的参数名，具体见表 6-9。

表 6-9　AI 温控器可读 / 写的参数代号（V8.0　518/518P/708/708P/719/719P）

| 参数代号 | AI-518/518P | 说　明 |
|---|---|---|
| 00H | 给定值 | 单位同测量值 |
| 01H | HIAL 上限报警 | 单位同测量值 |
| 02H | LoAL 下限报警 | 单位同测量值 |
| 03H | dHAL 正偏差报警 | 单位同测量值 |
| 04H | dLAL 负偏差报警 | 单位同测量值 |
| 05H | AHYS 报警回差 | 单位同测量值 |
| 06H | CtrL 控制方式 | 0：ONOFF；1：APID；2：nPID；3：PoP；4：SoP |

续表

| 参数代号 | AI-518/518P | 说　明 |
|---|---|---|
| 07H | P 比例带 | 单位同测量值 |
| 08H | I 积分时间 | s |
| 09H | d 微分时间 | 0.1s |
| 0AH | CtI 控制周期 | 0.1s |
| 0BH | InP 输入规格 | 见使用说明书 |
| 0CH | dPt 小数点位置 | 0：0；1：0.0；2：0.00，3：0.000；如读入的以上数据 +128，则表示所有测量值及与测量值使用相同单位的参数（无论是温度或线性信号），均需要除以 10 后 4 舍 5 入后再进行显示处理。例如，dPt 数值为 128+1=129，读入的测量值或相关参数值 16 位整数值为 1000，则实际显示应为 10.0；若 dPt 数值为 1，则实际显示的数据为 100.0。该参数亦可以写入，但写入时不得加 128，写数据范围是 0 ～ 3 |
| 0DH | ScL 刻度下限值 | 单位同测量值 |
| 0EH | ScH 刻度上限值 | 单位同测量值 |
| 0FH | ALP 报警输出选择 | 含义见说明书 |
| 10H | Sc 测量平移修正 | 单位同测量值 |
| 11H | oP1 主输出方式 | 0：SSR；1：rELy；2：0 ～ 20；3：4 ～ 20 |
| 12H | OPL 输出下限 | % |
| 13H | OPH 输出上限 | % |
| 14H | CF 功能选择 | 含义见说明书 |
| 15H | 温控器型号特征字 | 5180（AI-518）或 5187（AI-518P） |
| 16H | Addr 通信地址 | |
| 17H | FILt 数字滤波 | |
| 18H** | AMAn 手动 / 自动选择 | 0：MAN；1：Auto；2：FMAn；3：FAut |
| 19H | Loc 参数封锁 | |
| 1AH** | MV 手动输出值 | |
| 1BH | Srun 运行 / 停止选择 | 0：run；1：StoP；2：HoLd |
| 1CH | CHYS 控制回差 | 单位同测量值 |
| 1DH | At 自整定选择 | 0：OFF；1：on；2：FoFF |
| 1EH | SPL 给定值下限 | 单位同测量值 |
| 1FH | SPH 给定值上限 | 单位同测量值 |
| 20H | Fru 单位及电源频率 | 0：50C；1：50F；2：60C；3：60F |
| 21H | OHEF OPH 有效范围 | 单位同测量值 |

续表

| 参数代号 | AI-518/518P | 说 明 |
|---|---|---|
| 22H | Act 正 / 反作用 | 0：rE；1：dr；2：rEbA；3：drbA |
| 23H | AdIS 报警选择 | 0：OFF；1：on |
| 24H | Aut 冷输出规格 | 0：SSR；1：rELy；2：0 ～ 20；3：4 ～ 20 |
| 25H | P2 冷输出比例带 | 单位同测量值 |
| 26H | I2 冷输出积分时间 | s |
| 27H | d2 冷输出微分时间 | 0.1s |
| 28H | Ctl2 冷输出周期 | 0.1s |
| 29H | Et 事件输入类型 | 0：nonE；1：ruSt；2：SP1.2；3：PId2 |
| 2AH*** | SPr 升温速率限制 | 测量值单位 /（min）（需等同测量值进行单位处理） |
| 2BH* | Pno 程序段数 | 整数 |
| 2CH* | PonP 上电选择 | 0：Cont；1：StoP；2：run1；3：dASt；4：HoLd |
| 2DH* | PAF 程序参数 | 功能见说明书 |
| 2EH* | Step 程序段号 | 整数 |
| 2FH* | 已运行时间 | 0.1 分或 0.1 小时，由 PAF 参数决定 |
| 30H* | 事件输出状态 | 0：无事件输出；1：事件 1（AL1）动作；2：AL2 动作；3：AL1 及 AL2 动作 |
| 31H** | OPrt 软启动时间 | |
| 32H** | Strt 阀门转动时间 | 定义阀门转动需要的时间 |
| 33H** | SPSL 外给定下限 | 当外给定输入口用于测量阀门反馈信号时，给定阀门定位值 1 |
| 34H** | SPSH 外给定上限 | 当外给定输入口用于测量阀门反馈信号时，给定阀门定位值 2 |
| 35H** | Ero 故障输出值 | 定义传感器输入故障或超量程时，温控器的控制输出值 |
| 36H** | AF2 | 功能参数 2 |
| 37H ～ 3FH | 备用 | |
| 40H ～ 47H | EP1 ～ EP8 | |
| 48H** | 阀门位置（只读） | 数值 0 ～ 25600 对应 0 ～ 100%，读取数除以 256 为百分比数 |
| 49H ～ 4FH | 备用 | |
| 50H ～ 51H | SP1、t1 | SP1 为给定值 1，t1 为首段程序值 |
| 52H ～ | SP2 ～程序段数据，数量由 Pno 参数定义 | |

（2）读取温控器的参数

AI 温控器通信协议规定，地址代号为两个相同的字节，数值为：温控器地址 +80H。如：温控器参数 ADDR=10（16 进制数为 OAH，0A+80H=8AH），则该温控器的地址代号为 8AH 8AH；温控器参数 ADDR=1（16 进制数为 01H，01+80H=81H），则该温控器的地址代号为 81H 81H（16 进制发送时，直接写 8181）。

如读取温控器的 CtrL 控制方式（06H 参数），按读取指令：地址代号 +52H+ 要读的参数代号 +0+0+ 校验码。要读的参数为 06H，本例温控器的地址为 1，则读指令为：81 81 52 06 00 00 CRC 校验码。

读指令的校验码计算方法：要读参数的代号×256+82+ADDR。

本例 ADDR 为 1，要读的参数代号为 06H，则：06×256+82+1 =1619（16 进制为 0653H），调整为低字节在前，高字节在后，即为 53 06。

打开串口调试工具，先选择对应的串口，其余的设置如图 6-15 所示，所有的设置要与电脑 COM 口的设置一致。在发送框中输入“81 81 52 06 00 00 53 06”8 个字节，然后点击“打开串口”按钮，再点击“发送”按钮，若通信正常，温控器会返回一组数据。只要是读或写，温控器都返回以下 10 个字节数据，即：测量值 PV 低位 + 测量值 PV 高位 + 给定值 SV 低位 + 给定值 SV 高位 + 输出值 MV+ 报警状态 + 所读参数值低位 + 所读参数值高位 + CRC 校验码低位 + CRC 校验码高位。

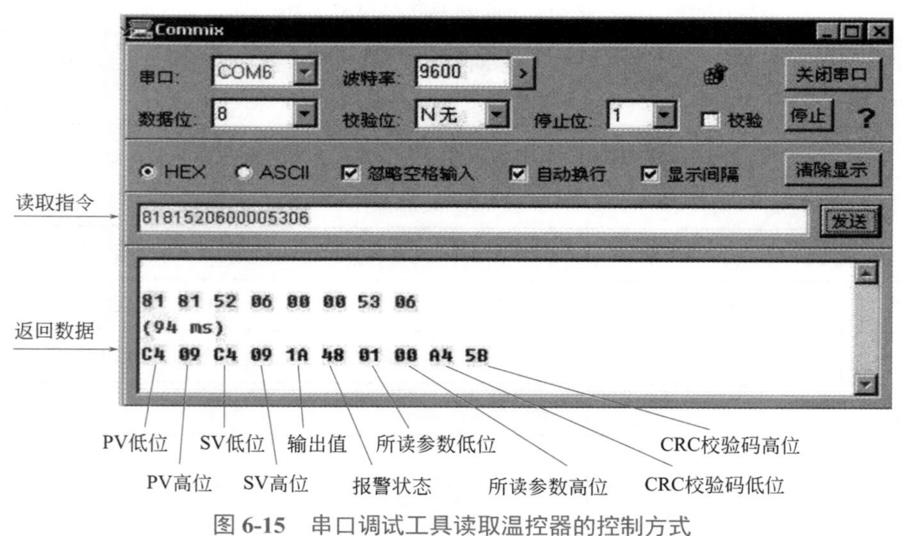


图 6-15 串口调试工具读取温控器的控制方式

本例的返回数据为：C4 09 C4 09 1A 48 01 00 A4 5B，则 PV= 09 C4= 十进制 250.0℃，SV=09 C4= 十进制 250.0℃，MV 占一个字节，按 8 位有符号二进制数格式，数值范围 -110 ～ +110，MV= 十六进制 1A= 十进制 26。状态位占一个字节，十六进制 48= 十进制 72。所读参数值控制方式 CtrL=00 01= 十进制 1，为 APID 控制方式。校验码占 2 个字节，共 10 个字节。

### （3）写入（修改）温控器的参数

温控器的写指令为：地址代号 +43H（67）+ 要写的参数代号 + 写入数低字节 + 写入数高字节 + 校验码。要修改温控器的上限报警 HIAL 为 415℃，由于有小数点应按 4150 换算成十六进制，则为 10 36。若温控器的地址为 1，在发送框中输入 81 81 43 01 36 10 7A 11，本例温控器返回的数据为 B9 09 C4 09 4F 48 36 10 03 6C，如图 6-16 所示，则 PV= 09 B9= 十进制 248.9℃，SV=09 C4= 十进制 250.0℃，输出值 MV= 4F= 十进制 79，报警状态位 =48= 十进制 72，所写参数值上限报警 HIAL=10 36 = 十进制 415.0℃，校验码为 7A 11。

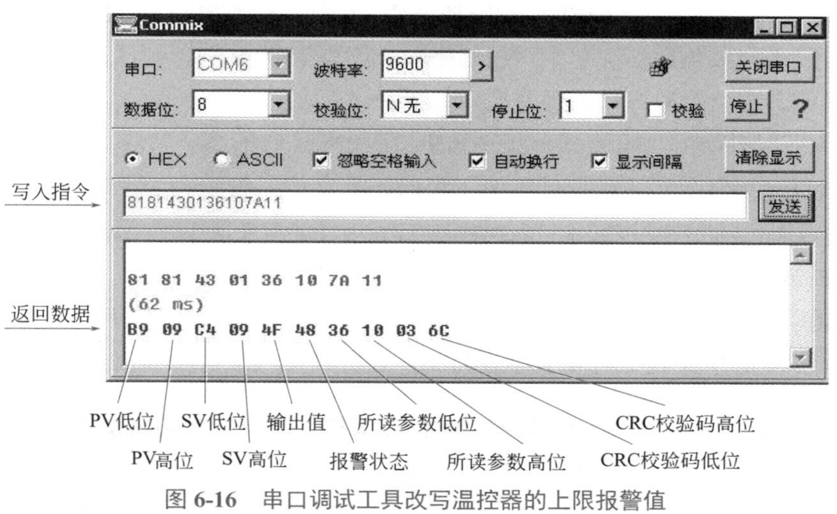


图 6-16 串口调试工具改写温控器的上限报警值

## 知识扩展

AIBUS 通信校验码的计算

校验码采用 16 位求和校验方式。

① 读指令的校验码计算方法 要读参数的代号 ×256+82+ADDR。

例如：ADDR 为 1，要读的参数代号为 00，则：00×256+82+1=83（16 进制为 0053H）。然后调整为低字节在前，高字节在后，即为 53 00。

② 写指令的校验码计算方法 以下公式做 16 位二进制加法计算得出的余数（溢出部分不处理）：要写的参数代号 ×256+67+ 要写的参数值 +ADDR。

例如：ADDR 为 1，要读的参数代号为 00，要写的参数值为 1000。则：00×256+67+1000+1= 1068（16 进制为 042CH）。然后调整为低字节在前，高字节在后，即为 2C 04。

注意：以上公式中 ADDR 为温控器地址参数值，范围是 0 ～ 80（注意不要加上 80H）。校验码为以上公式做二进制 16 位整数加法后得到的余数，余数为 2 个字节，其低字节在前，高字节在后。要写的参数值用 16 位二进制整数表示。

③ 返回校验码　为 PV+SV+（报警状态 ×256+MV）+ 参数值 +ADDR，按整数加法相加后得到的余数。计算校验码时，每 2 个 8 位字节组成 1 个 16 位二进制整数进行加法运算，溢出数忽略，余数作为校验码。

例如：E3 00 FA 00 64 60 FA 00 3C 63。PV=227，SV=250，报警状态 =96，MV=100，参数值 =250，ADDR=1，则：227+250+(96×256+100)+250+1=25404（16 进制为 633CH），然后调整为低字节在前，高字节在后，即为 3C 63。

## 6.5.3　金立石 XM 温控器通信工具的使用

XM 温控器使用的是 MODBUS-RTU 通信协议，数据格式为：8 个数据位、1 个停止位、无校验位，发送与接收数据都是十六进制格式。读写指令格式详见厂家提供的 MODBUS 通信协议说明，现仅对写入数据做介绍。

温控器的写指令为：温控器地址 +06H+ 写入参数地址高字节 + 写入参数地址低字节 + 写入数据高字节 + 写入数据低字节 + 校验码高字节 + 校验码低字节。

若要把温控器的上限报警值（HIAL）修改为 1000℃，可以使用温控器通信工具进行操作。温控器通信工具局部界面如图 6-17 所示。在“串口设置”对话框中设置串口及协议格式如图所示。在“通讯参数”对话框中点选 ModBus，设置仪表地址为 1，参数地址为 01H，协议指令为 06，参数值为 10000；点击“打开端口”，再点击“通信参数”

图 6-17　XM 温控器通信工具局部界面图

对话框中的“发送数据”，通讯工具经过计算把写指令输出至“发送区”窗口中，并对温控器进行参数的写入，同时在“接收区”窗口中显示温控器返回的数据：01 06 00 01 27 10 C2 36。06 指令写入数据时，发送与返回的数据是一致的。“报文解释”窗口显示：下写成功。检查温控器的设置，上限报警值已从原来的 980℃修改为 1000℃了。

## 6.6 组态软件与温控器通信

用温控器做下位机，上位机用计算机及组态软件，采用 RS485 通信，就可组成中小规模的 DCS，如图 6-18 所示。中小规模 DCS 用的组态软件，很多温控器厂都有产品，如宇电 AIDCS、金立石 GSDCS 等。或采用组态软件，如组态王、紫金桥、力控、昆仑通态、世纪星等，组态软件支持的温控器及通信协议很多，为 DCS 组态提供了方便。

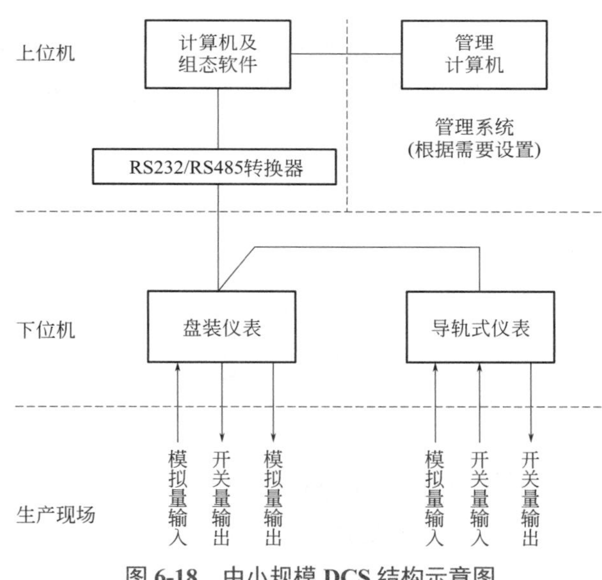


图 6-18 中小规模 DCS 结构示意图

用组态王与 AI 温控器通信的步骤如下。

### （1）先新建工程

打开组态王，出现的界面是“工程管理器”，单击菜单栏的“新建”按钮，出现图 6-19 的窗口。单击“下一步”弹出“新建工程向导之二”对话框，选择工程所在路径，单击“下一步”弹出“新建工程向导之三”对话框，在工程名称框中输入工程名称后，单击“完成”会弹出“是否将新建的工程设为当前工程？”对话框，点“否”即可。如图 6-20 所示。

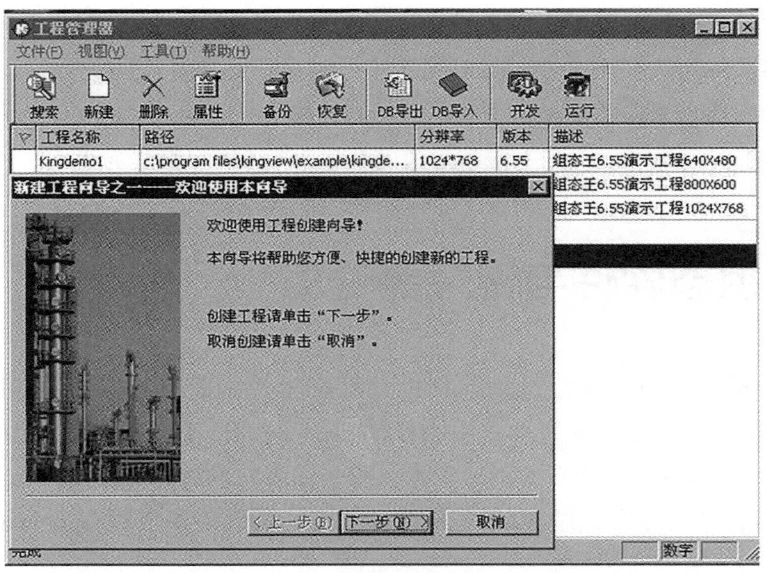


图 6-19　工程管理器及新建工程向导对话框

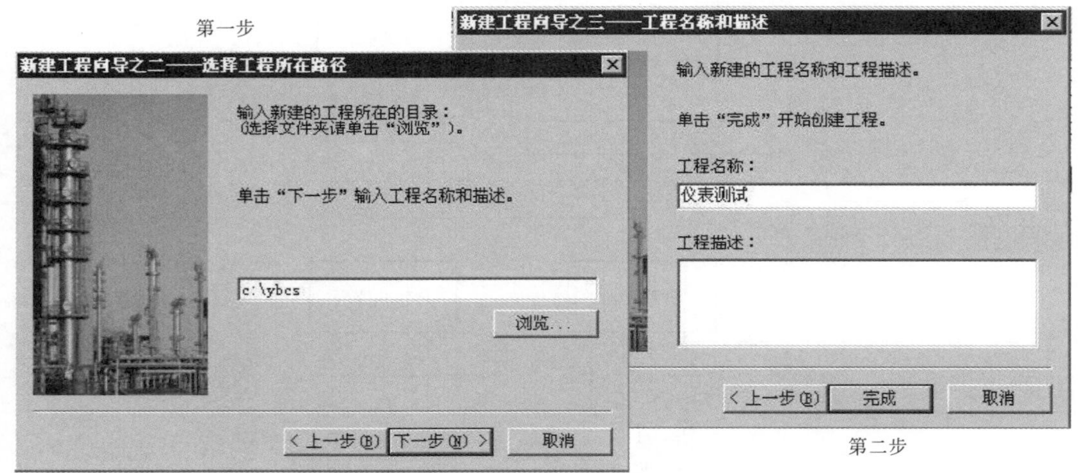


图 6-20　选择工程路径及工程名称对话框

### （2）在工程浏览器中定义 I/O 设备

单击工程管理器菜单栏的“开发”按钮，进入组态王的开发系统。选择工程浏览器左侧大纲项的“设备 \COM*x*”，在工程浏览器右侧用鼠标左键双击“新建”图标，运行“设备配置向导”，选择智能温控器→宇光→ AI 系列→串口，如图 6-21 所示。单击“下一步”，出现“逻辑名称”对话框，填入名称，如 IO 设备；单击“下一步”，出现“选择串口号”对话框，填入与温控器相连的串口，如 COM6；单击“下一步”，出现“设备地址设置指南”对话框，填入温控器的地址，如 1；单击“下一步”，出现“通信参数”对话框，用默认值；单击“下一步”，出现“信息总结”对话框，如图 6-22 所示；单击“完成”，就完成了设备配置。

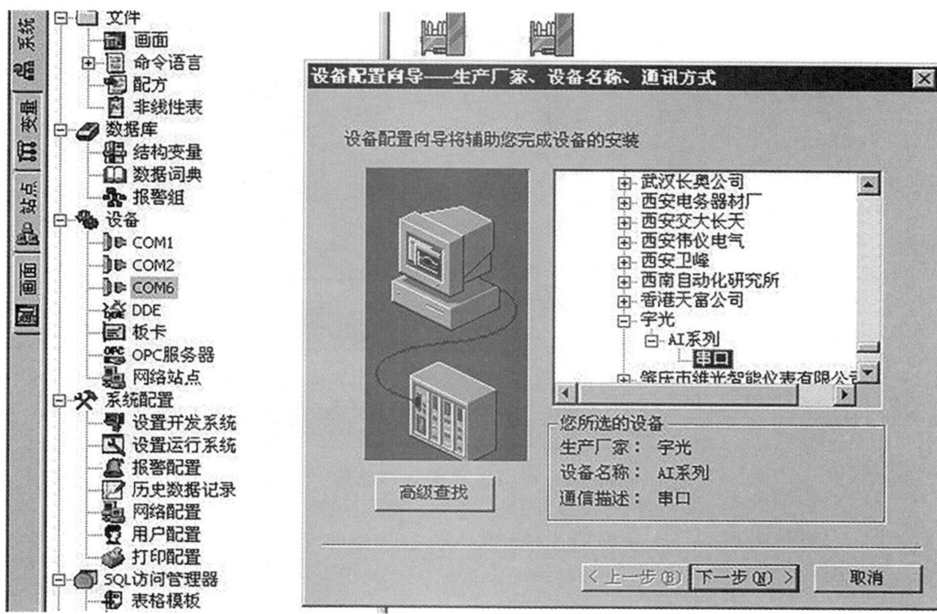


图 6-21　设备配置向导对话框

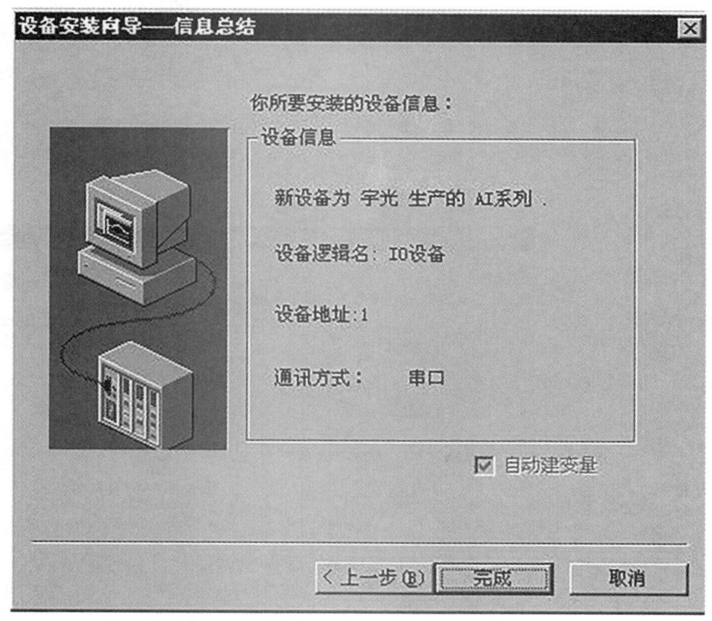


图 6-22　设备安装完成对话框

双击工程浏览器左侧大纲项设备中的 COM6，将出现“设置串口”对话框，设波特率为“9600”，奇偶校验“无校验”，数据位“8”，停止位“1”，通信方式“RS485”，设置好后如图 6-23 所示，单击“确定”。

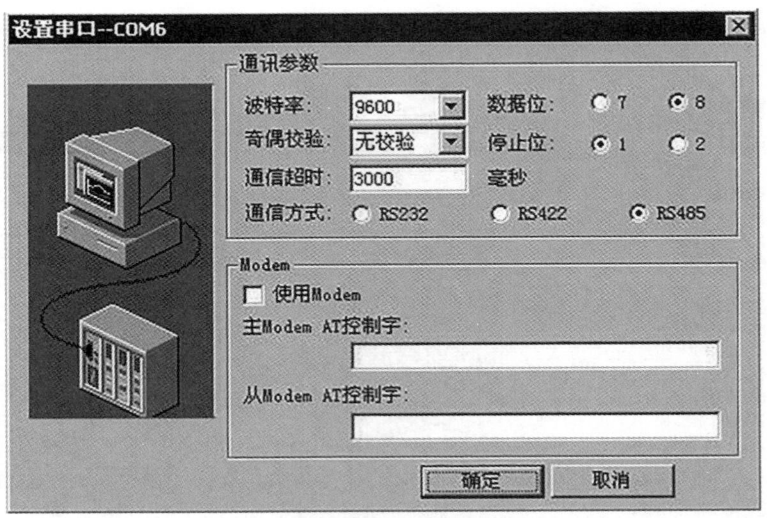


图 6-23　串口设置参数对话框

小经验 

MODBUS 通信协议温控器定义 I/O 设备的方法

大多数温控器使用的是 MODBUS 通信协议，如果在组态软件中找不到驱动时，可以在工程浏览器中运行设备配置或安装向导，选择 PLC→莫迪康→ Modbus RTU → COM（串口），如图 6-24 所示。单击“下一步”后，其余的步骤按图 6-21 ～图 6-23 进行操作即可。

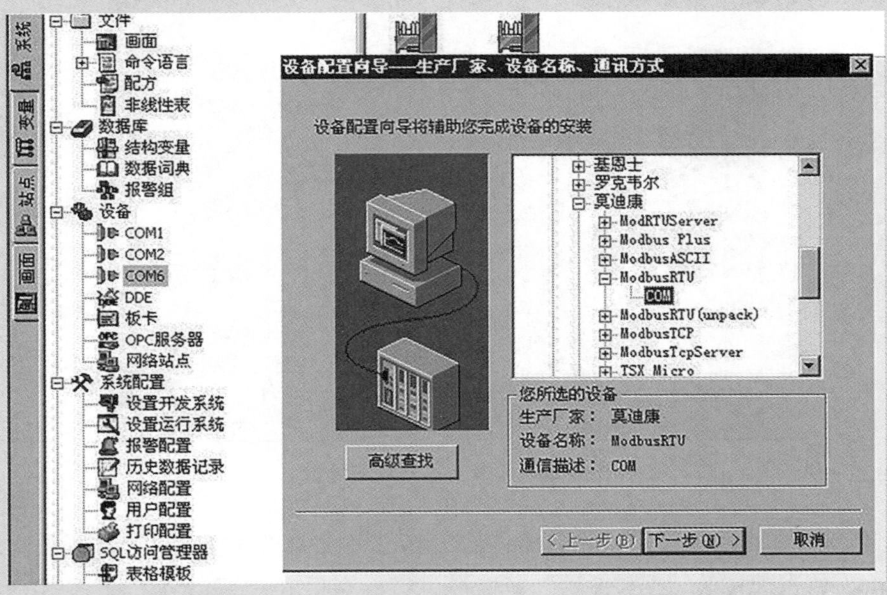


图 6-24　MODBUS 通信协议温控器定义 I/O 设备的方法

（3）构建数据库

① 定义测量值 PV　选择工程浏览器左侧大纲项“数据库 \ 数据词典”，在工程浏览器右侧用鼠标左键双击“新建”图标，弹出“定义变量”对话框，如图 6-25 所示。在变量名中输入 yb，变量类型选择 I/O 实数，输入最小值和最大值、最小原始值和最大原始值，在连接设备中选择 IO 设备，寄存器应根据温控器协议进行输入，如本例是读取测量值 PV，寄存器设为 V1，数据类型定义为 USHORT。单击“确定”即可。

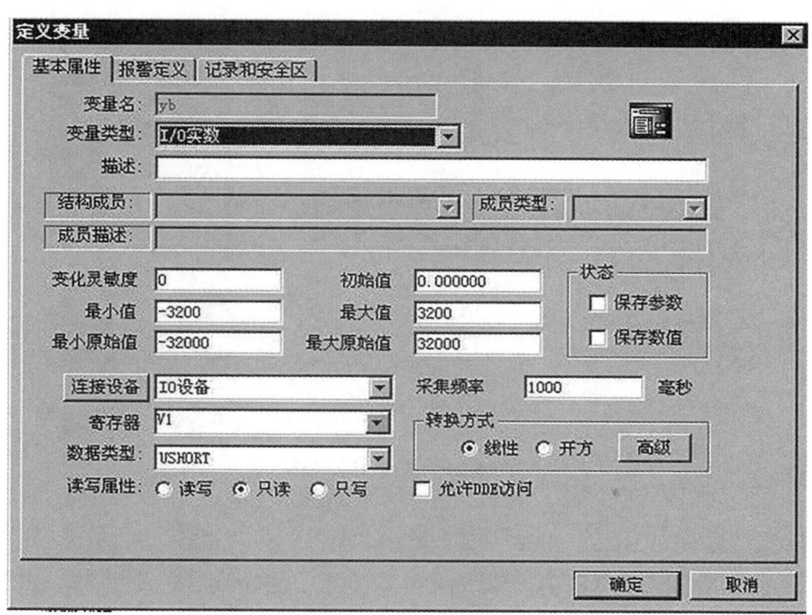


图 6-25　定义变量对话框

**小经验**

上位机显示数值的小数点问题

用组态王与温控器通信时，常会遇到上位机显示时没有小数点的问题，如 250.5 会显示为 2505，有时设置了小数后又会显示为 250 或者 250.0，后者小数点后的 0 不会变化。通常的解决办法是：把最小原始值和最大原始值设置为比输入最小值和最大值大 10 倍，如图 6-25 中的数值。但有时设置了 10 倍的关系，仍解决不了问题，其原因是把组态王中的帮助文档 I/O 整型理解为整数，变量类型被设置成 I/O 整数所致，只需将变量类型设置为 I/O 实数，小数点即可正常显示。

② 定义给定值 SV　仍按以上方法新建一个“给定变量”，在变量名中输入“给定”，数据基本与图 6-25 的相同，但要把寄存器设为 R00，由于需要对给定值进行修改，故读写属性应选择为读写。

（4）组态显示画面

选择工程浏览器左侧大纲项“文件\画面”，在工程浏览器右侧用鼠标左键双击“新建”图标，弹出“新画面”对话框，在“画面名称”中输入“ybcs”，单击“确定”就进入了画面开发系统，如图6-26所示。从“工具箱”中选择文本图标T，此时鼠标变成“I”形状，在画面上单击鼠标左键，输入“仪表测试”及“####”等文字。

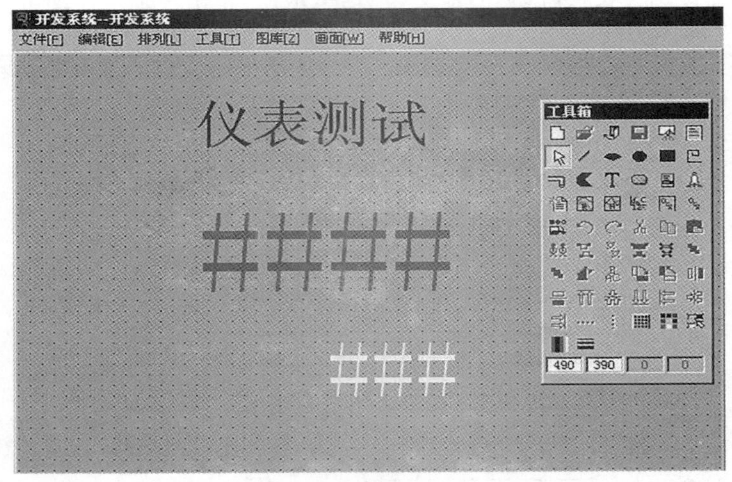


图6-26　画面开发系统

① 测量值的连接　双击“####”文本对象，弹出“动画连接”对话框，如图6-27所示，在“值输出”中单击“模拟值输出”按钮，弹出“模拟值输出连接”对话框，如图6-28所示，

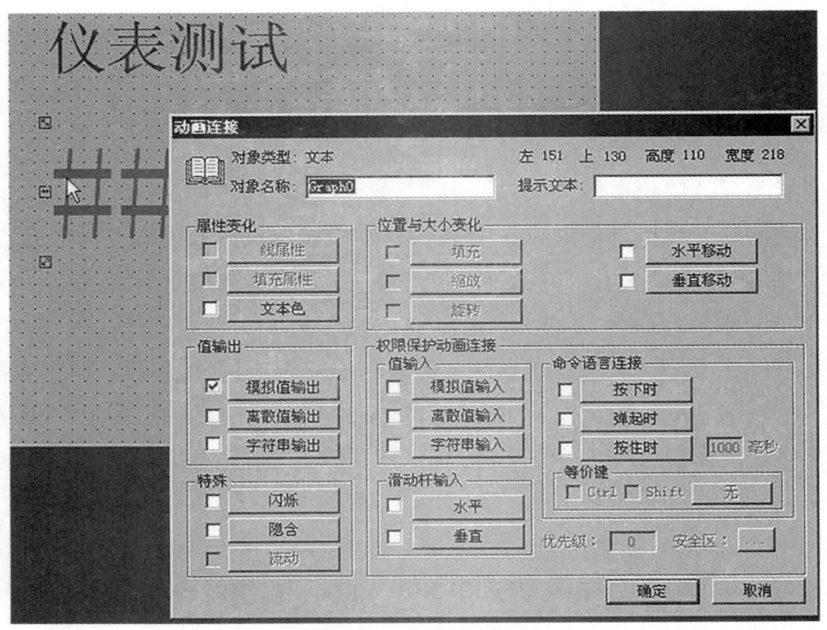


图6-27　动画连接对话框

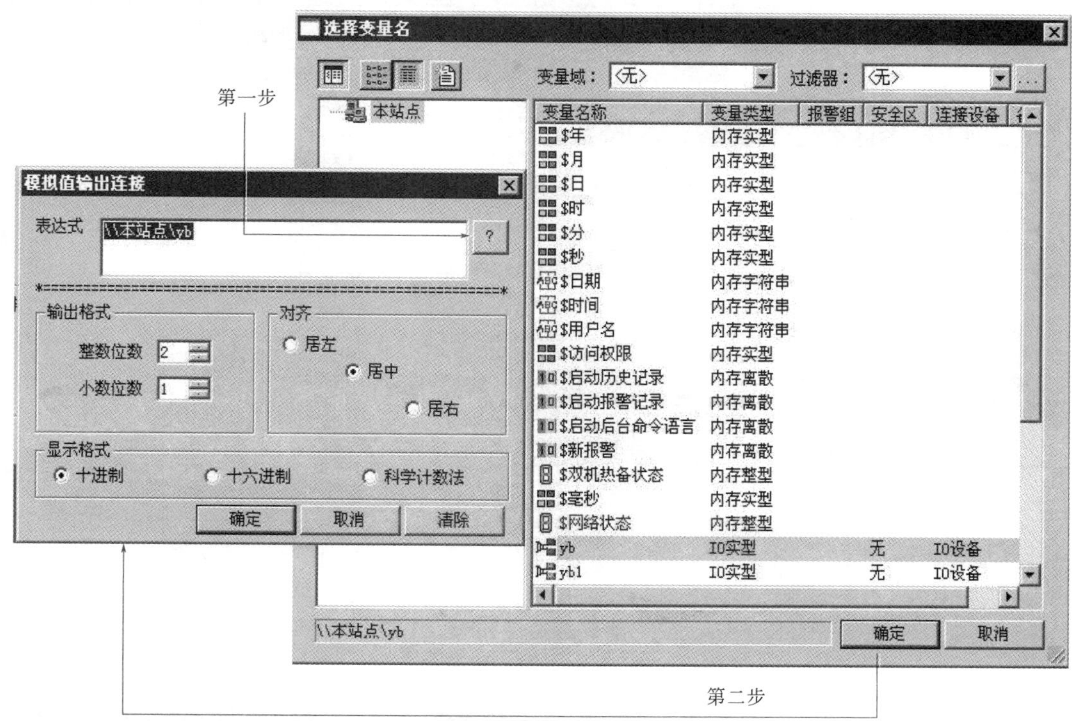


图 6-28　测量值的动画连接

可设置小数位数、显示格式；单击“表达式”右侧的“？”按钮，弹出“选择变量名”对话框，选中“选择变量名”对话框中的变量 yb，单击“确定”后又自动返回到“模拟值输出连接”对话框，此时“表达式”对话框中显示“\\ 本站点 \yb”，单击“确定”就完成了测量值 PV 的动画连接。

② 给定值的连接　双击“###”文本对象，弹出“动画连接”对话框，仍如图 6-27 所示。先在“值输出”中单击“模拟值输出”按钮，弹出“模拟值输出连接”对话框，再单击“表达式”右侧的“？”按钮，弹出“选择变量名”对话框，如图 6-29 所示；选中“选择变量名”对话框中的变量“给定”，单击“确定”后又自动返回到“模拟值输出连接”对话框，此时“表达式”对话框中显示“\\ 本站点 \ 给定”，单击“确定”就完成了给定值 SV 的读取连接。

然后在“值输入”中单击“模拟值输入”按钮，弹出“模拟值输入连接”对话框，再单击“表达式”右侧的“？”按钮，弹出“选择变量名”对话框，如图 6-30 所示；选中“选择变量名”对话框中的变量“给定”，点“确定”后又自动返回到“模拟值输入连接”对话框，此时“表达式”对话框中有了“\\ 本站点 \ 给定”。在“提示信息”中输入：请输入，在“值范围”中输入最大及最小值，单击“确定”就完成了给定值 SV 的写入连接。

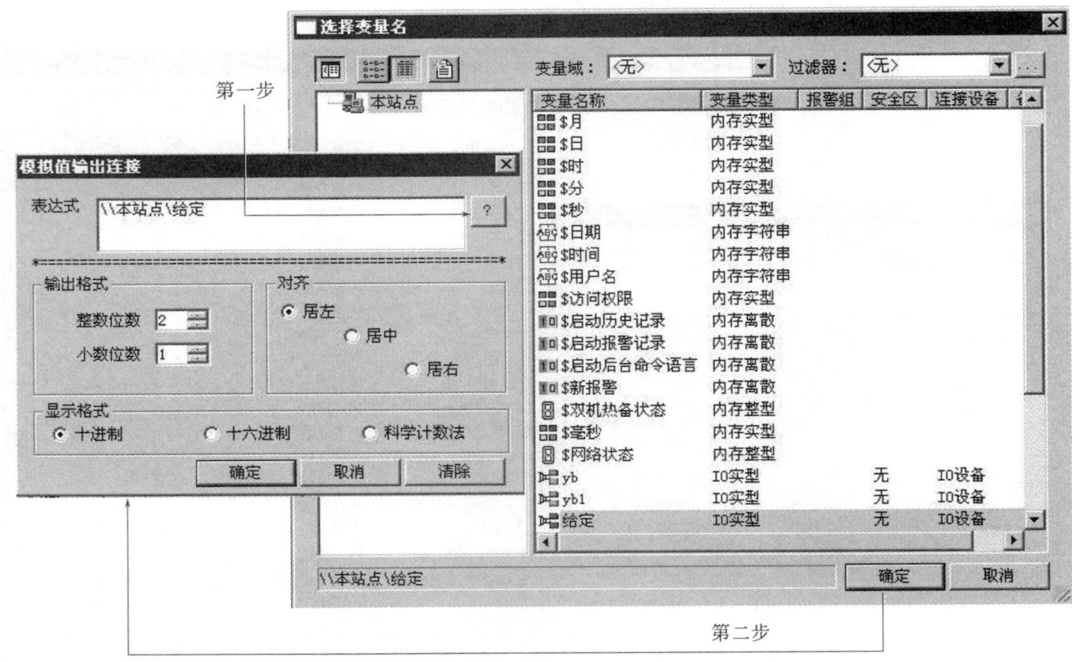


图 6-29　给定值输出连接

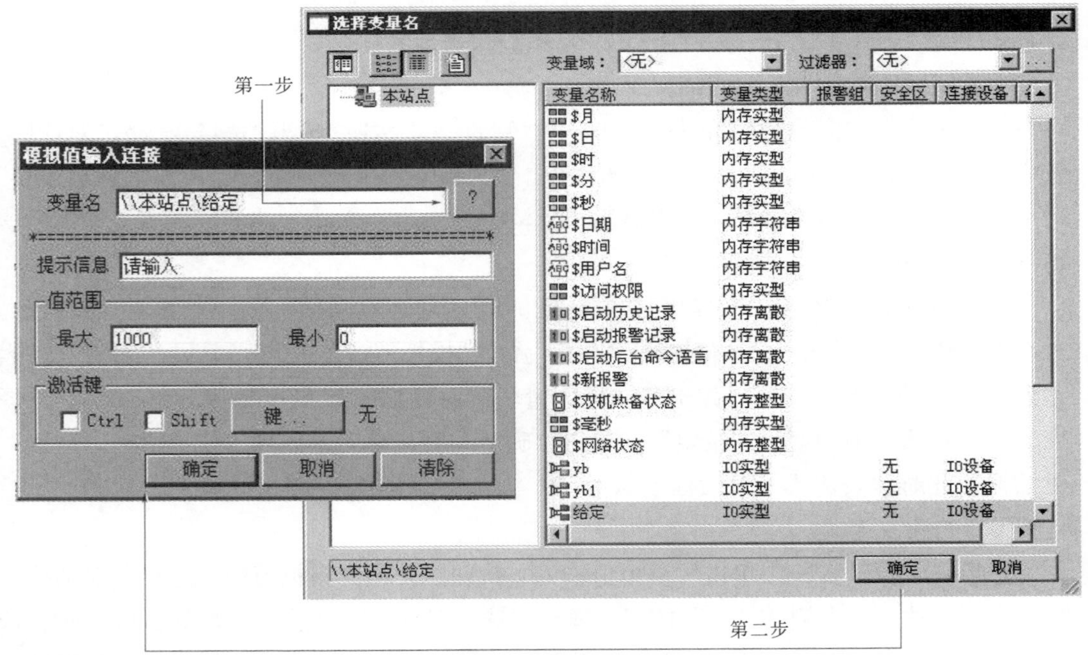


图 6-30　给定值输入连接

（5）测试画面显示

组态完成后，单击工程浏览器菜单栏上的“VIEW”按钮，进入运行系统，打开“ybcs”画面，PV 值的显示如图 6-31 所示。要修改给定值时，把光标移到给定值

SV 上会出现一个双线框，单击弹出“请输入”对话框，单击相应的数字按钮输入要修改的给定值（如 260），单击“确定”，SV 显示值变为修改值，同时温控器的给定值也将变为修改值。

图 6-31　温控器测量值和给定值显示画面

## 6.7 触摸屏（HMI）与温控器通信

触摸屏与温控器通信时，触摸屏是主站，温控器是从站。以威纶通触摸屏读取 AI 温控器的测量值为例，介绍操作步骤。打开 EasyBuilder8000 软件，建立一个新工程文件，选择所用的 HMI 机型做编辑画面，单击“确定”就弹出“系统参数设置”画面，如图 6-32 所示，单击“新增”按钮，弹出“设备属性”窗口，如图 6-33 所示，PLC 类型选择“YUDIAN AIBUS”，这实际是选择驱动，接口类型选择“RS-485 2W”，通信端口的设置如图中所示，PLC 预设站号就是温控器的地址，本例为 1，单击“确定”就完成了通信设置。

接下来就是触摸屏画面的设计，即建立窗口并放置所需元件，可使用画图工具画出需要的图形。本例仅选择一个方框来显示温控器的测量值，单击方框，方框四周将出现 8 个黑色小方块，单击右键选择“属性”，弹出“数值元件属性”窗口，进行相关的设置，如图 6-34 所示，图中的“地址”是指要读取的参数代号。单击“确定”就完成了画面的设置。

每个工程文件在下载至 HMI 前，都需要编译成 exob、xob、cxob 的文件格式。单击菜单栏的“工具”→“编译”，编译中出现错误会有失败的提示，双击错误信息，可修改对应元件属性，来更正错误。

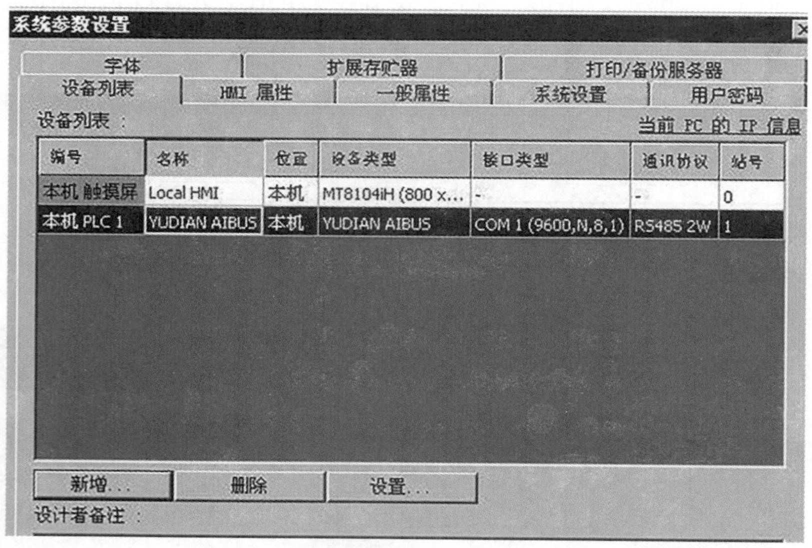


图 6-32 系统参数设置窗口

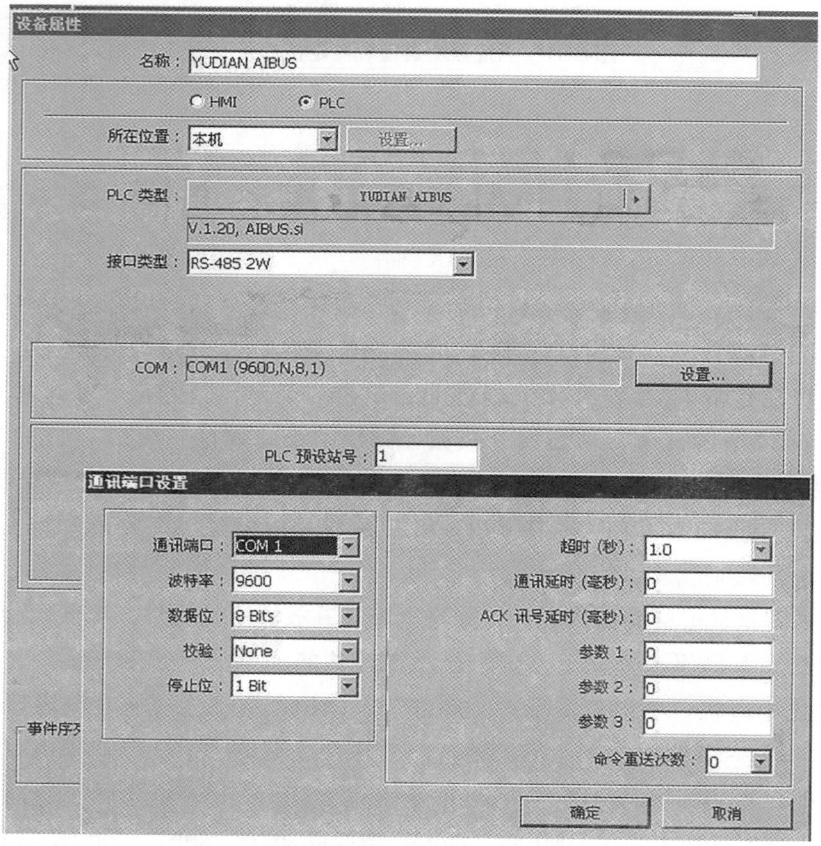

图 6-33 设备属性窗口

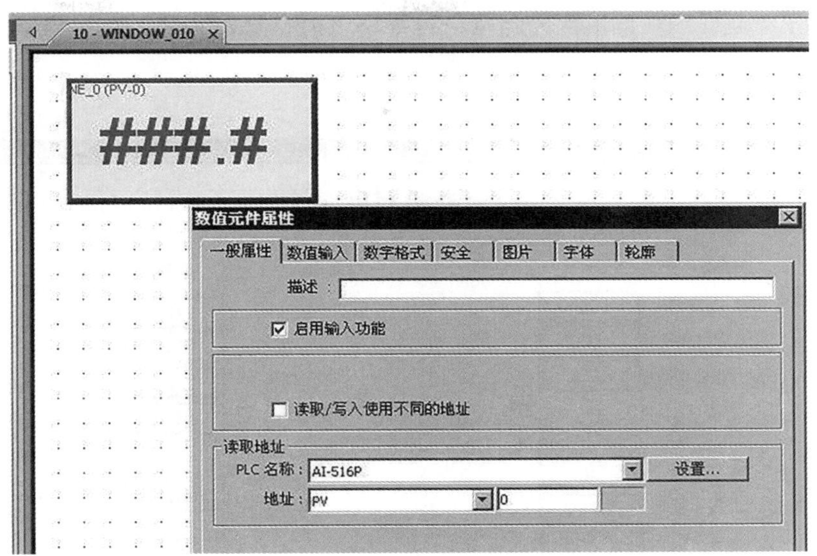


图 6-34　数值元件属性的设置

最后就是进行模拟程序并验证操作。EasyBuilder8000 有在线模拟和离线模拟两种方式。通常可进行在线模拟，图 6-35 是在线模拟的截图。

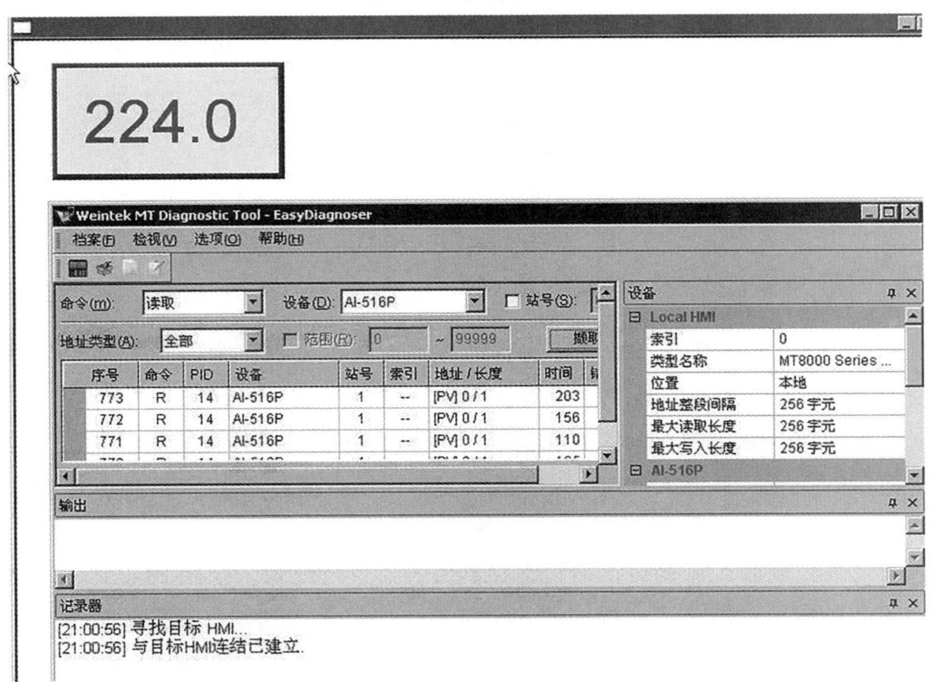


图 6-35　在线模拟截图

掌握了以上方法，就可以扩展应用了，图 6-36 是个实例。操作方法与之前是一样的，只是多了一些需要读取和写入的参数，也就多了一些操作步骤。本例所用温控器型号为 516P，但程序在读取温控器型号特征字 P 时，显示为 7。所以 516P 就成了图中的 5167。

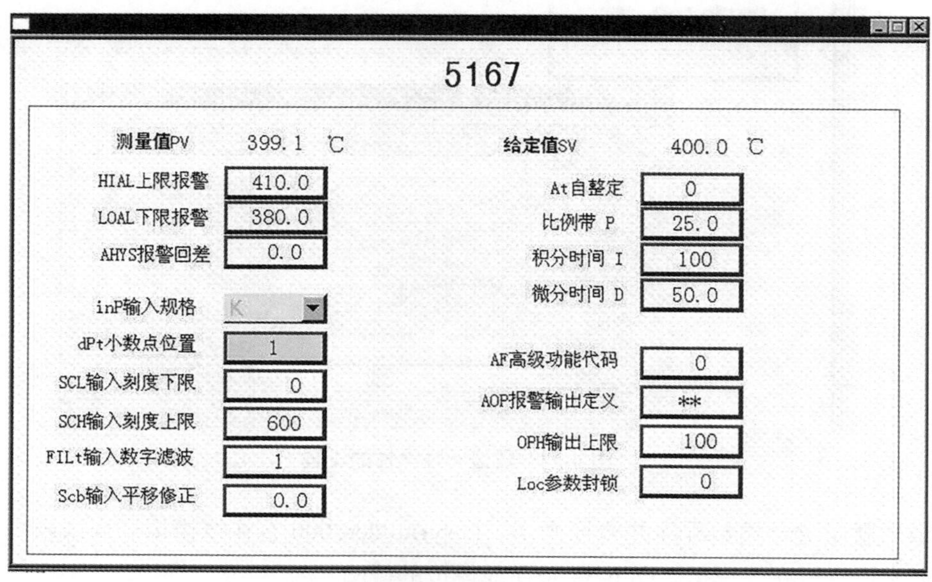


图 6-36　温控器部分参数在 HMI 上的显示

# 6.8　PLC 与温控器通信

## 6.8.1　海为 PLC 与温控器通信

打开海为的 Haiwell Happy PLC 编程软件，新建一个 PLC 程序项目。然后选择串行通信指令 COMM，双击 COMM 程序块，弹出该程序块的设置窗口，图 6-37 是 COMM 程序块设置窗口及通信协议的设置示意图。对所有的项目进行设置后，单击“确定”就完成了通信的设置，此时 COMM 程序块将显示出所设置的参数，如图 6-38 所示。应注意电脑的 COM 端口的设置要与其一致，否则通信会失败。

通信设置完成后，需要对“初始寄存器值表”进行设置，这样 PLC 才知道要读取温控器的什么参数。本例是读取温控器的给定值，所以输入初始寄存器值表中的就是读指令，即地址代号 +52H+ 要读的给定值代号 +0+0+ 校验码。本例被读 AI 温控器的地址为 1，则应输入 81 81 52 00 00 00 53 00。表中：V1000 表示所读温控器的地址为 1；V1001 是 52；V1002 是给定值代号 00；V1003 是校验码 53。注意输入每组数据时高字节在前，低字节在后，如图 6-39 所示。

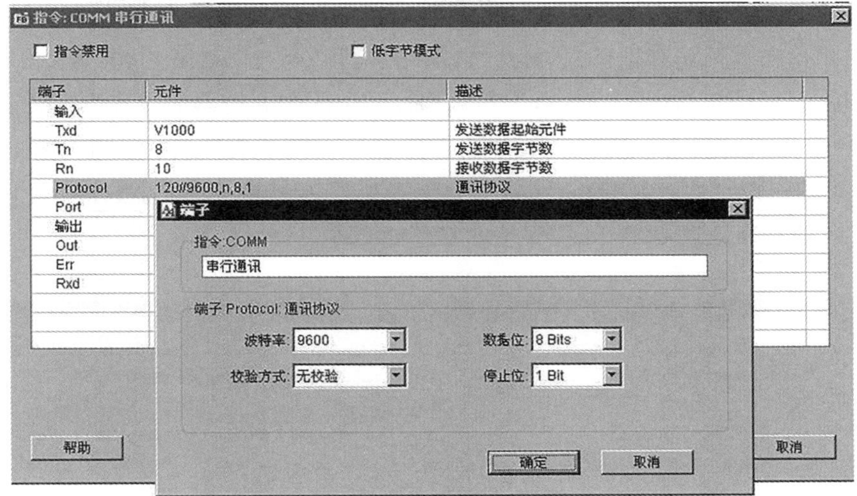


图 6-37 COMM 程序块设置窗口及通信协议的设置

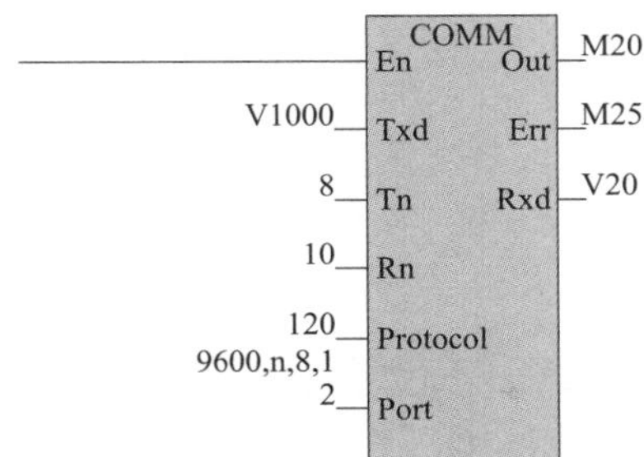


图 6-38 已设置好的 COMM 程序块

| 序号 | 元件 | 16位寄存器值 | 32位寄存器值 | 元件注释 |
|---|---|---|---|---|
| 1 | V1000 | 0x8181 | 0x00528181 | |
| 2 | V1001 | 0x0052 | 0x00000052 | |
| 3 | V1002 | 0x0000 | 0x00530000 | |
| 4 | V1003 | 0x0053 | 0x00000053 | |

图 6-39 初始寄存器值表的设置

初始寄存器值表设置完成，可单击“工程管理器”主菜单上的“调试”按钮来启动仿真器，再单击“通讯仿真器”，弹出“通讯仿真器”窗口，如图 6-40 所示，勾选“使用实际串口”，通信正常温控器会有应答数据返回，图中温控器的应答为：90 0F C4 09 6E 60 C4 09 87 83。把十六进制的 0F90 换算为十进制就是 3984，一位小数精度，测量值 PV=398.4 ℃。把十六进制的 09C4 换算为十进制就是 2500，一位小数精度，则给定值 SV=250.0℃。仿真通信时 COMM 程序块的状态如图 6-41 所示。

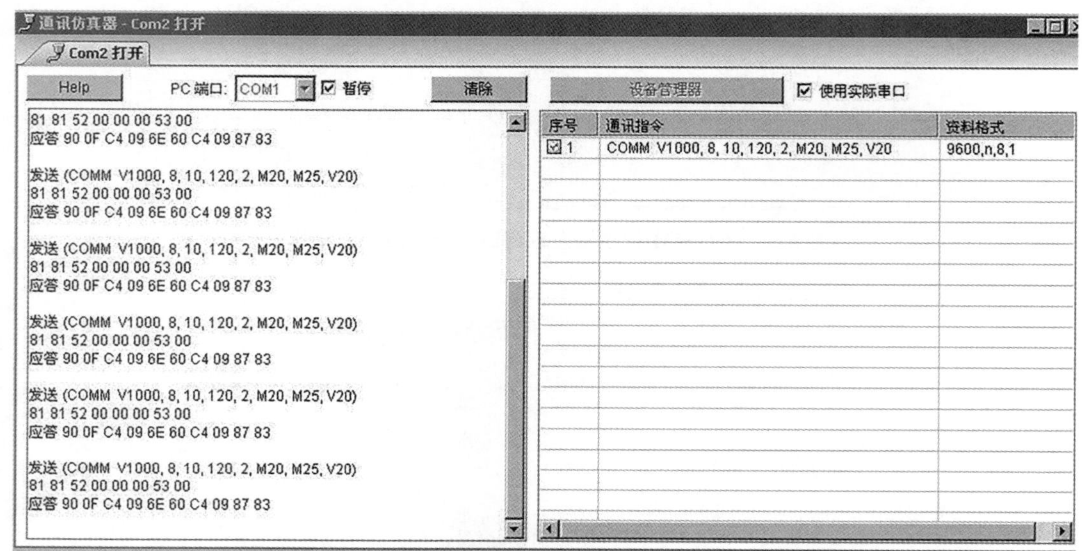


图 6-40 通讯仿真器窗口

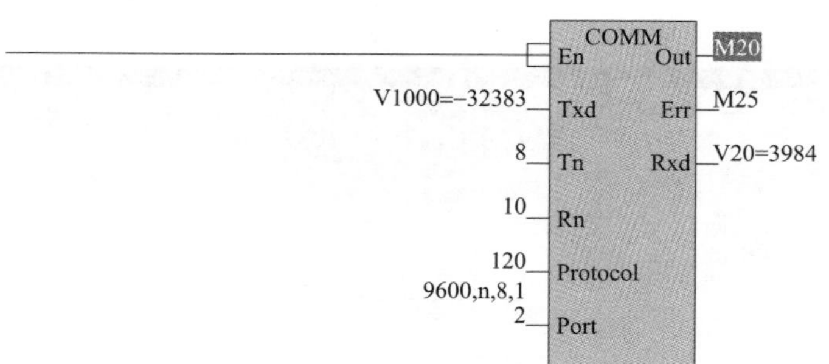


图 6-41 仿真通信时 COMM 程序块的状态

## 6.8.2 西门子 S7-1200 PLC 与温控器通信

① 硬件配置 S7-1200 是主站，DTA 温控器是从站。硬件配置时选择 CPU 为 S7-1214C， 通信模块为 CM1241 RS485，通信端口设置如图 6-42 所示。PLC 与温控器通信端口参数要设置为一致，即设置为：9600， 8，N，1，RTU。

图 6-42 PLC 通信端口设置

② 通信编程 S7-1200 PLC 与温控器进行 MODBUS RTU 通信，是通过程序调用一次 MODBUS 库中的 MB_COMM_LOAD 来组态 CM1241 RS485 通信模块上的端口，对端口的参数进行配置。然后再调用 MODBUS 库中的功能块 MB_MASTER 向温控器发送请求。

程序开始运行时，调用一次 MB_COMM_LOAD 功能块，以实现对 MODBUS RTU 模块的初始化组态。MB_COMM_LOAD 功能块的编程说明如图 6-43 所示。

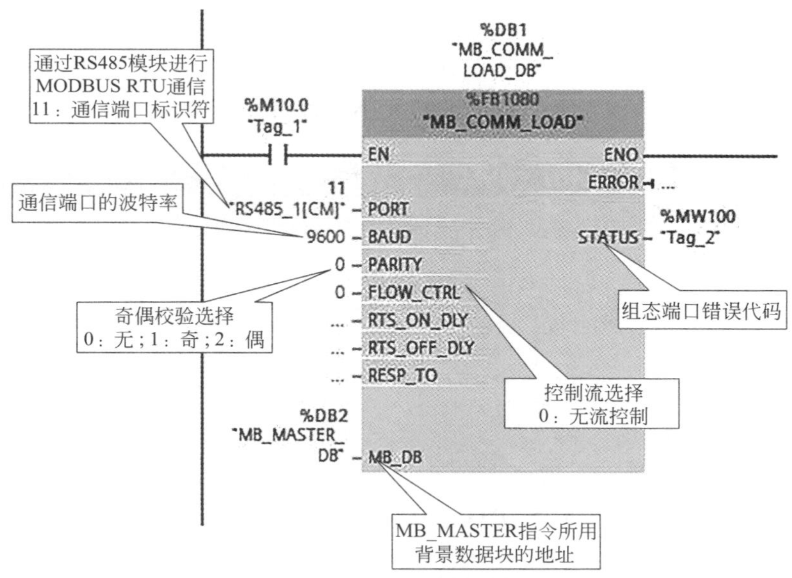


图 6-43 MB_COMM_LOAD 功能块的编程说明

MB_MASTER 功能块允许程序作为 MODBUS 主站，使用 RS485 模块上的端口进行通信，可访问一个或多个温控器中的数据。MB_MASTER 功能块的编程说明如图 6-44 所示，这只是读温控器测量值 PV 的程序。如果要写入给定值 SV，应再增加一个 MB_MASTER 功能块，模式选择 MODE=1，将需要写的数据填写到 DATA_PTR，并执行使能 REQ = 1，将数据写入温控器。

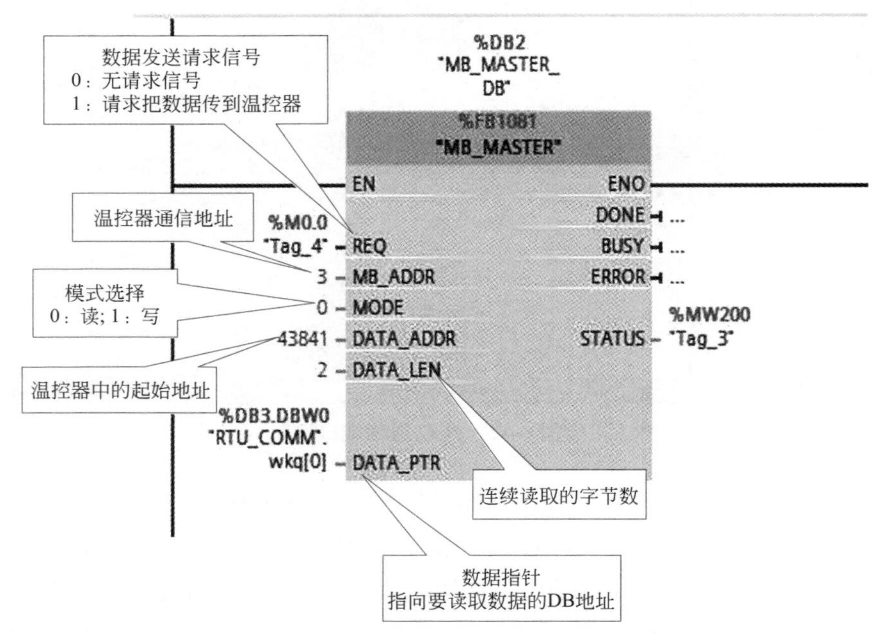


图 6-44　MB_MASTER 功能块编程说明

在插入功能块的过程中，会生成 MB_COMM_LOAD_DB 和 MB_MASTER_DB 两个背景数据块，需要再创建一个发送或接收的数据缓冲区。本例中 DB 块取名为 RTU_COMM， 建好 DB 块后，预先定义数据区的大小，如图 6-45 所示。

Project1 ▸ PLC_1 ▸ 程序块 ▸ RTU_COMM

RTU_COMM

|  | 名称 | 数据类型 | 偏移量 | 初始值 | 保持性 | 注释 |
|---|---|---|---|---|---|---|
| 1 | ▼ Static |  |  |  | ☐ |  |
| 2 | ▸ wkq | Array [0 .. 2] of word | 0.0 |  | ☑ |  |

图 6-45　RTU_COMM 数据区的定义

MB_MASTER 指令可用来选择要寻址的温控器的地址、功能码，或设定本地的数据存储区，但必须按循环周期来调用，即通过指令的输入、输出功能或访问相关背景数据块进行参数的转换，这就叫轮询。交替读、写温控器的寄存器可通过一个时序标志来完成，程序的编写在西门子官网上有详细的视频教程，不再赘述。

**小建议**

用好温控器和 PLC 各自的功能

PLC 的功能很强大，测量回路较多的系统，采用 PLC 进行集中检测和控制具有明显的优势，可大大减少温控器及仪表盘和电线的数量。测量回路不多时采用温控器比较合理。温控器的功能虽然没有 PLC 的多，但温控器的 PID 控制、显示功能都优于 PLC，改变信号类型、量程、调校等操作，用温控器比用 PLC 方便。

PLC 与温控器通信主要用来读取温控器的测量值和写入给定值，或者处理温控器的触点、程序动作等数字信号，这属于两者功能的互补。现场使用中用好温控器和 PLC 各自的功能才是最好的应用。

## 6.9 温控器通信故障的检查及处理

（1）通信故障的检查及处理

① 通信线及转换器的检查　RS485 通信就用一对双绞线，正确的电线物理连接是完成通信的基础，首先要检查接线是否正确，即 A+、B– 线是否正确连接，要确保其为双绞线。通信线路较长时，应在总线的两端加 120Ω 的终端电阻。

RS485 通信大多要用到 RS232/RS485 转换器或 USB/RS485 转换器。通信不正常的问题可能出在转换器上，检查转换器的接线是否正确，有的转换器需要外部供电，有的 USB/RS485 转换器还需要安装驱动程序。可用能正常通信的转换器来代换怀疑有问题的转换器，以判断故障原因。

② 通信参数设置的检查　检查温控器的通信地址、波特率、数据格式（起始位、数据位、校验位、停止位）、通信格式（RTU、ASCII）设置是否正确。检查上位机或电脑的 COM 通信端口的“端口设置”的内容是否与温控器一致。发现错误应进行更正。

③ 使用串口调试工具检查　温控器通信不正常时，使用串口调试工具检查是最常用的手段之一。通过串口调试工具来发送与监视数据，分析问题所在。同时也能判读指令是否有问题，接线是否有错误，具体操作方法见本章第 6.5 节。

④ 相关设备的检查　检查上位机 COM 端口设置是否与所接温控器的通信参数一致，检查 PLC 的 DIP 开关设置是否正确。

（2）通信故障维修实例

实例 1：台达触摸屏与温控仪通信，温度显示正常，通过触屏无法修改温度给定值。

故障检查及处理：从屏上可看出 4700 地址是可以显示测量温度的，但 4701 地址却不能通过触屏修改温控器的温度给定值，每次修改都报错，看来通信正常。问题应该在温控器这端，检查温控器的设置发现 CoSH 通信写许可 / 禁止，被设置为 OFF（禁止），更正为 ON（许可）后，温控器的温度给定值能修改了。DTA、DTB 温控器遇到写入问题时，可检查 CoSH 参数的设置状态。

实例 2：新更换的 NHR1100 温控器出现 RS485 通信超时。

故障检查及处理：通信超时的实质就是没有通信。由于是新换上的表，所以首先检查了地址及波特率的设置，是正确的；再检查发现通信线的正负极接反了，更正接线后通信正常。

# 第7章 温控器的结构及工作原理

## 7.1 温控器的结构

温控器的外形尺寸及型号很多，但其结构都是相似的。外壳与接线端子基本都是集成在一起，内部由多块电路板组成，电路板有采用插座连接的（图 7-1），有采用排线连接的，也有两者兼有的（图 7-2）。从图中可见输出模块都是固定在电路板上，有的可拔插，便于用户更换模块来改变用途；有的则是焊接的，更换模块需要返回仪表厂进行。

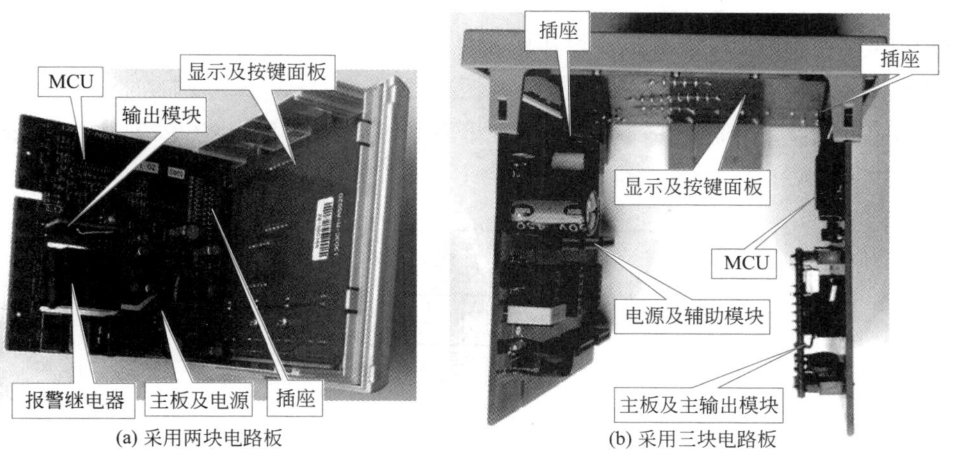

(a) 采用两块电路板
(b) 采用三块电路板

图 7-1　电路板采用插座连接的温控器

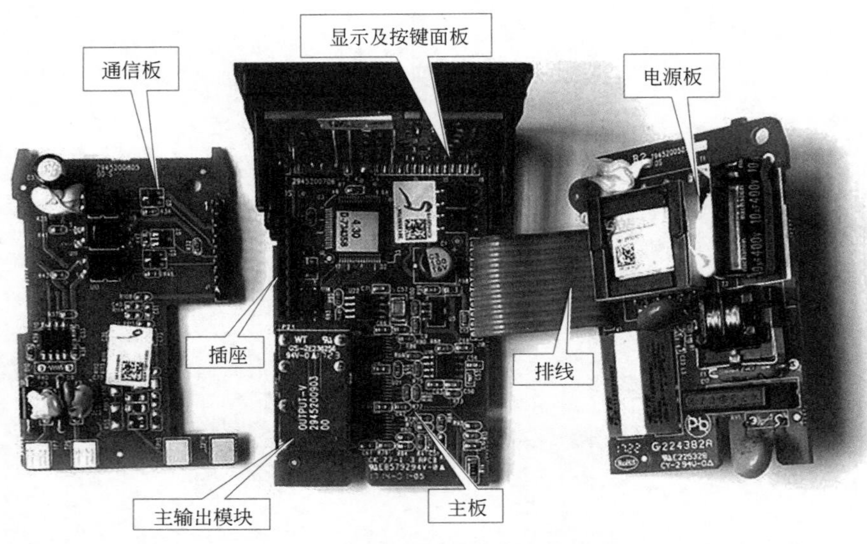


图 7-2　电路板采用插座及排线连接的温控器

# 7.2 温控器的电源电路

## 7.2.1 温控器电源电路的工作原理

温控器的供电电流不大，且都是使用开关电源。开关变压器一次侧逆变电路都是采用小型高集成度的开关电源控制芯片，该类芯片有故障自动保护，如过流、过压、欠压保护，有的还有超温保护电路等。开关电源工作原理如图 7-3 所示。交流电源经过滤波，再通过全波整流和电容滤波后，变为 300V 的直流电压供给开关电源控制芯片，它将输入的直流高压变成脉冲宽度可调的高频脉冲电压，经开关变压器降压后进行半波整流和滤波，或用三端稳压器稳压输出所需的直流电压。温控器允许输入的交流电压为 85 ～ 265V。开关电源控制芯片将振荡电路、PMW 脉宽调制器、MOS 管、反馈信号处理电路等集成在一起。常用的开关电源控制芯片有 TOP221Y、VIPer22A、TEA1622P、MA2830、TNY264 等。

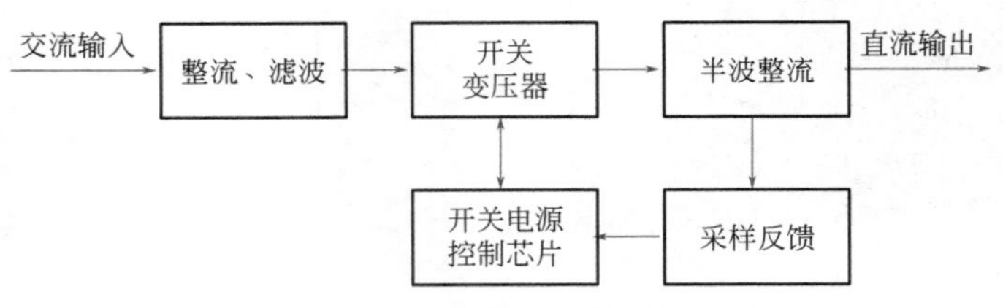


图 7-3　开关电源工作原理方框图

## 7.2.2 温控器的电源电路实例

### （1）旧款AI温控器的电源电路

图 7-4 是旧款 AI-708 温控器的电源电路，该电源采用基本反馈方式。电源控制芯片采用 TOP221Y，它只有 3 只引脚，分别为：源极 S，既是 MOS 管的源极接点，又是开关电源初级回路的公共点和参考点；漏极 D，是 MOS 管的漏极接入点，在启动时提供内部偏置电流；控制极 C，它是占空比控制误差放大器和反馈电流的输入端，启动时由内部高压电流源提供内部偏置电流，在正常工作时输入反馈控制电流，同时用作电源旁路电容器和自动启动 / 补偿电容器的接入点。

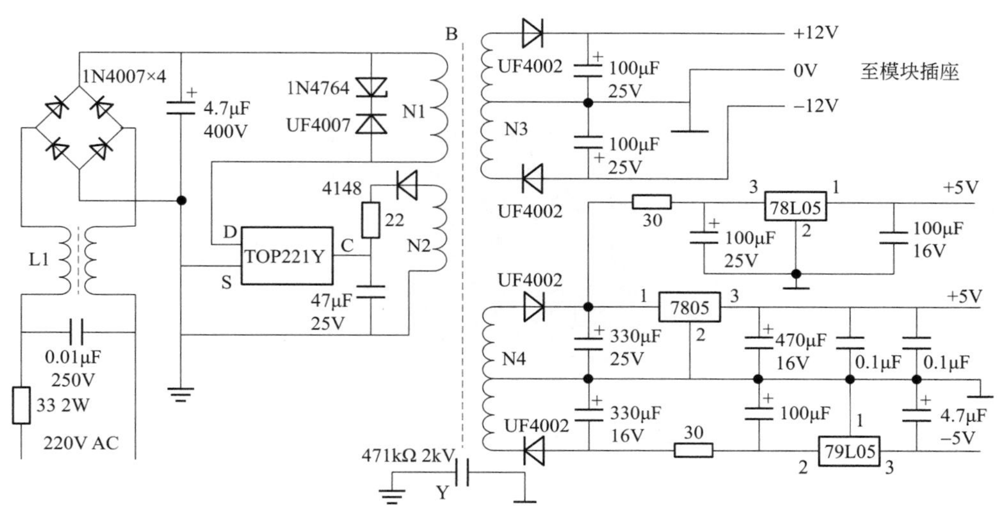


图 7-4　旧款 **AI-708** 温控器电源电路

交流电源通过温控器的电源端子输入，经 C、L 组成的 EMI 滤波器抑制电磁噪声，进入整流电路。交流电压经整流、滤波后，高压直流正端通过开关变压器初级绕组 N1 接至 TOP221Y 的漏极 D，和接高压直流负端的源极 S，在芯片内得到芯片正常工作所需电压。反向串联的二极管 1N4764 和 UF4007 用于吸收开关变压器初级绕组的反峰脉冲。开关电源的热地端和冷地端接有一个共模滤波安规电容 Y，它给开关变压器初、次级间电容耦合产生的共模电流一个返回路径，用来减小电磁干扰。

N2 为反馈绕组，通过二极管 1N4148 和 R、C 元件把反馈绕组的电压整流滤波后，输入 TOP221Y 的控制极 C，用反馈电流来调整内部 PMW 脉冲信号的占空比，也就是用反馈电流 $I_f$ 来控制占空比 $D$，以达到稳压目的。若输出电压 $V\uparrow$ 时，经过反馈电路使得 $I_f\uparrow \rightarrow D\downarrow \rightarrow V\downarrow$，而输出电压 $V\downarrow$ 时，经过反馈电路使得 $I_f\downarrow \rightarrow D\uparrow \rightarrow V\uparrow$，从而使输出电压 $V$ 稳定。

开关变压器次级绕组 N3 输出的电压，经半波整流及滤波后供模块电路使用。N4 的输出电压，经半波整流及滤波后，通过三端稳压器稳压，输出 ±5V 电压供温控器的主板使用。78L05 三端稳压器的输出电压供测量电路使用。

### （2）AI-516P 温控器的电源电路

电源电路板如图 7-5 所示。电路原理见图 7-6，开关电源控制芯片采用 TNY264PN，电路的工作过程如下：100 ～ 240V 交流电经过 IC103 整流，经电容 E101 滤波，获得直流高压。本电路使用简单的滤波器即可满足抑制初、次级之间的电磁干扰。D105 和 D106 用于吸收开关变压器 B 初级绕组 N1 的反峰脉冲，能将功率管关断时加在漏极上的尖峰电压限制在安全范围内。N2 绕组的感应电压，经 D106 整流、滤波后送至 IC102 的 1 脚，为其提供正常工作所需的电源电压。开关变压器的 3 个次级绕组分别感应出相应的高频电压，经整流滤波后输出供温控器的相关电路使用。图中的电压为标称电压值，空载或负荷轻时，电压值会高于此值。

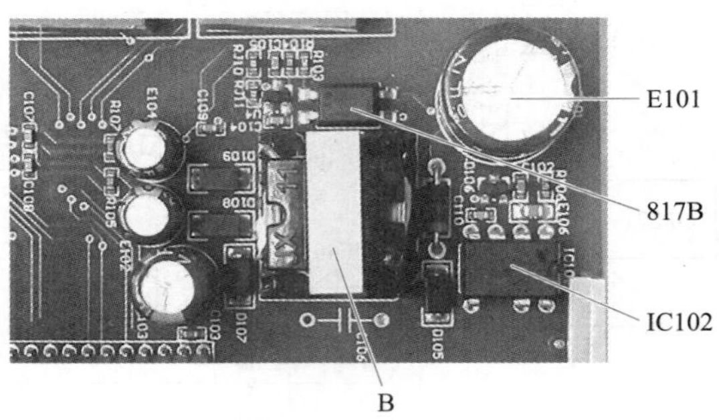


图 7-5　温控器的电源电路板局部

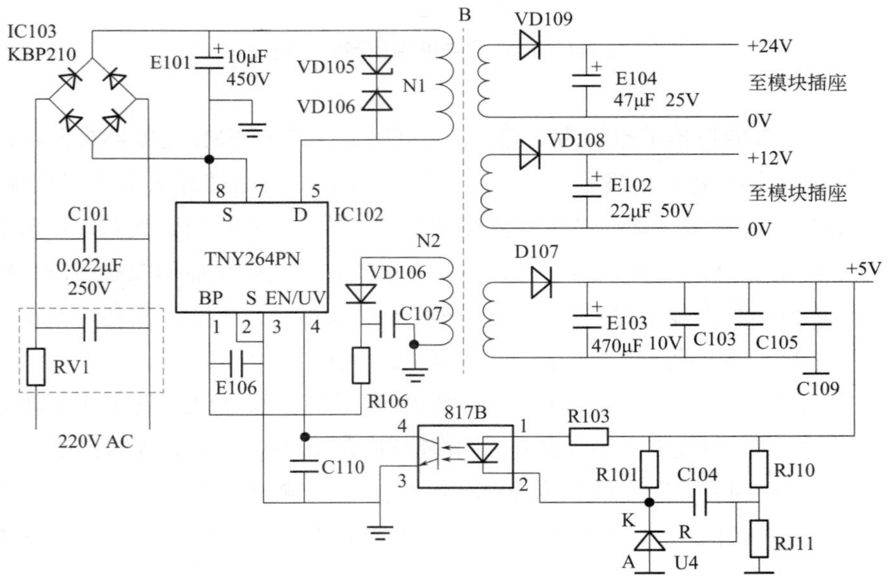


图 7-6　AI-516P 开关电源电路原理

稳压过程如下：RJ10 和 RJ11 为输出电压取样电阻，输出的分压通过 U4 的 R 端来控制从阴极到阳极的分流。这个电流直接驱动光耦 817B 的发光管。当输出电压有上升趋势时，$V_{ref}$ 随之增大导致流过 U4 的电流增大，于是光耦发光加强，感光端得到的反馈电压也就越大。IC102 在接收这个变大的反馈电压后将改变开关管导通的占空比，来控制输出电压从而达到稳压的目的。电压稳定时 $V_{ref}$=2.5V，由于 RJ10=RJ11，所以输出为稳定的 5V。但并不是简单地通过改变取样电阻 RJ10、RJ11 的阻值就能改变输出电压，因为在电源中每个元件的参数对整个电路的工作状态都会有影响。

### （3）LU 系列温控器的电源电路

LU-906 温控器电源电路如图 7-7 所示。图中 U1 为 VIPer22A 开关电源控制芯片，芯片内有电流式 PWM 控制器和一个高压大功率 MOS 场效应管，其输入电压范围为 85 ～ 265V。与 N1 并联的 TUS1 用于消除开关变压器漏感产生的尖峰电压，以保护 U1 内的 MOS 管不被过高的尖峰电压击穿。电路的工作过程如下。

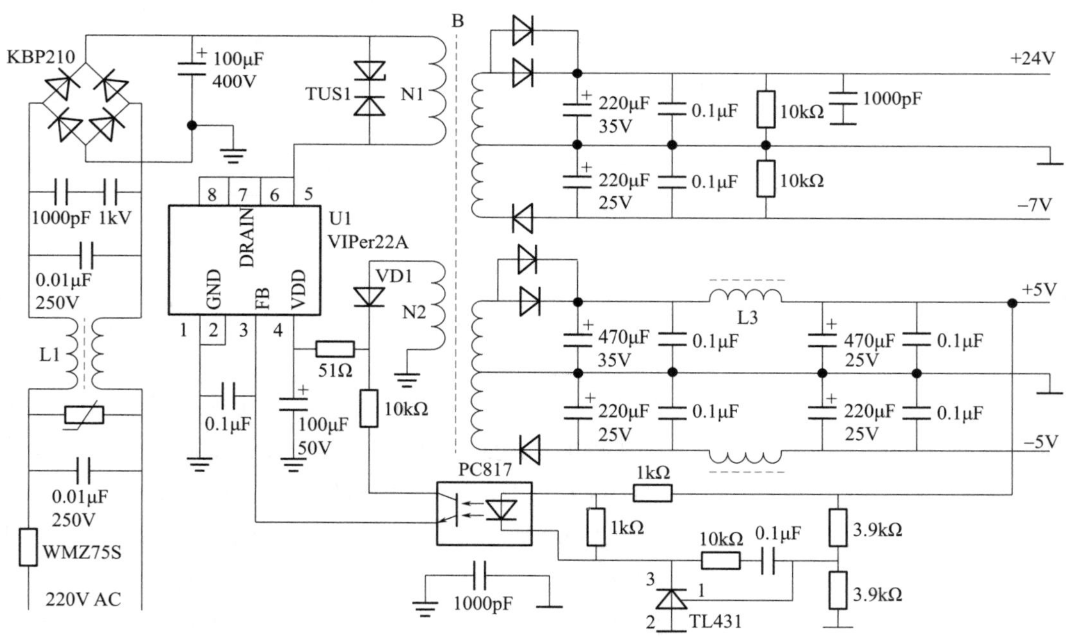


图 7-7　LU-906 温控器电源电路

220V AC 电源经整流滤波得到 +300V 左右的直流电压，经开关变压器 N1 绕组送至 U1 的 5 ～ 8 脚，U1 内部供电电路及振荡电路开始工作，使内部 MOS 管进入开关状态，开关变压器的 N1 绕组有高频脉冲电流流过，N2 绕组上的感应电压经 VD1 整流滤波后送至 U1 的 4 脚，为 U1 提供正常工作所需的电源电压。同时，开关变压器次级的其他绕组分别感应出相应的高频感应电压。该型温控器有 ±5V、+24V、−7V 四组输出电压，为常规的整流滤波电路。±5V 为温控器的主要工作电源，+24V、−7V 用于 4 ～ 20mA 电流电路的供电。

稳压过程如下：当某种原因引起输出电压升高时，+5V 电压随之升高，3.9kΩ 取样电阻分压处的电压使 TL431 的 1 脚电压也升高，从而使 TL431 的 3 脚电压下降，PC817 的光电二极管亮度增强，使光电三极管 c、e 极的内阻变小，则 U1 的 3 脚电压随之升高，经 U1 的稳压控制电路处理后，控制 U1 内部振荡器输出的振荡脉冲宽度变窄，从而使 MOS 管的导通时间缩短，开关变压器次级输出的电压随之下降，起到稳压的作用。如果输出电压降低时，稳压控制过程与上述正好相反。

### （4）XMTA温控器的电源电路

温控器电源电路如图 7-8 所示。开关电源控制芯片采用 TEA1622P，该芯片具有过流保护，过压、欠压保护，超温保护等功能。电路的工作过程如下。

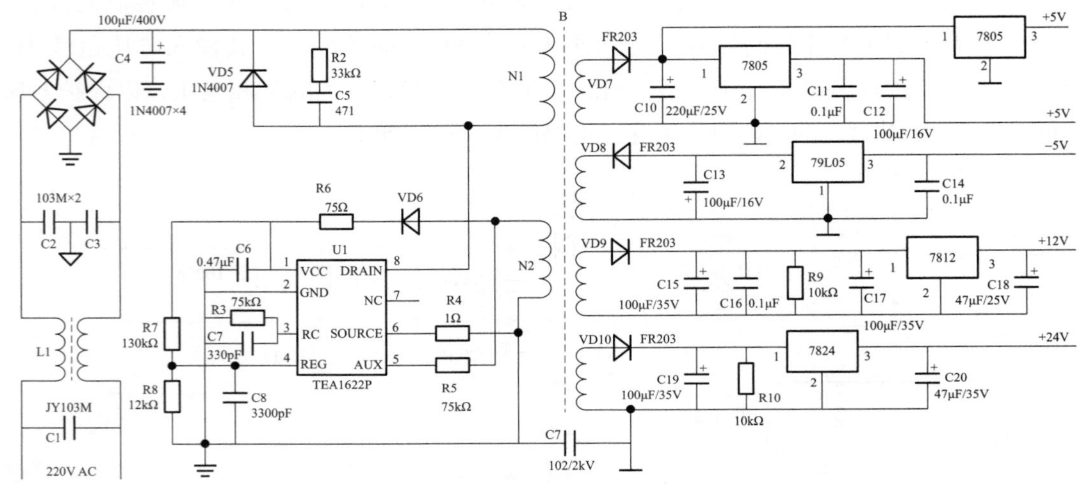


图 7-8　**XMTA** 温控器电源电路

交流电源先经过 L1、C1 ～ C3 组成的滤波电路，经过桥式整流和电容滤波后，得到 300V 的直流电压。该电压经开关变压器 B 的初级绕组 N1 加到 U1 的 8 脚，为开关管供电，并经内部高压恒流源对接在 1 脚的 C6 充电。当 C6 端电压达到 10V 时，内部振荡器开始工作，振荡频率由 3 脚所接的 C7 与 R3 决定（经计算约为 37kHz），振荡脉冲控制脉宽调制器产生激励脉冲，经驱动电路放大后驱动开关管工作在开关状态。开关管工作后，就会使 B 的次级绕组输出脉冲电压，经整流滤波后输出多组直流电压，为温控器供电。而 N2 绕组产生的脉冲电压一路经 D6 整流、R6 限流、C6 滤波后得到 32.25V 电压，取代启动电路向 U1 的 1 脚供电；另一路通过 R5 送至 U1 的 5 脚，用于检测开关变压器 B 的最大去磁时间。

稳压电路由 U1 的 4 脚内部电路及 R7、R8、C8 组成。当输出电压升高时，开关变压器 B 的 N2 绕组输出的电压也升高，经整流滤波，通过 R7、R8 取样后，为 U1 的 4 脚提供的取样电压升高，由 U1 内电路处理后使开关管导通时间缩短，开关电源的输出电压下降到正常值，达到稳压的目的，而电压降低的控制过程则相反。

开关变压器次级绕组输出的电压，经半波整流及滤波，并经三端稳压器稳压后，供温控器各电路使用，图中为标称电压值。

## 7.3 温控器的输入电路

温控器的输入信号有：热电偶、热电阻、直流线性电压、直流线性电流。通常使用 4 个端子来完成以上四类信号的输入任务。而在处理及放大输入信号时，都离不开电子模拟开关及运算放大器，分别介绍如下。

### 7.3.1 多路模拟电子开关

温控器接收的多种信号都是采用公共的采样 / 保持电路、运算放大电路、A/D 转换电路。多路模拟电子开关用于信号切换，使某一时刻接通某一路信号输入，而把其他电路断开，达到信号切换的目的。模拟电子开关种类很多，但功能基本相同，区别只是通道数、开关电阻、漏电流、输入电压及方向切换的差别。以 CD4051（HEF4051）、CD4053 为例进行介绍。

CD4051（HEF4051）是八选一模拟开关，相当于一个单刀八掷开关，如图 7-9 所示。CD4051 与 HEF4051 引脚及功能相同，只是功能符号有差别，图中括号为 HEF4051 的功能符号。开关接通哪个通道，由二进制输入信号控制端 A、B、C 决定。INH 是禁止端，当 INH=1 时，全部通道被置为关断状态。CD4051 还有另外一个电源端 $V_{EE}$，作为电平位移使用，使单电源供电的 CMOS 电路可传输峰值达 15V 的交流信号。若模拟开关的供电 $V_{DD}$=5V，$V_{SS}$=0V，当 $V_{EE}$=−5V 时，只要对此模拟开关施加 0 ～ 5V 的数字控制信号，就可控制幅度范围为 −5 ～ 5V 的模拟信号。

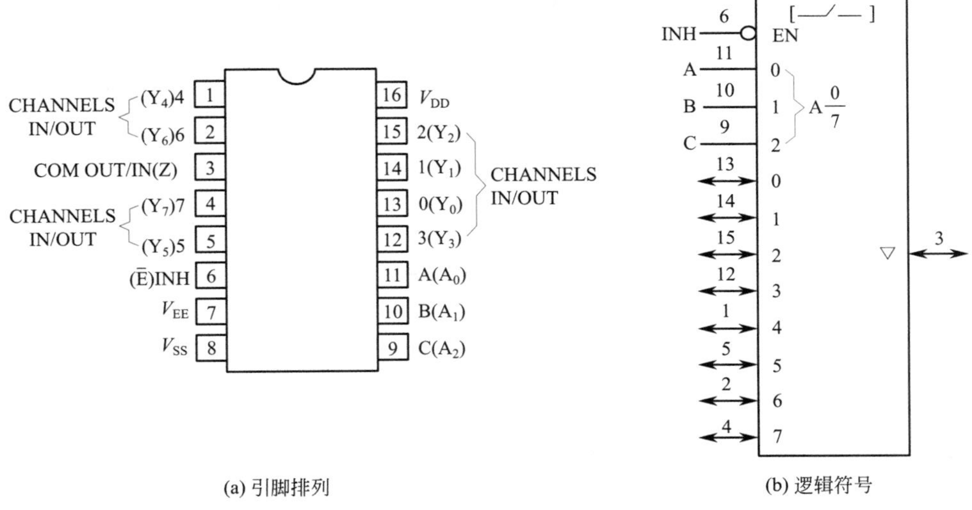


(a) 引脚排列　　(b) 逻辑符号

图 7-9　CD4051（HEF4051）的引脚排列及逻辑符号

CD4053是三组二选一模拟开关，相当于三组单刀双掷开关，如图7-10所示。三个数字控制输入端A、B、C可独立选择每组模拟开关刀位的导通方向。当INH=1时，全部通道被置为关断状态。若$V_{DD}$=5V，$V_{SS}$=0V，$V_{EE}$=−13.5V，则0～5V的数字信号可控制−13.5～4.5V的模拟信号。CD4051和CD4053的真值表见表7-1。

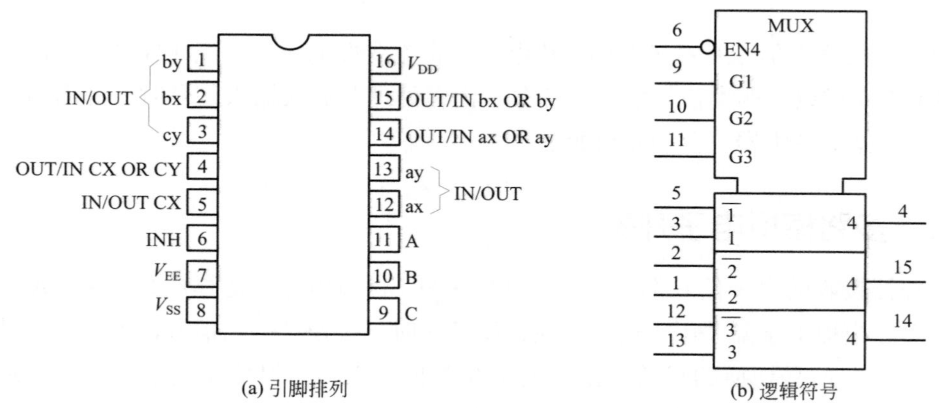


(a) 引脚排列　　(b) 逻辑符号

图7-10　CD4053的引脚排列及逻辑符号

表7-1　CD4051和CD4053真值表

| 输入状态（INPUT STATES） | | | | "开"通道（"ON" CHANNELS） | |
|---|---|---|---|---|---|
| 禁止（INH） | C | B | A | CD4051 | CD4053 |
| 0 | 0 | 0 | 0 | 0 | Cx、bx、ax |
| 0 | 0 | 0 | 1 | 1 | Cx、bx、ay |
| 0 | 0 | 1 | 0 | 2 | Cx、by、ax |
| 0 | 0 | 1 | 1 | 3 | Cx、by、ay |
| 0 | 1 | 0 | 0 | 4 | Cy、bx、ax |
| 0 | 1 | 0 | 1 | 5 | Cy、bx、ay |
| 0 | 1 | 1 | 0 | 6 | Cy、by、ax |
| 0 | 1 | 1 | 1 | 7 | Cy、by、ay |
| 1 | * | * | * | NONE | NONE |

## 7.3.2　可编程增益放大器

温控器要输入不同种类传感器的信号和标准信号，但各种信号最大量程对应的电量相差很大，如K型热电偶0～1200℃对应的热电势是0～48.838mV，S型热电偶0～1600℃对应的热电势是0～16.777mV。可见输入信号有大有小，所以对放大器的放大倍数要求也不同。常规做法是采用多个放大器，而智能温控器则采用可编程增益放大器（PGA），来满足各种类型输入信号的不同的放大倍数。只要准备几种量程，就可满足常见的各种输入信号类型。

## 知识扩展

同相运算放大器基本知识

同相放大器电路如图 7-11 所示，由于运放的同相输入端和反相输入端的阻抗非常高，输入或输出电流小到可以忽略不计的程度，就像输入端和外接器件断路了一样，但它又不是真的断路，为了分析电路的方便，将其等效为断路，并称其为“虚断”。因为运算放大器的开环电压增益非常高，在没有负反馈的情况下，同相输入端和反相输入端有一点点电压差，就会被放大至电压的极值，为使运放正常工作，加入负反馈是必需的。加入负反馈后，就使同相输入端和反相输入端的电压几乎相等，看起来就像短路了一样，但其又不是真的短路，所以称其为“虚短”。

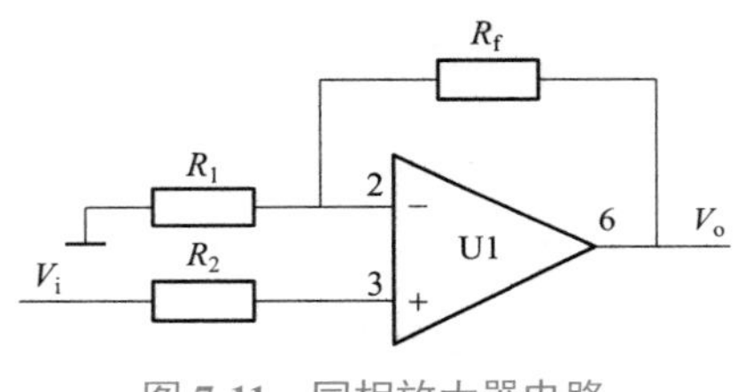


图 7-11　同相放大器电路

图中因为虚断，3 脚和输入电压 $V_i$ 相等；因为虚短，2 脚和 3 脚电压相等。因为虚断，通过 $R_1$ 和 $R_f$ 的电流相同，所以：$V_o=\left(1+\frac{R_f}{R_1}\right)V_i$，从式中可看出改变反馈电阻 $R_f$ 的阻值，就可改变放大器的增益。

可编程增益放大器由电子模拟开关和集成运算放大器构成。各型温控器的电路结构、使用器件虽不相同，但基本原理相似，从图 7-12 可见，输入温控器的所有信号都是共用一个放大器，因此，所有信号都需要尽可能使用这个放大器的输入范围。为解决放大倍数不相同的问题，可通过模拟开关 X0 ～ X3 的选择，把电路中的反馈电阻进行组合，即通过各开关的通断来调整放大器的增益。从图可知这是个同相放大电路，放大器的增益 $A=1+\frac{R_f}{R_1}$。开关 X1 接通时放大器有 10 倍的增益，开关 X0 接通时放大器有 17 倍的增益，开关 X3 接通时放大器有 50 倍的增益，就可以用单个运放来完成大小不同输入信号的放大。即不管输入温控器的是什么量程的信号，经过程控放大器处理，就变成了与 A/D 转换器相匹配的电平信号，这样一台温控器就可以接收多种类型的信号输入。当温控器接收直流电流信号时，大多通过 250Ω 或 50Ω 的标准电阻转换成 1 ～ 5V 或 0.2 ～ 1V 的电压信号，并通过 X2 开关把放大器的输出端和反相端连接起来，此时增益 $A$=1，即 $V_o$=$V_i$，没有电压放大作用，成了一个电压跟随器。

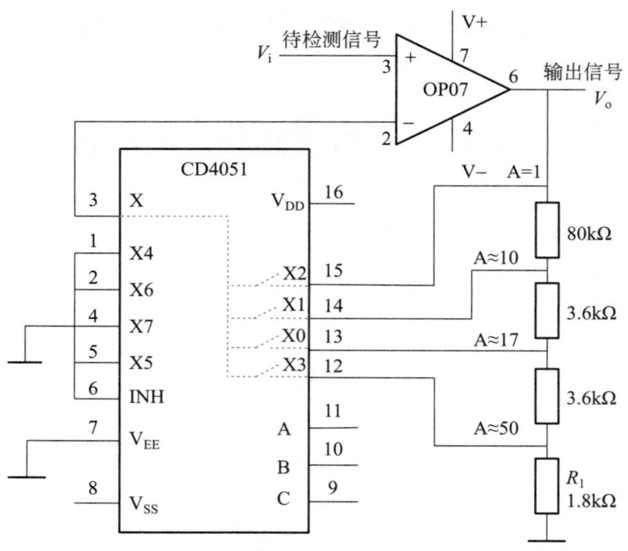


图 7-12　可编程增益放大器原理

温控器的输入信号通过 CD4051 电子模拟开关切换进行传输，切换动作与所选输入信号类型，取决于微处理器的控制信号。如何切换与温控器的参数设置有关，与软件程序紧密相关，没有进行参数设置温控器将无法工作。

## 7.3.3　热电偶输入电路

### （1）旧款AI-708温控器的热电偶输入电路

图 7-13 为旧款 AI-708 温控器的热电偶输入电路，图中 K13、K14、K15 是 CD4051 的三个模拟电子开关。热电偶信号从 3、2 号端子输入温控器，先经 RC 滤波电路滤除线路的干扰，经过采样放大及冷端温度补偿，根据热电偶的热电势与温度的关系，得到温度值，整个过程需要进行 3 次采样。

采样在 MCU 的控制下进行，先将 K13 闭合，检测温控器的零点，零点是用来修正后面的采样值，接着切换到 K14 采集热电偶的热电势值，修正温控器零点后，使用温控器已存在的毫伏满度校准系数校准后得到所对应的毫伏数值，最后开关切换到 K15 采集冷端温度参数，冷端温度用二极管 1N4004 测量端子 2 和 4 附近的温度，是根据二极管 PN 结的温度特性来测温。二极管的 PN 结对温度非常敏感， 温度的变化将改变它的正向管压降， 温度上升管压降减小， 温度下降管压降增加。标准电压通过 10kΩ 电阻加至 1N4004 正极，其还具有限流作用，以避免 PN 结自身发热影响测量精度。

修正温控器零点后，首先根据温控器已存在的冷端温度校准系数计算得到冷端温度，然后根据不同分度号的热电偶计算出相应的冷端补偿电势，把采集到的热电势进行冷端补偿，再通过线性化处理，就得到了实际的测量温度值。

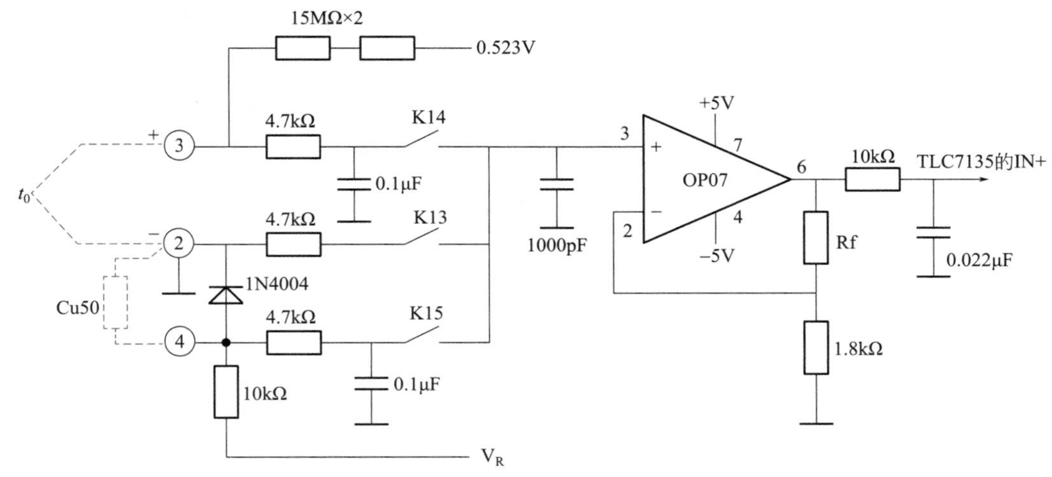


图 7-13 热电偶输入电路

在现场应用中由于测量元件的误差、温控器本身发热及附近其他热源的影响，会导致冷端温度的自动补偿偏差较大，有时可能超过 2℃。对测量温度精度要求较高时，可外接 Cu50 热电阻来进行补偿，可将 Cu50 热电阻及通过补偿导线延伸的热电偶冷端放在同一接线盒内，并远离各种发热源，如图 7-14（c）中虚线所示。使用 Cu50 热电阻测量冷端温度时，通过 MCU 采样 Cu50 热电阻信号测知冷端温度 $t_0$，然后通过软件查表，得知对应的热电势 $E(t_0,\ 0)$，再与 MCU 实测到的 $E(t_1,\ t_0)$ 值进行相加，反查表得出被测温度 $t$。该方法可使冷端补偿误差≤ 0.3℃，还可用温控器的输入平移修正 Scb 参数，来修正热电偶冷端自动补偿的误差。

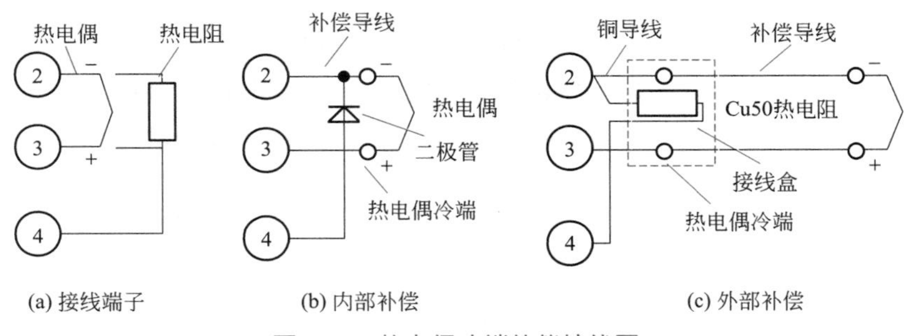


图 7-14 热电偶冷端补偿接线图

当热电偶烧断，或者接线断路时，VR 的电压通过 30M 电阻加到放大器输入端，使采样溢出，使断偶保护电路起作用，以进行报警或显示。

### （2）OHR A303温控器的热电偶输入电路

图 7-15 为 OHR A303 温控器的热电偶输入电路。热电偶的热电势信号通过 2、3 端子接入温控器，输入信号经 RC 滤波电路滤除线路干扰，然后输入 MCU 的 13、14 脚。Vref 来自 TL431 三端可调分流基准稳压源，其对冷端温度补偿电路及断偶保护电路进行

供电。温控器利用晶体管Q1测量温控器内部2、3端子附近的温度时，$V_{ref}$电压经R25限流，提供给Q1一定的工作电流，并从Q1两端取出正向电压输入MCU，经计算处理后对热电偶的冷端温度自动进行补偿。$V_{ref}$电压通过R19、R18加至热电偶正端，当热电偶或接线断路时，该电压全输入MCU，使温控器断偶保护电路动作，温控器停止控制输出。

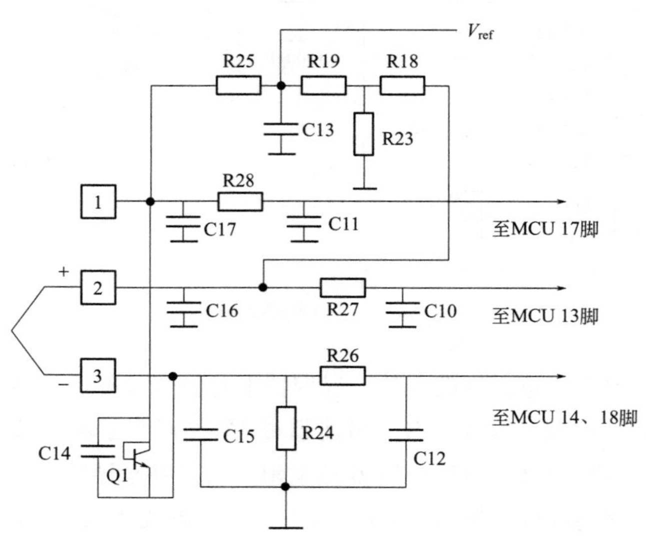


图 7-15　OHR A303温控器的热电偶输入电路

## 7.3.4　热电阻输入电路

### （1）电桥法测量电路

图7-16是电桥法测量电路原理。电桥由稳压电源供电，电阻$R_1$、$R_2$、$R_p$及热电阻$R_t$构成电桥电路。由于$R_1$=$R_2$，温度为0℃时热电阻$R_t$的电阻值为100Ω（铂热电阻），调$R_p$使其为100Ω时电桥平衡，电桥的输出信号为零。差分放大器的输出电压为0V，温控

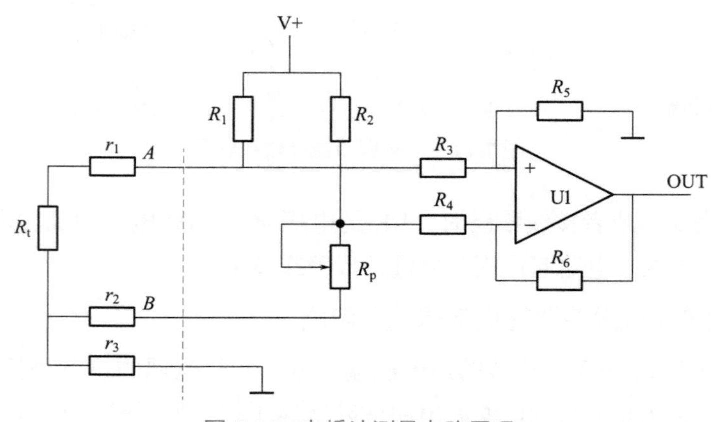


图 7-16　电桥法测量电路原理

器显示为 0℃。当被测温度上升时，$R_t$ 的阻值也上升，电桥的输出信号也上升，此时 U1 的同相输入端电压上升，且输出电压往正方向变化，温控器的显示温度也正向上升。当被测温度下降时，则反之。当 $R_3=R_4$，$R_5=R_6$ 时，$R_6/R_4$ 的值就是 U1 的电压放大倍数。热电阻与温控器采用三线制连接，且导线电阻 $r_1=r_2=r_3$，导线 A 与 B 分别接在电桥的两个桥臂上，当导线的电阻变化时，可以互相抵消一部分，以减少对温控器示值的影响，理论上说可以消除导线的影响，但实际上并不能完全消除。

**小知识** 

不平衡电桥的工作原理

不平衡电桥就是将热电阻和精密电阻组成一个电桥，如图 7-17 所示。图中热电阻 $R_t$ 的电阻值会随着温度的升高而增大，$R_2$、$R_3$、$R_4$ 是用精密电阻制作的固定桥臂，$R_B$ 为测量温控器，E 为电源。当被测温度为零时，热电阻的阻值为 $t_0$，这时电桥是平衡的，对角 c、d 两点没有电位差；当被测温度升高时，热电阻的阻值就会增大，于是 c 点电位高于 d 点的电位，就有一个电压 $U_{cd}$ 存在。温度越高 $U_{cd}$ 越大，并且电压 $U_{cd}$ 与热电阻的阻值成一定的对应关系，所以知道了电压 $U_{cd}$，也就知道了被测温度的大小。在温控器中将该电压进行放大，经过线性化处理及 A/D 转换电路就可显示被测温度值。

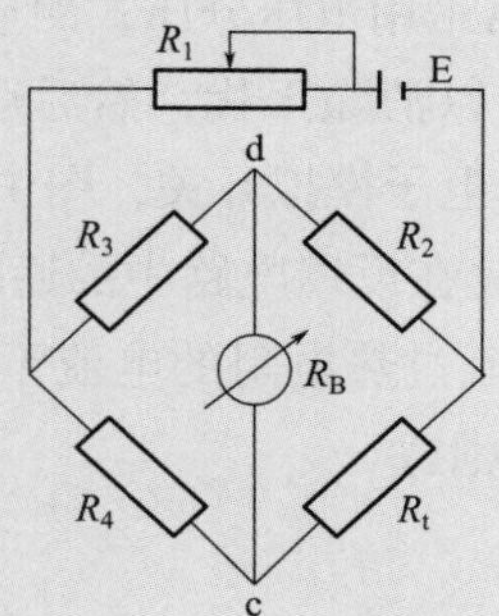


图 7-17　热电阻测温不平衡电桥原理图

### （2）恒压分压式测量电路

恒压分压式测量电路的原理如图 7-18 所示。图中 $R_t$ 为热电阻，$r=r_1=r_2=r_3$ 为导线电阻，$V_R$ 为基准电压，K1、K2 为电子模拟开关，$V_{AD}$ 是 A/D 转换器的参考电压，A 为运算放大器。由欧姆定律可得基本关系式：

$$I=\frac{V_R}{R_V+2r+R_t} \tag{7-1}$$

则

$$V_A=I(2r+R_t);\quad V_B=I(r+R_t) \tag{7-2}$$

用以上公式可计算出：

$$R_t = \frac{R_V(2V_B - V_A)}{V_R - V_A} \tag{7-3}$$

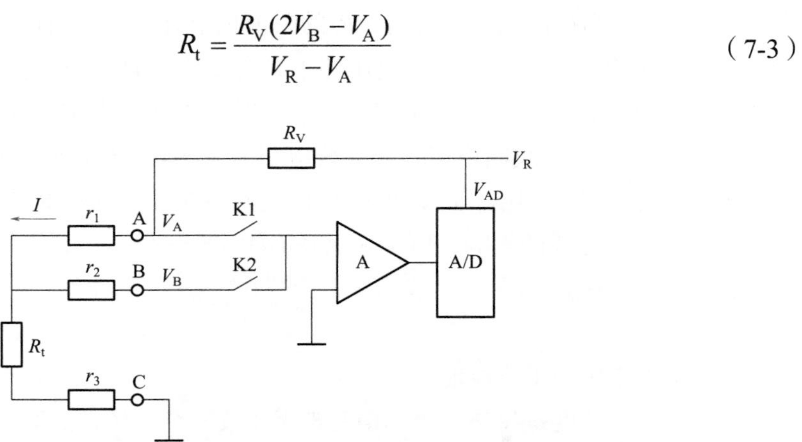


图 7-18　恒压分压式测量电路原理图

从式（7-3）可看出：在已知 $R_V$ 和 $V_R$ 的情况下，测出电压 $V_A$ 和 $V_B$ 就可知道热电阻 $R_t$ 的阻值，而与导线电阻 $r$ 没有关系。测量精度只取决于 $R_V$ 的精度与 $V_A$、$V_B$ 的测量精度；在电桥法中无法消除的导线电阻在恒压分压式方法中被完全消除。

（3）LU 型温控器的热电阻输入电路

图 7-19 为 LU 型温控器的热电阻输入电路，图中热电阻 Rt 通过三根导线连接至温控器的 9、10、11 号端子，温控器采用恒压分压式测量原理。9 和 10 号端子输入的信号经过 L、C、R 组成的滤波电路，以消除干扰，然后通过 OP07 放大，送至 TCL7135 的 IN+ 进行 A/D 转换。K12、K13 为电子模拟开关，图中用 Rf 来代替多个串联电阻，这些串联电阻通过电子模拟开关控制其在反馈电路中的通断，就可改变 OP07 放大器的电压放大倍数。R17 为限流电阻，使流过热电阻的电流不超过 1mA，避免电流引起的升温误差。R18 为测量信号断线保护电阻。

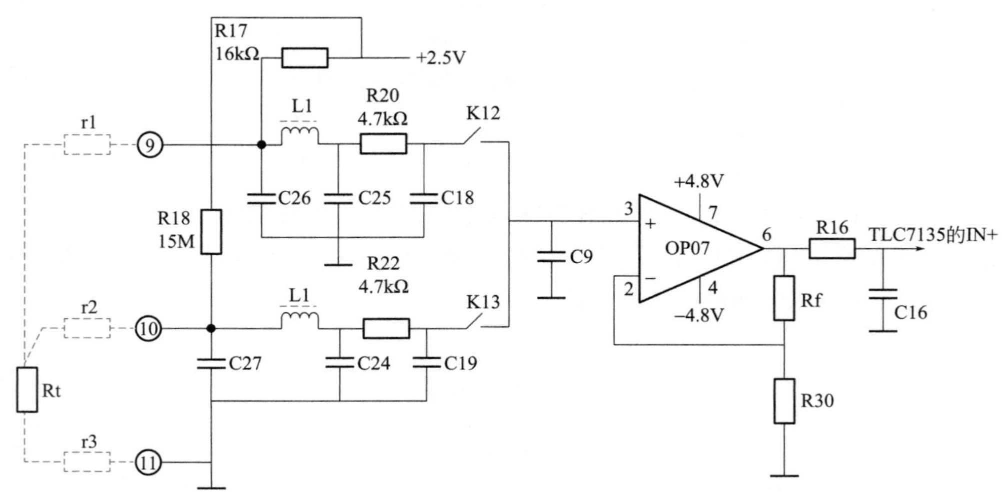


图 7-19　LU 型温控器热电阻输入电路图

### （4）OHR A303温控器的热电阻输入电路

图 7-20 为 OHR A303 温控器的热电阻输入电路。图中热电阻 Rt 通过三根导线连接至温控器的 1、2、3 号端子，r1 ～ r3 是热电阻的线路电阻，R25 为分压电阻，Vref 为供电电压（实测为 2.476V）。温控器检测系统的零点后，通过检测端子 1 的 $V_A$ 和端子 2 的 $V_B$ 值，根据 $V_A$ 和 $V_B$ 分压值，通过计算处理得到 Rt 值，再根据 Rt 值求出被测量的温度值。Vref 电压通过 R25、R19 和 R18 加至 1 和 2 输入端，当热电阻或连接线路断线时，$V_A$、$V_B$ 的电压值会由于电源直接加载而使电压值溢出，温控器将输出报警信号。

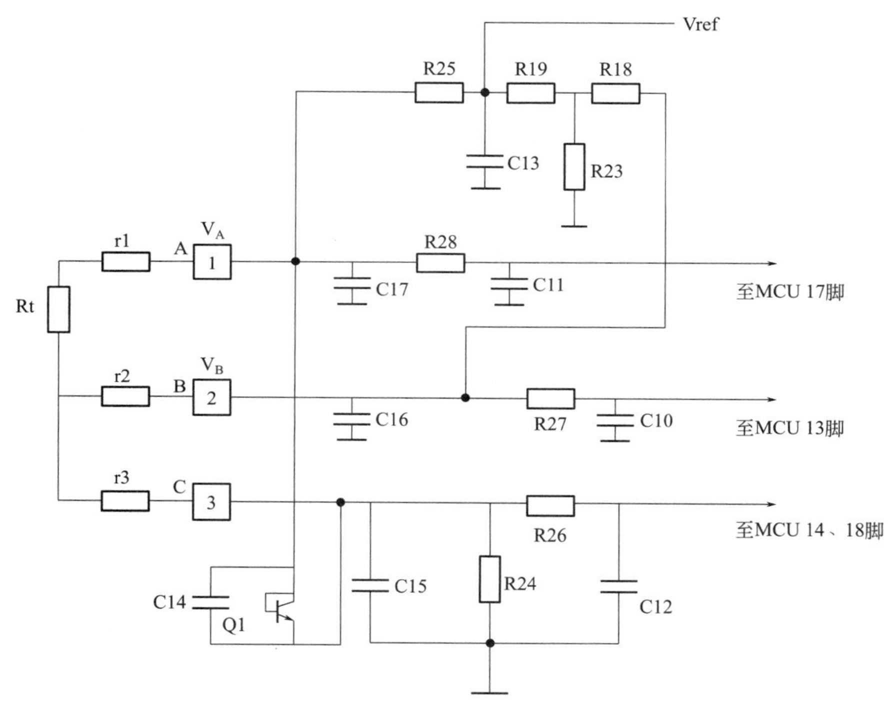


图 7-20　OHR A303 温控器的热电阻输入电路

### （5）旧款AI-708温控器的热电阻输入电路

图 7-21 为旧款 AI-708 温控器的热电阻输入电路，图中热电阻 Rt 通过三根导线连接至温控器的 2、3、4 号端子，温控器采用恒压分压式热电阻三线制测量原理。K13、K14、K15 为电子模拟开关，测量时模拟开关 K13 先闭合，检测温控器的零点，用来修正后面的采样值，接着开关切换到 K15 或 K14，采集 4 号和 3 号端的分压电压，经过 RC 滤波电路，然后经 OP07 放大，再送至 TCL7135 进行 A/D 转换。Rf 是反馈电阻，通过电子模拟开关控制反馈电阻的阻值，就可改变 OP07 放大器的增益。TL431 提供基准电压，经 10kΩ 电阻送至热电阻测量电路，经 56kΩ 电阻送至 7135 的 2 脚，也就是 A/D 转换器的参考电压。

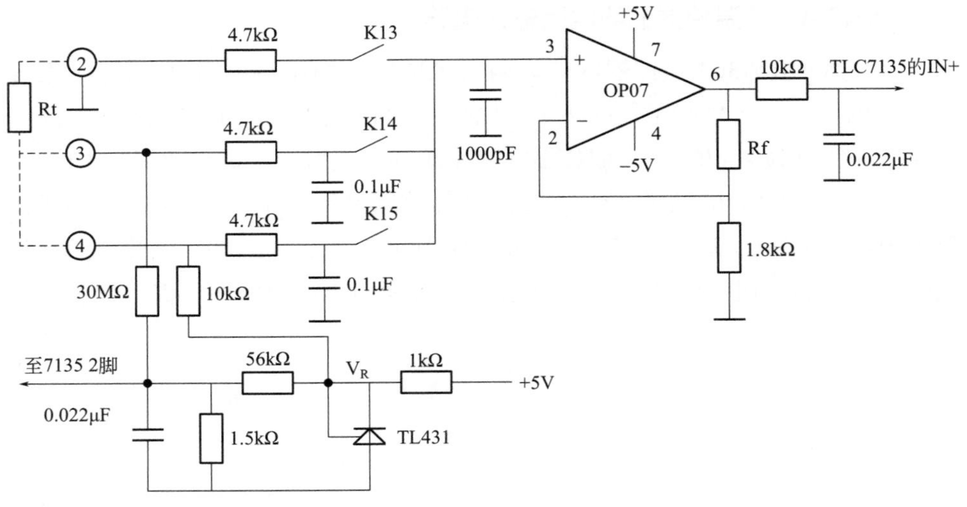


图 7-21 旧款 **AI-708** 温控器热电阻输入电路图

## 7.3.5 直流电压、电流输入电路

### （1）直流电压输入电路

温控器的型号不同，直流线性电压输入电路也会有区别。0 ～ 5V 电压的输入电路如图 7-22 所示，电压信号先经 510kΩ 及 10kΩ 电阻分压作 50 倍的衰减，再经电容滤波处理，输入 8 选 1 电子模拟开关 CD4501，在 MCU 的控制下，使 K12 接通，其他开关则断开。同时 OP07 运放输出侧的另一个 CD4501 电子模拟开关，控制反馈电阻的阻值，使 OP07 成为一个 17 倍增益的放大器，把 3 脚输入的 0 ～ 0.1V 电压信号放大为 0 ～ 1.5V 电压信号从 6 脚输出，由 10kΩ 电阻输入到 A/D 转换器 TLC7135，再输入 MCU。

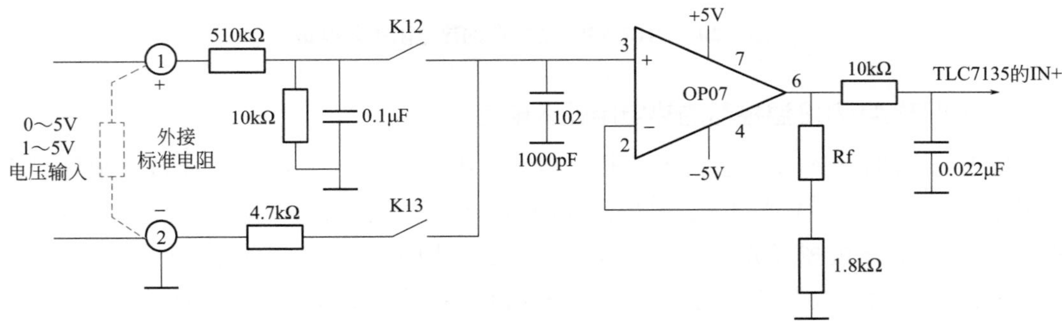


图 7-22 **0 ～ 5V** 或 **1 ～ 5V** 电压输入电路图

有的温控器既能输入 0 ～ 5V 及 1 ～ 5V 信号，还可输入毫伏信号和 1V 以下的电压信号。这类温控器在输入毫伏信号和 1V 以下电压信号时，是使用热电偶的输入端子，

如图 7-23 所示。其工作原理与热电偶的输入电路基本是一样的，只是没有了冷端温度补偿电路。

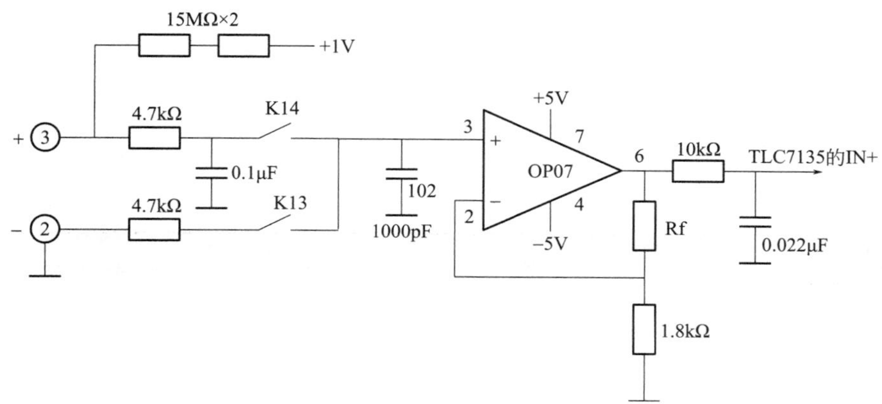

图 7-23　毫伏信号和 1V 以下的电压输入电路图

（2）直流电流输入电路

温控器输入 0 ～ 10mA、0 ～ 20mA、4 ～ 20mA 等信号，是采用外接标准电阻把电流信号转换成电压信号，再输入温控器，4 ～ 20mA 电流信号，可用 250Ω 或 50Ω 的标准电阻转换为 1 ～ 5V 或 0.2 ～ 1V 的电压信号；0 ～ 10mA 电流信号，可用 500Ω 的标准电阻转换为 0 ～ 5V 的电压信号。温控器的输入接口电路其实就是以上介绍的直流线性电压输入电路，所用输入端子与直流电压信号的端子相同，外接标准电阻如图 7-22 中的虚线所示，其工作原理与 0 ～ 5V 及 1 ～ 5V 电压输入电路一样。

（3）不用外接标准电阻的直流电流输入电路

有的温控器在测量直流电流电路中内置一个 250Ω 标准电阻，如图 7-24 所示，JP1 为电流 / 电压信号选择开关，通过 JP1 转换，就可测量直流电压或者直流电流。JP1 放在 V 位置时测量直流电压；JP1 放在 mA 位置时，标准电阻并联在 12、11 端子间，通过该电阻把输入的直流电流转换为电压，经过 RLC 滤波电路后送至 OP07 放大器。

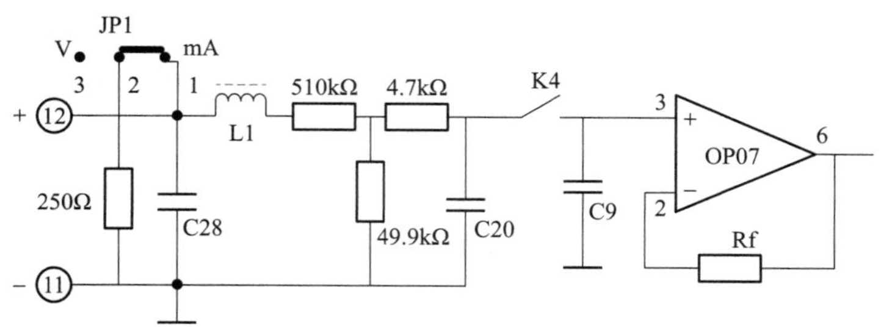

图 7-24　不用外接标准电阻的直流电流输入电路

# 7.4 温控器的 A/D 转换电路

## 7.4.1 ICL7135 的引脚及功能

旧款温控器大多采用 4 位双积分 A/D 转换芯片 ICL7135，其引脚及功能见表 7-2。

表 7-2 ICL7135 的引脚及功能

| 1 ～ 14 各引脚的功能 | | 引脚排列图 | 15 ～ 28 各引脚的功能 | |
|---|---|---|---|---|
| 1 | V- 负电源引入端 | ICL7135 | 28 | LOW 欠量程信号输出端 |
| 2 | REF 参考电压输入端 | | 27 | HIGH 过量程信号输出端 |
| 3 | AC 模拟地 | | 26 | STRO 数据输出选通信号（负脉冲） |
| 4 | INTO 积分器输出端 | | 25 | R/H 自动转换 / 停顿控制输入 |
| 5 | AZIN 自校零端 | | 24 | DGND 数字地 正、负电源的低电平基准 |
| 6 | BUFFO 缓冲放大器输出 | | 23 | POL 极性信号输出，高电平为正 |
| 7 | REFC- 外接参考电容负 | | 22 | CLKIN 时钟信号输入端 |
| 8 | REFC+ 外接参考电容正 | | 21 | BUSY 忙信号输出，高电平有效 |
| 9 | INLO 模拟输入负 | | 20 | （LSD）D1 个位选通 |
| 10 | INHI 模拟输入正 | | 19 | D2 十位选通 |
| 11 | V+ 正电源引入端 | | 18 | D3 百位选通 |
| 12 | （MSD）D5 万位选通 | | 17 | D4 千位选通 |
| 13 | （LSB）B1 BCD 码输出 | | 16 | （MSB）B 高位 BCD 码输出 |
| 14 | B2 BCD 码输出 | | 15 | B4 BCD 码输出 |

ICL7135 的 A/D 转换速度与时钟频率相关，每个转换周期均由自校准（调零）、正向积分（被测模拟电压积分）、反向积分（基准电压积分）、过零检测四个阶段组成，时序如图 7-25 所示。其中自校准时间为 10001 个脉冲，正向积分时间为 10000 个脉冲，反向积分直至电压到零为止，最大不超过 20001 个脉冲。因此，可以采用从正向积分开始计数脉冲个数，到反向积分为零时停止计数。将计数的脉冲个数减 10000，即得到对应的模拟量，由图可见，当 BUSY 变高时开始正向积分，反向积分到零时 BUSY 变低，所以 BUSY 可以用于控制计数器的启动 / 停止。从图 7-25 知 BUSY 输出端高电平的宽度等于正向积分和反向积分时间之和。ICL7135 的积分时间固定为 10001 个时钟脉冲时

间，反向积分时间长度与被测电压的大小成比例。利用单片机内部计数器对 ICL7135 的时钟脉冲计数，用 BUSY 作为计数器门控信号，控制计数器只要在 BUSY 为高电平时计数，将这段 BUSY 高电平时间内计数器计的内容减去 10001，其余数就等于被测电压的数值。

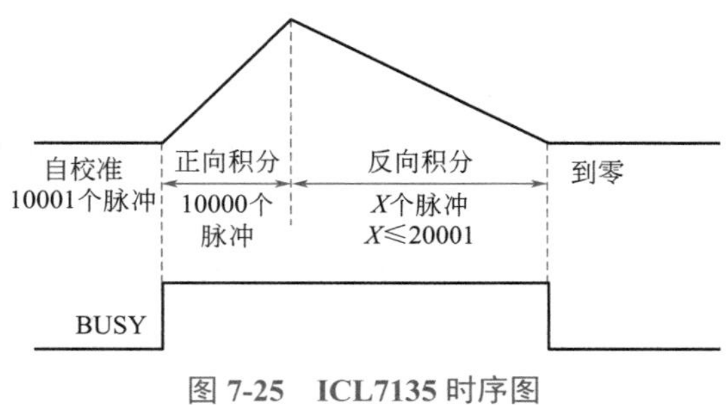


图 7-25　ICL7135 时序图

## 7.4.2　ICL7135 的应用电路

用计数法进行 A/D 转换的电路如图 7-26 所示。图中 ICL7135 的 2 脚为基准电压输入端，基准电压来自 TL431 的 +1V 输出；3 脚接模拟地；4 脚为积分器输出端，接积分电容；5 脚为自校零端，接自校零电容；6 脚为缓冲放大器输出端，接积分电阻；7、8 脚分别接基准电容的负端和正端；9 脚为被测信号负输入端；在本电路中接地；10 脚为被测信号正输入端；21 脚接单片机的定时器控制端；23 脚接单片机 15 脚，用来判别输入信号极性。单片机 30 脚输出约 1MHz 的频率信号至 CD4040 的 10 脚，经分频后作为时钟信号输入 ICL7135 的 22 脚。

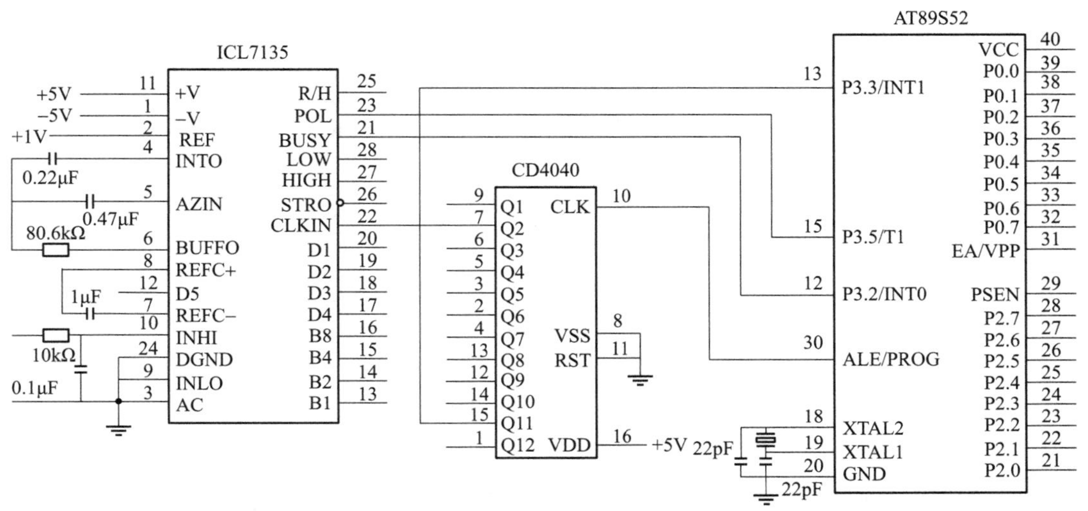


图 7-26　计数法 A/D 转换电路原理图

# 7.5 温控器中的单片机

## 7.5.1 单片机的基本工作电路

温控器的控制核心是单片机。我们可以把单片机理解为一个人，如人需要吃饭来获得能量，要单片机工作就要供给它工作电源；要使单片机有节奏地工作，使程序按一定的步骤执行，就要有一个时钟信号，这与人的心脏为全身血液循环提供节奏相似；人工作累了需要休息一下才能重新工作，单片机也不例外，它都有一个复位电路，通过复位使单片机重新开始工作。通过以上比喻可看出电源、时钟、复位是满足单片机正常工作的三个条件。

单片机又称为 MCU，它将 CPU、存储器、多种输入 / 输出（I/O）接口，集成在一片芯片中，它是智能温度控制器的核心部件。单片机的基本电路如图 7-27 所示。图中单片机的 40 引脚 VCC 接 5V 电源，20 引脚 GND 接地即 0V。

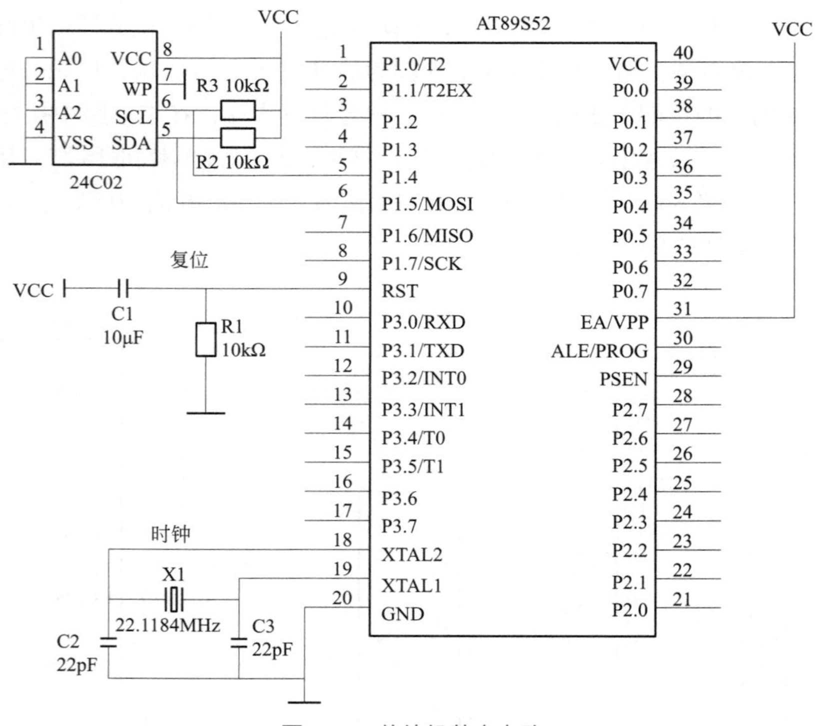


图 7-27　单片机基本电路

时钟信号可采用内部或外部振荡器产生，图 7-27 中采用内部振荡器，即在 XTAL1 和 XTAL2 脚接一只晶振 X1 及电容 C2、C3。时钟信号的频率根据单片机的特点和具体应用要求来确定。

复位是指在规定的条件下，单片机自动将 CPU 及与程序运行相关的主要功能部件、I/O 口等设置为确定的初始状态的过程。单片机常用的复位方式有上电复位、手动复位、看门狗定时复位三种。温控器中常用的是上电复位，即单片机上电时，RST 端自动产生复位所需的信号将单片机复位。图 7-27 为简单的上电复位电路，上电时 RST 端高电平的维持时间取决于 R1 和 C1 的值，要使复位可靠，必须保证该维持时间足够长。

单片机包含有许多 I/O 端口，有的端口既可以做输出，还可以做输入，而端口的具体功能由单片机的程序来控制。单片机的所有工作都是通过程序来完成，而程序则存储在单片机的内部存储器（ROM）中，内部不带 ROM 的，或者内部 ROM 不够用的，可用外部存储器。图 7-27 中的外部存储器 24C02 是串行 EEPROM，它内含 256×8 位存储空间。它的 1、2、3 脚是三条地址线，用于确定芯片的硬件地址，图 7-27 中都是接地；第 5 脚为串行数据输入 / 输出端，数据通过这条双向 $I^2C$ 总线串行传送；第 6 脚为串行时钟输入端，SDA 和 SCL 都和正电源接有 10K 的上拉电阻。由于 51 系列单片机没有 $I^2C$ 总线接口，故不能直接使用，通常采用 I/O 口虚拟 $I^2C$ 总线来使用。

## 7.5.2 其他 MCU 在温控器中的应用

其他 MCU 是指 ASIC 芯片或厂家特用 MCU 芯片。ASIC 芯片是根据温控器需求专门定制的芯片。ASIC 芯片的计算能力和计算效率可以根据需要进行定制，它具有体积小、功耗低、计算性能及效率高、温控器产量越大成本越低的特点。ASIC 芯片是针对应用设计的，易于获得高性能，并使电路板的连线减少，提高了温控器的可靠性。

厂家特用芯片是指温控器厂家选择的 MCU 芯片，该类芯片只有一个编号，用户不知道芯片型号，但这类芯片仍然是单片机或增强型单片机。有的 MCU 芯片还把电子模拟开关、可编程增益放大器、A/D 转换器、振荡电路、标准电源供给等都集成在芯片中，大大减少了电子元件和接线。模拟输入信号有的采用双端差分输入，使共模干扰被完全抵消，模拟信号的处理及 A/D 转换电路如图 7-28 所示。

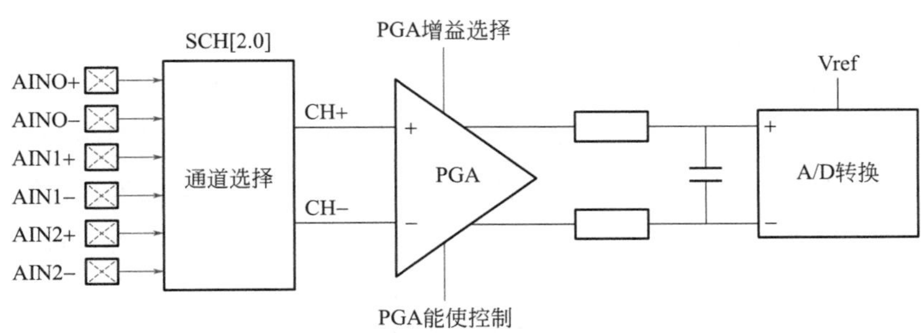


图 7-28 模拟信号处理及 A/D 转换电路图

图 7-28 中 AIN0 ～ AIN2 为模拟信号输入端，在 MCU 的控制下选择模拟输入通道以及基准电压（Vref），信号送至芯片内建的低噪声可编程增益放大器（PGA）进行放大，如 SH79F085/SH79F165 芯片的可编程增益范围为：12.5 倍、25 倍、50 倍、75 倍、100 倍、125 倍、150 倍、200 倍。可编程增益放大器还提供削波控制器，用于滤除电路噪声。信号放大后送至 ADC 模块，进行 A/D 转换。

### （1）OHR温控器的MCU应用电路

图 7-29 是 OHR 温控器的 MCU 外形。图 7-30 是应用电路，图中 MCU 为 D2 编号，型号不详，根据 SH79F085 的引脚进行编号。芯片内已有电子模拟开关、可编程增益放大器和 A/D 转换器，省去了很多元件，简化了接线。图 7-30 中1～10是温控器的接线端子编号。MCU 芯片的参考电压采用外接方式，由 A2（431）提供稳定的电压输出，经 R30 和 R29 分压后（实测为 1.237V）输入 MCU 的 19 脚。热电偶信号从 13、14 脚输入，热电偶冷端温度补偿采用 Q1（j3）测量温控器 2 和 3 端子附近的温度。热电阻信号从 13、14、17、18 脚输入。15、16 脚是内建 PGA 输出端口，两引脚之间接有 C9 电容，用以消除共模干扰。

图 7-29　OHR 温控器的 MCU

### （2）AI温控器的MCU应用电路

图 7-31 是 AI 温控器的 MCU 外形。图 7-32 是应用电路，MCU 编号为 7AX081，型号不详，根据芯片外形对图中引脚按 PLCC-44 进行编号。44 脚为正电源 VCC，22 脚为地 VSS。温控器测量信号通过 HEF4051 八选一模拟开关选择，选择哪路信号通过 MCU 的 17、18、19 脚由控制信号来决定，然后从 HEF4051 的 3 脚输出至运放，放大信号输入 MCU 的 14 脚；16 脚为可控增益控制端。从电路看，A/D 转换是在芯片中进行的。主控制输出、辅助输出、报警输出、通信输出都已在图中标出，有的供电和接地未画出。U6 为外接存储器 24C04，其 1、2、3 脚为地址端，4 脚接地，5 脚（SDA）为串行地址 / 数据输入 / 输出端，6 脚（SCL）为串行时钟端，7 脚（WP）为外部写保护开关端，其可以由 MCU 控制或接 VCC 进行保护，也可以接地而不进行保护。图中 U7 的丝印编号为 K1K7，推测是复位芯片。MCU 的 36 ～ 43 脚为 LED 数码管段驱动信号输出端，2、3、30、31 脚为按键扫描、LED 数

码管的位选择信号输出及 10 只 LED 指示灯的驱动信号输出端。

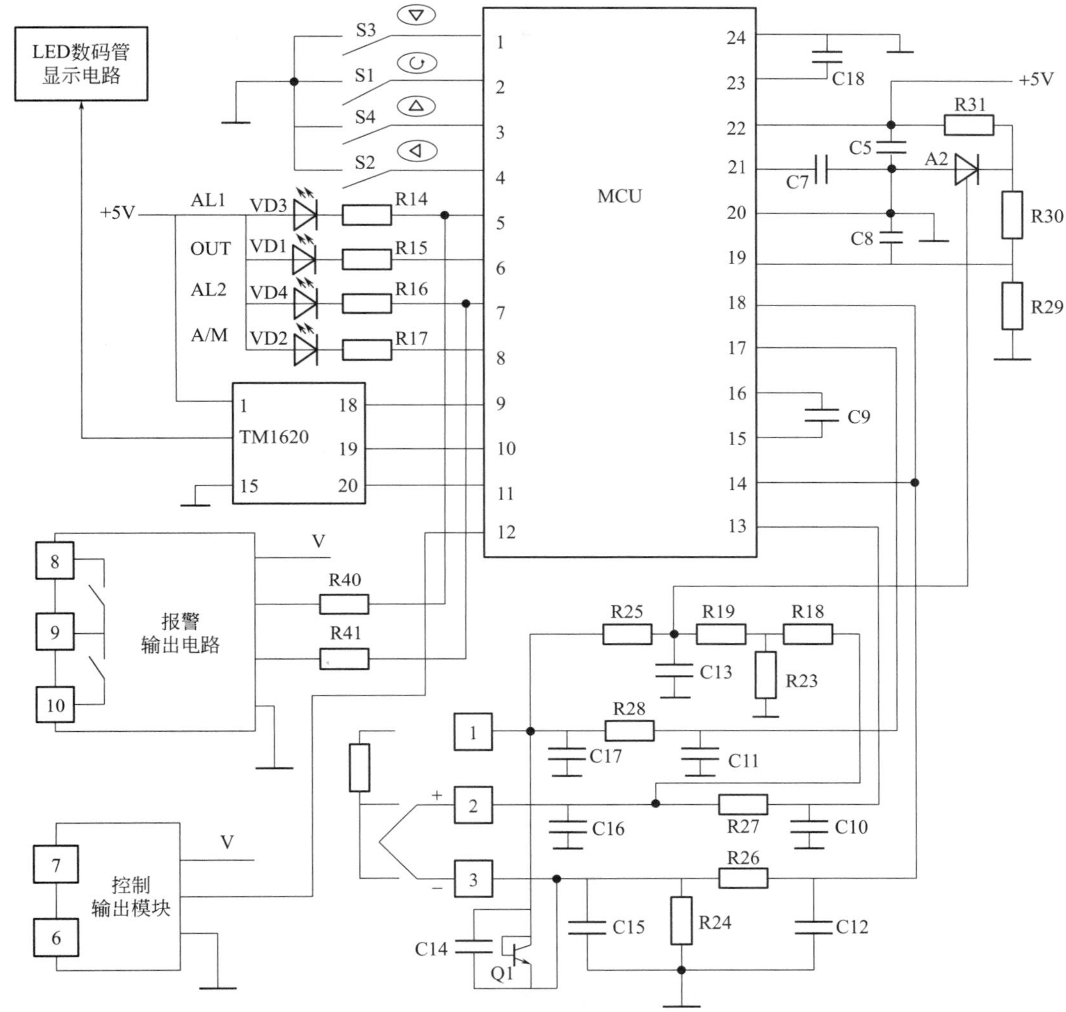

图 7-30　OHR 温控器的 MCU 应用电路

图 7-31　AI 温控器的 MCU

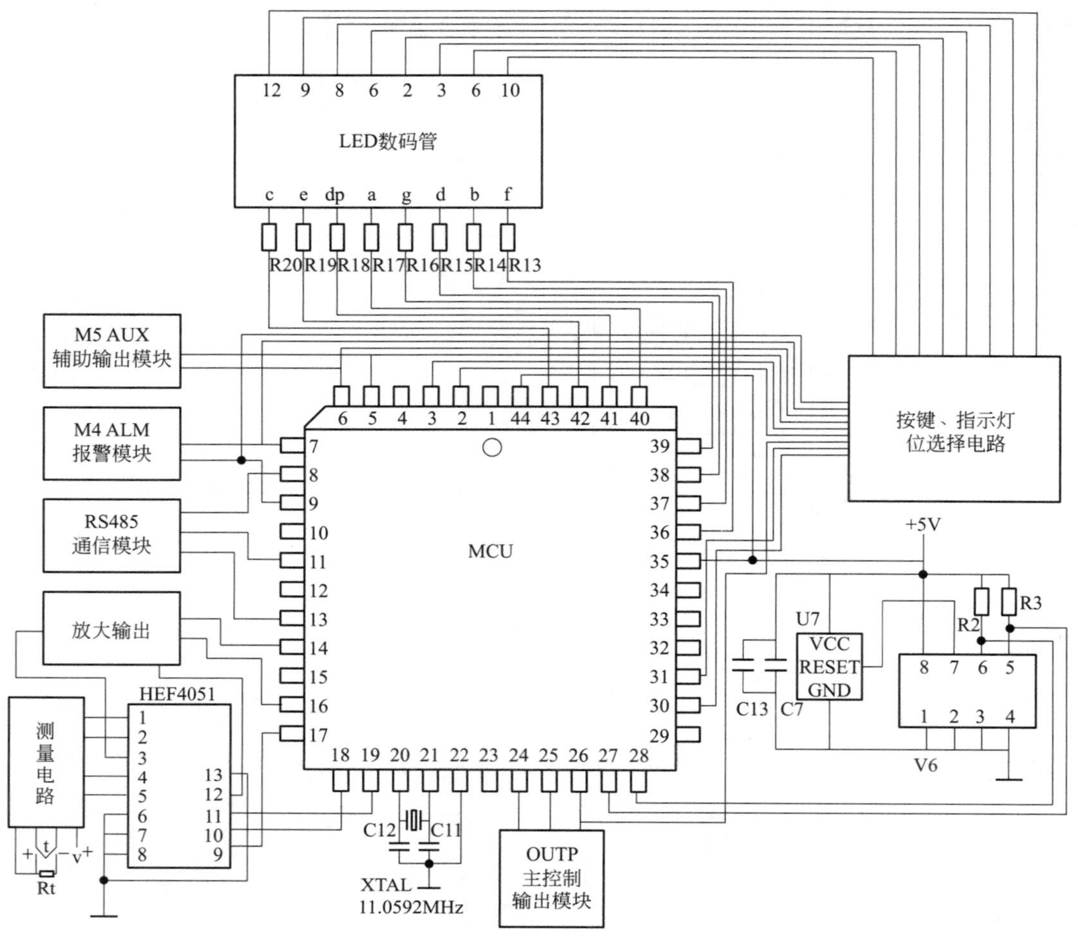


图 7-32　AI 温控器的 MCU 应用电路

# 7.6 温控器的显示及按键电路

温控器的数码显示管、状态显示灯、参数设置按键都集中在温控器的面板电路板上，由两组多位 LED 数码管、多个 LED 二极管、4 ～ 5 个按键组成，用以显示测量参数 PV 及给定值 SV；在进行参数设置时，显示相关参数的代码及具体的给定值；异常状态时，显示报警或故障代码，以提醒操作人员注意。

## 7.6.1 LED 数码管的结构

温控器用的“8”字形 LED 数码管，用 7 个发光二极管分别组成“8”字形的 7 段笔画，用字母 a、b、c、d、e、f、g 表示，称为 7 段 LED 数码管，余下的 1 个发光二极管组成小数点，用字母 h 或 dp 表示。数码管有共阳极和共阴极两种，所有发光二极管的阳极接在一起形成公共阳极的称为共阳极数码管，所有发光二极管的阴极接在一起形成公共阴极的称为共阴极数码管。如图 7-33 所示。

温控器采用共阳极数码管居多，共阳极数码管正端接正电源，负端通过限流电阻接单片机的 P 口。共阳极数码管点亮时电流从电源正→发光二极管→限流电阻→低电位的 P 口。P 口为高电位或高阻状态时，共阳极数码管熄灭，属于低电平驱动。

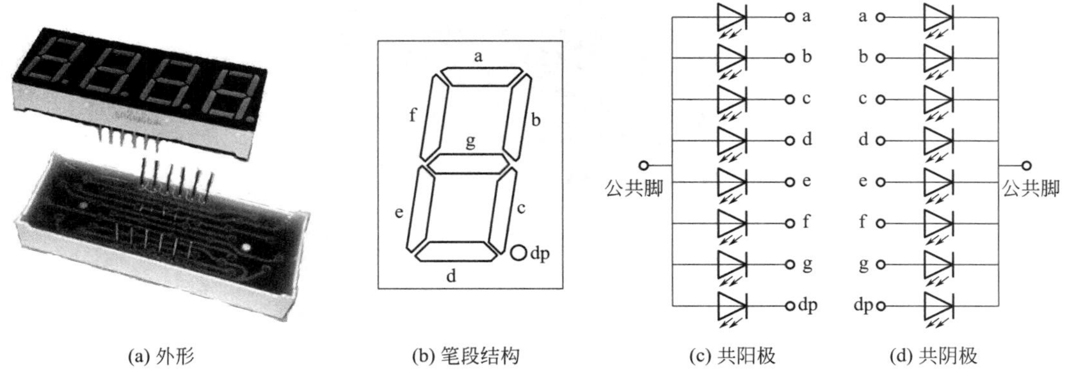


(a) 外形　(b) 笔段结构　(c) 共阳极　(d) 共阴极

图 7-33　LED 数码管的外形及内部结构图

温控器使用多位数码管，除笔段点亮外，还必须选择哪几位数码管应点亮，这就是段选择和位选择。温控器有 4 个数码管，称其为 4 位，即千位、百位、十位、个位。若要显示数字 150，应使百、十、个位的数码管点亮，使某位数码管点亮的过程称为位选择。数码管内的 8 个 LED 灯称其为数码管的笔段，显示 150 时，百位数码管的 b、c 两个笔段应点亮，十位数码管的 a、f、g、c、d 五个笔段应点亮，个位数码管的 a、b、c、d、e、f 六个笔段应点亮，控制数码管笔段的亮、熄过程称为段选择。通常是先把位选连接到高电平使位选有效，再把各位数码管的相关笔段连接到 GND，其余笔段连接高电平即可。

## 7.6.2　温控器的显示及按键电路实例

### （1）OHR 303A 温控器的显示及按键电路

图 7-34 是 OHR 303A 温控器的显示及按键电路板，它采用 2 个 3 位共阴极红色数码管分别显示测量值和给定值。图 7-35 是电路图。MCU（U1）的显示信号输入数码管驱动芯片 TM1620，处理后驱动数码管进行显示。TM1620 内部有 MCU 数字接口、数据锁存器、LED 高压驱动等电路，硬件电路简单，不需要限流电阻，芯片自带扫描电路，只需把要显示的内容写入寄存器，就可稳定显示。TM1620 的引脚 18 为数据输入，19 为时钟输入，20 为片选信号输入，它们受 U1 的控制。2 ～ 9 引脚输出段选信号，10、16、17 及 11、13、14 引脚输出位选信号。数码管 a ～ dp 为笔段引脚，PV 的 8、9、12 和 SV 的 8、9、12 为位选引脚。VD1 ～ VD4 红色 LED 管受 U1 的控制，按键信号输入 U1，使其按给定的程序或参数运行。LED 管及按键的用途图中已注明。

图 7-34　**OHR 303A** 温控器显示及按键电路板

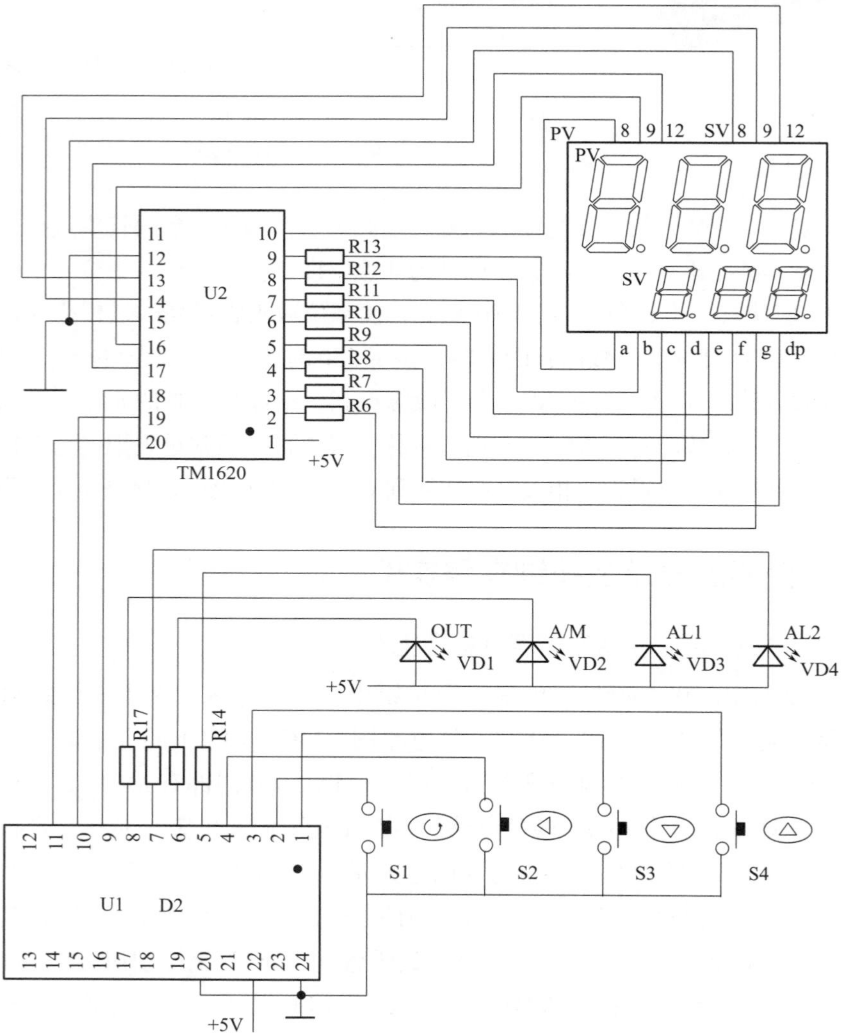

图 7-35　**OHR 303A** 温控器显示及按键电路图

### （2）AI温控器的显示及按键电路

图 7-36 是 AI 温控器的显示及按键电路板，它采用一组 4 位共阳极红色数码管，一组 4 位共阳极黄色数码管，分别显示测量值和给定值。图 7-37 是电路图。MCU 的 30、31 脚输出串行位选择信号，经 LED 驱动芯片 74HC164 处理后，输出信号经三极管 VT1 ～ VT8 放大后，与 MCU36 ～ 43 脚输出的笔段选择信号相配合，驱动 LED 数码管进行测量值和给定值的显示。10 只发光二极管分别显示运行、输出、报警、通信等状态。按键 S1 ～ S4 的操作信号返回 MCU 的 2 脚，使 MCU 进行参数的修改、显示、存储。

图 7-36　AI 温控器的显示及按键电路板

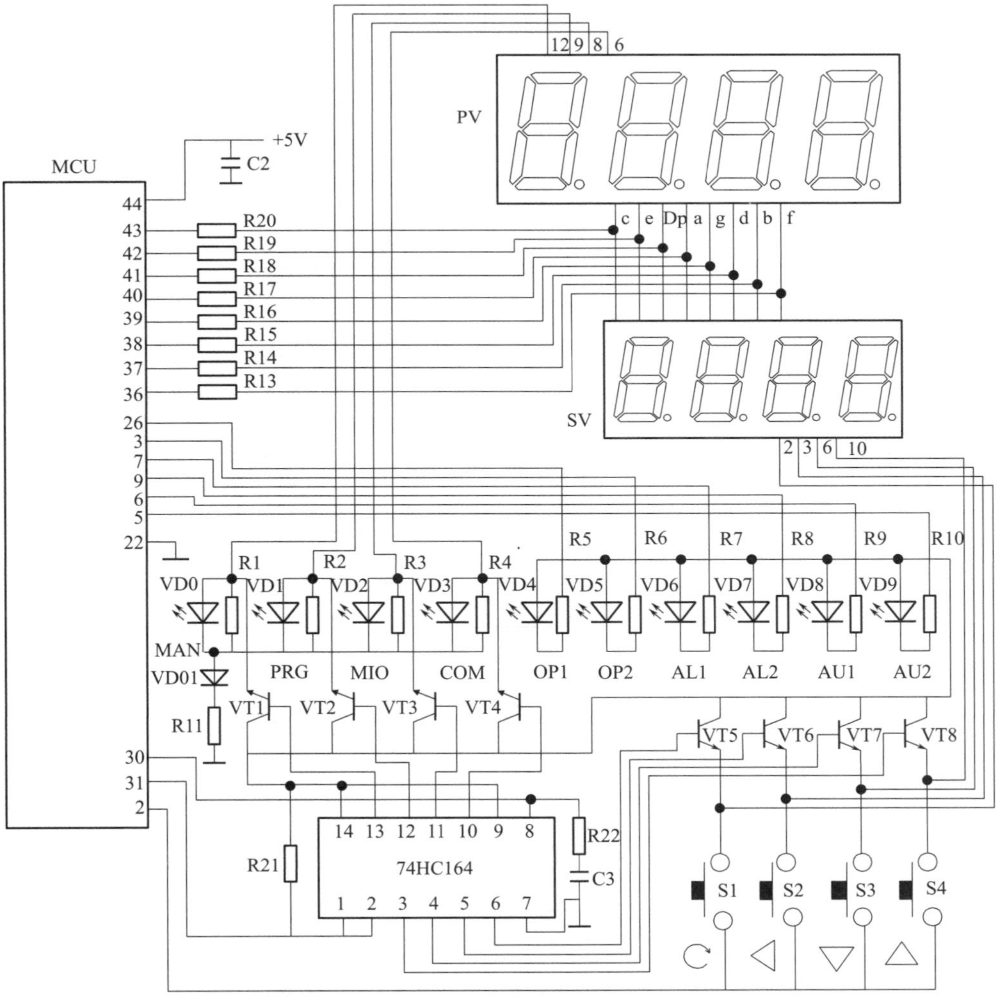

图 7-37　AI 温控器的显示及按键电路

### （3）LU-906M温控器的显示及按键电路

图 7-38 是 LU-906M 温控器的显示及按键电路图。它采用双 4 位共阳极红色数码管，显示测量值和给定值；绿色光柱显示输出信号的百分比。MCU 的显示信号输入 74HC154 译码器，转变为数码管的位选择信号，经三极管 VT1 ～ VT10 放大后，与 MCU 的 32 ～ 39 引脚输出的笔段选择信号配合，驱动数码管进行显示。发光二极管 VD1 ～ VD4，分别显示控制继电器及电流信号输出端的工作状态。按键输入信号经显示电路返回 MCU，使 MCU 执行特定程序的运行。32 ～ 39 引脚的端口可以双向传输，既可以接收从 MCU 来的显示信号，驱动数码管进行显示，还可把按键的输入信号传输至 MCU。

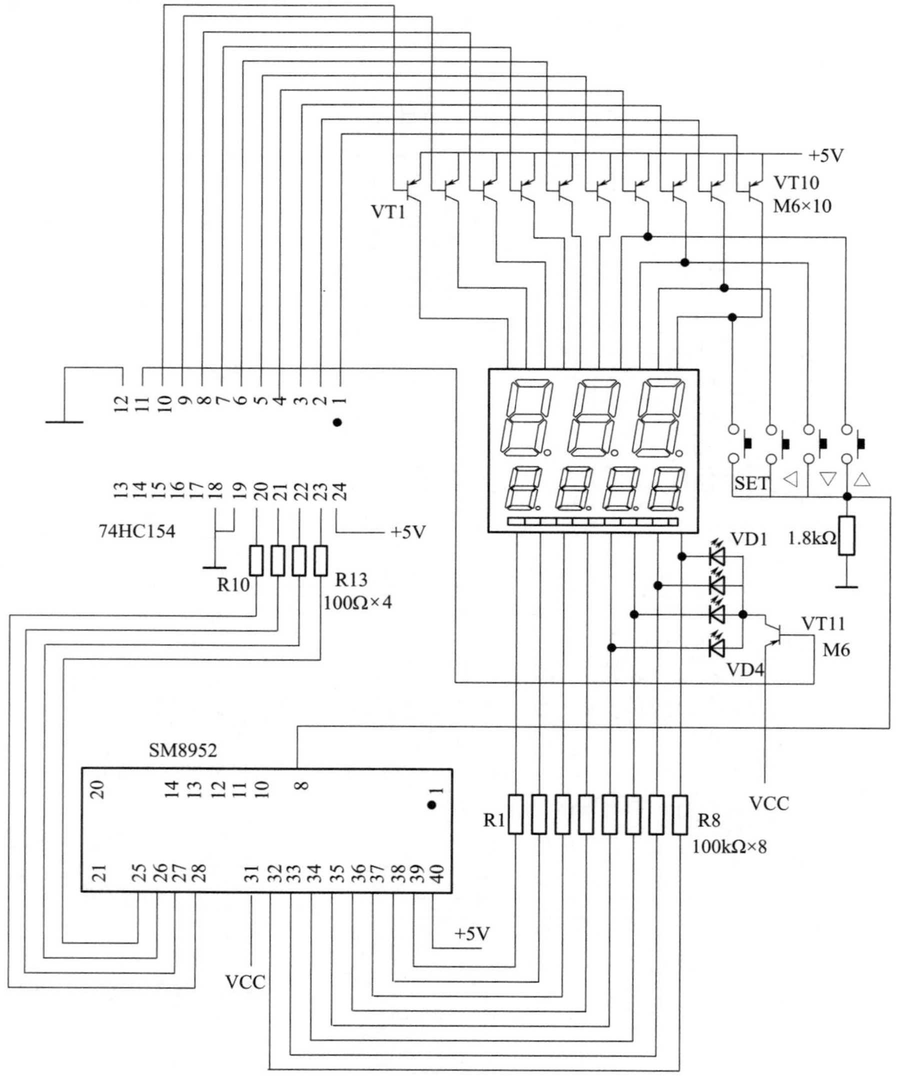

图 7-38　LU-906M 温控器显示及按键电路图

# 7.7 温控器的输出电路

温控器的输出电路包括控制信号的输出，测量或给定值的变送输出。常见的有：继电器触点开关输出，晶闸管无触点开关输出，晶闸管触发输出，SSR 驱动电压输出，线性电流输出，电压输出，上下限报警输出等。温控器的输出电路大多是以模块的形式配套，因此，温控器的输出端子接线就与配用的模块息息相关。

## 7.7.1 继电器触点开关输出电路

### （1）双继电器触点开关输出电路

图 7-39 是双继电器触点开关输出电路板。图 7-40 是电路图。图中温控器测量值与给定值的偏差，经过单片机的内部程序运算后，输出开关量控制信号，经过光电耦合器隔离和晶体管放大后，驱动 KA1 或 KA2 继电器动作，并从温控器的端子 3、4、5 输出双路常开触点信号，5 为触点的公共端。这种双继电器控制输出电路，常用于有加热、制冷要求的控制系统。

图 7-39 双继电器触点开关输出电路板

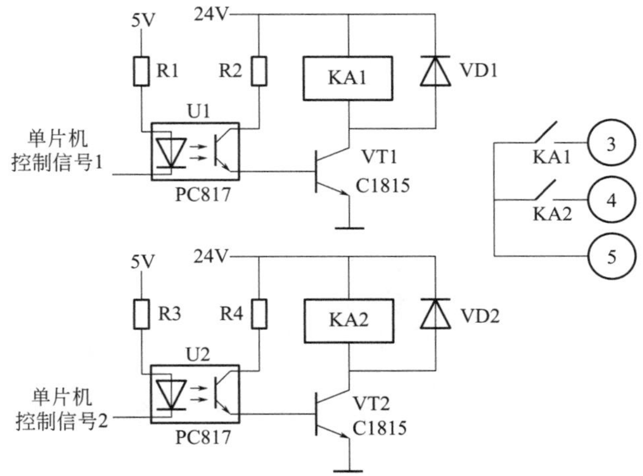


图 7-40 双继电器触点开关输出电路

### （2）继电器触点开关输出电路

图 7-41 是一种继电器常开、常闭触点开关输出电路，温控器的控制信号由单片机的 3 脚输出。当输出为高电平“1”时，三极管 VT1 及 VT2 都不导通，继电器 KA1 不动作；当 3 脚为低电平“0”时，三极管 VT1 及 VT2 导通，继电器 KA1 动作，常闭触点 NC 断开，常开触点 NO 闭合，从温控器的端子 5、6、7 输出常开、常闭触点信号。与继电器

触点并联的是 471 压敏电阻，起消火花作用。

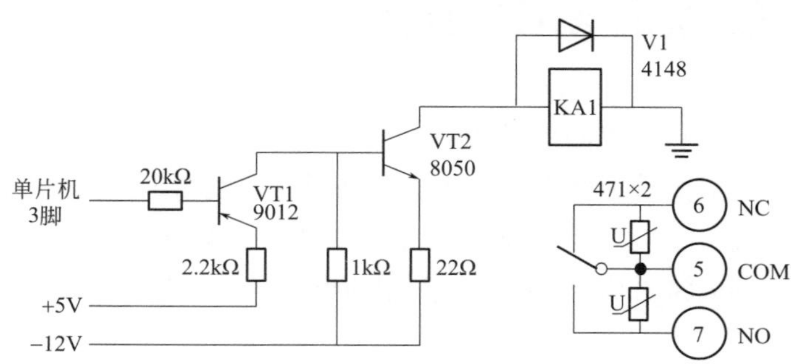


图 7-41　继电器常开、常闭触点开关输出电路

继电器触点开关输出电路常作为主输出，用于位式控制或时间比例控制，还可作辅助输出的控制或报警输出。用于位式控制时，继电器触点的通、断信号就可直接或间接地控制电加热电源的通和断。位式控制控温效果差，现大多采用时间比例控制来调整电加热的功率。单片机的时间比例输出是一个方波信号，其周期等于控制周期，通常为 0.5 ～ 4s。输出值大小正比于方波的占空比，且占空比是可调的，还可在 0 ～ 100% 之间任意给定输出限制值，继电器触点的输出受控于人工智能控制的输出信号。

## 7.7.2　固态继电器驱动电压输出电路

图 7-42 是 OHR-A303 温控器的固态继电器驱动电压输出电路板。图 7-43 是电路图，图中温控器 MCU 的 12 脚输出的 PWM 脉冲信号，经 365T 光电耦合器隔离传输至三极管 VT1，放大后在 R2 电阻两端取出直流电压，从温控器的 7 和 6 端输出，该驱动电压大多为 0 ～ 10V。与 R2 电阻并联的二极管 VD1、电容 C 是过压保护元件。通常固态继电器的驱动电压为 3 ～ 32V，实际上 3 ～ 10V 就可以可靠地驱动。

图 7-42　固态继电器驱动电压输出电路板

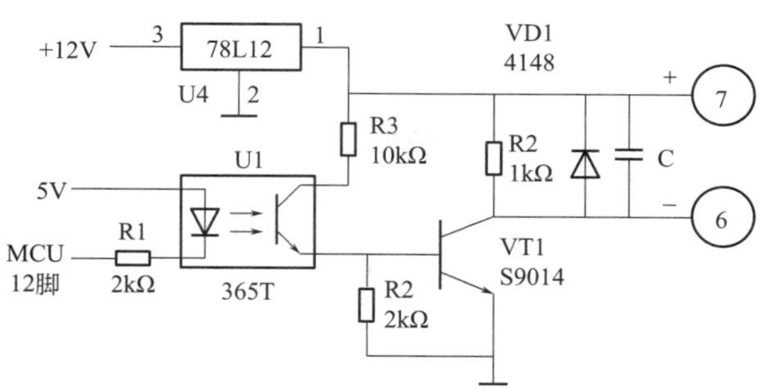


图 7-43 固态继电器驱动电压输出电路图

## 7.7.3 单路晶闸管过零触发输出电路

图 7-44 是 AI 温控器的单路晶闸管过零触发输出模块。图 7-45 是电路原理图，本电路采用了 MOC3083 光电耦合器。它由砷化镓发光二极管及具有自动过零检测功能的双向晶闸管组成。该光电耦合器有六个引脚，1、2 是输入端，4、6 是输出端。1、2 由温控器的 MCU 进行控制，当 1、2 之间有大于 5mA 的触发电流时，把发光二极管点亮，然后 MOC3083 中的过零检测电路检测 4、6 之间的电压，电压出现过零点则触发双向晶闸管，使 4、6 由断开状态转变为导通状态。当 1、2 之间的电流消失时，4、6 由导通状态转变为断开状态。IC1 光电耦合器 4、6 的通断又控制了 BCR1 的通断状态，并从温控器的 11 和 12 端输出过零触发驱动信号。本电路的输出管选择了三 象限双向晶闸管，可以不用外接 RC 缓冲电路。

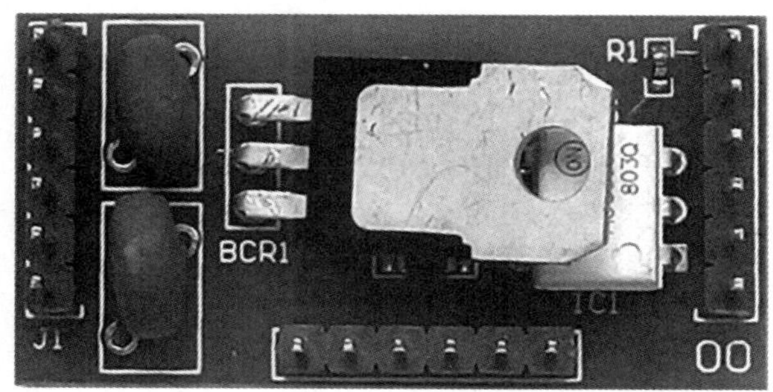


图 7-44 单路晶闸管过零触发输出模块

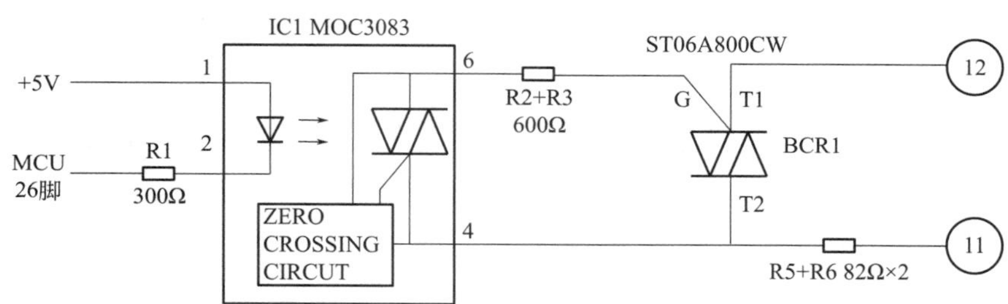


图 7-45 单路晶闸管过零触发输出电路

## 7.7.4 单路晶闸管移相触发输出电路

图 7-46 是 AI 温控器的单路晶闸管移相触发输出模块。图 7-47 是电路原理图，图中驱动输出采用 JST410 双向晶闸管。817 光电耦合器是同步信号检测的隔离器件，它将检测的过零同步信号传送至 VT1 放大后，送至 MCU 3 脚， MCU 根据过零同步信号来确定触发信号， 使其按移相要求输出触发脉冲信号。MCU 26 脚输出为低电平时，MOC3052 光电耦合双向晶闸管驱动器被触发导通，同时又使 K1 导通，该移相触发驱动信号通过温控器 11、12 端输出，该信号驱动外接的晶闸管导通从而接通电加热器电源。

图 7-46 单路晶闸管移相触发输出模块

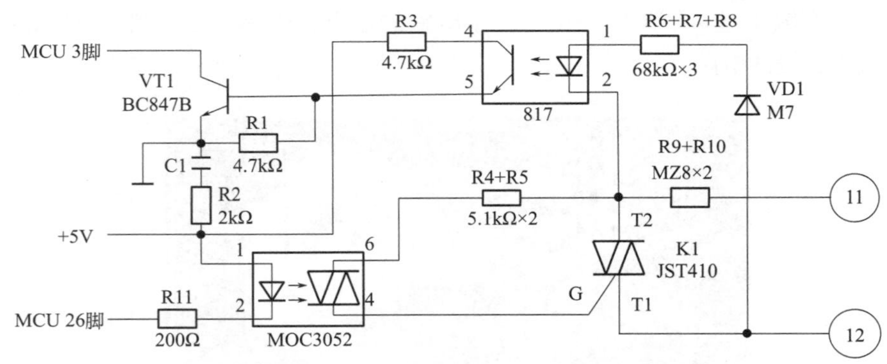


图 7-47 单路晶闸管移相触发输出电路

## 7.7.5 电流输出电路

### （1）LU 型温控器的电流输出电路

LU 型温控器的电流输出电路如图 7-48 所示，图中温控器 MCU 输出的 PWM 脉冲信号，经 P521 光电耦合器隔离传输至 RC 低通滤波电路，成为直流电压，经运算放大器 N1 反相放大后，输入放大器 N2。运放 N2 是个比较器，它将正相端电压输入信号与反相端电压进行比较，并经放大，再经过三极管 S9014 放大。S9014 的射级电流作用在 1kΩ 电位器上，集电极输出的 4 ～ 20mA 电流，从温控器 15、16 端输出。

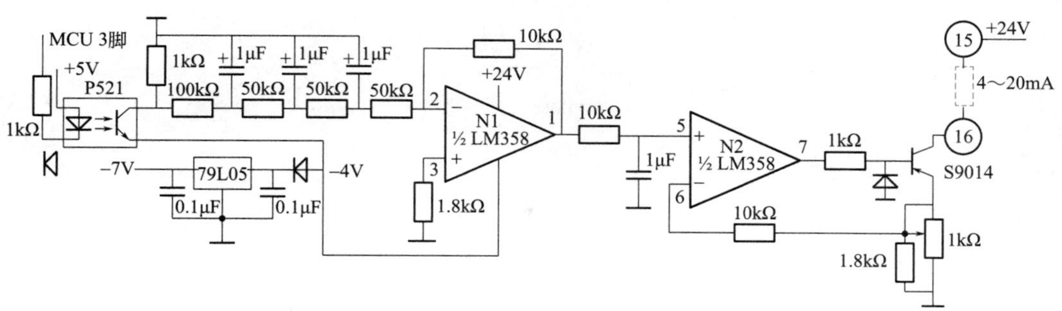


图 7-48 LU 型温控器的电流输出电路

### (2)旧款AI-708温控器的电流输出电路

旧款 AI-708 温控器的电流输出电路如图 7-49 所示，图中温控器 MCU“3”引脚输出的 PWM 脉冲信号，经 P521 光电耦合器隔离传输至 S9013，再经 RC 低通滤波电路成为直流电压，输入运算放大器 OP07 放大，通过 S8550 输出 4 ～ 20mA 电流， 从温控器的 7、8 端输出。后级放大电路是一个射极跟随器，射极跟随器具有输入电阻大、输出电阻小的特点，这正是 4 ～ 20mA 电路所需要的。

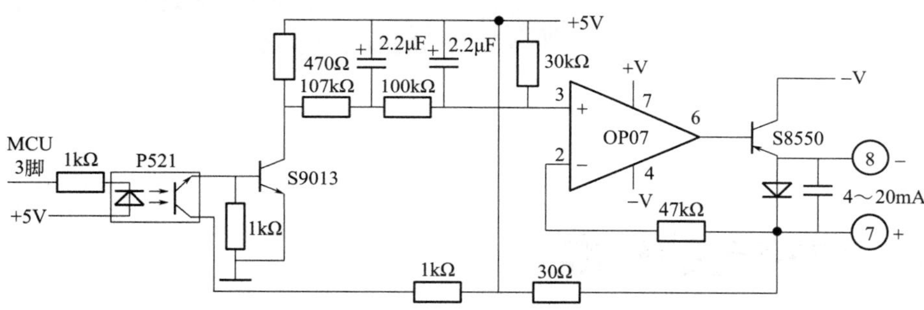


图 7-49 旧款 AI-708 温控器的电流输出电路

# 第8章 温控器的维修

## 8.1 温控器的校准

按《温度显示仪校准规范》（JJF1664—2017）的规定，接收热电偶、热电阻等温度传感器信号或温度变送器输出信号的温度显示仪表，包括过程测量控制系统中温度显示部分的校准，接收直流电压或电流过程信号显示的二次仪表均可参照该规范进行校准。温控器可参照本规范进行安全性能的检查及示值误差的校准。

### 8.1.1 温控器安全性能的检查

用 500V 的兆欧表测量温控器金属外壳（或接地端子）与输入端子之间、金属外壳（或接地端子）与电源端子之间的电阻，测量时应稳定 5s 后读数。对于 220V 供电的温控器，在常温下其绝缘电阻应不小于 20MΩ，24V DC 供电的温控器可不进行绝缘电阻的测量。

这条规定很难实施，因为只有少数的温控器，如岛电、欧陆温控器有接地端子，而大多数温控器用的是塑料外壳，都没有接地端子。

## 8.1.2 温控器示值误差的校准

### (1) 温控器的校准接线

配热电阻温控器，校准时的接线如图 8-1 所示。三线制连接时，三根导线电阻之差应尽可能小，在阻值无明确规定时，可在同一根铜导线上截取三段不超过 1m 的等长度导线作为专用连接导线。

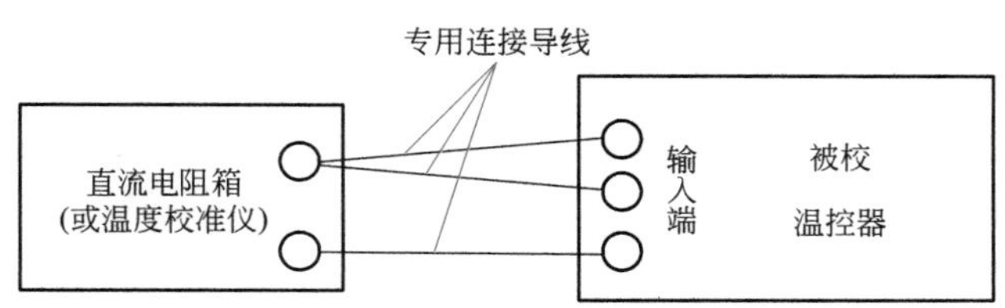


图 8-1 配热电阻温控器的校准接线图

配热电偶温控器都具有热电偶冷端温度自动补偿功能，校准时温控器输入端的接线应选择匹配的补偿导线，使用标准直流电压源时应使用 0℃恒温槽，按图 8-2 进行接线。使用温度校准仪时可不使用 0℃恒温槽，按图 8-3 进行接线。

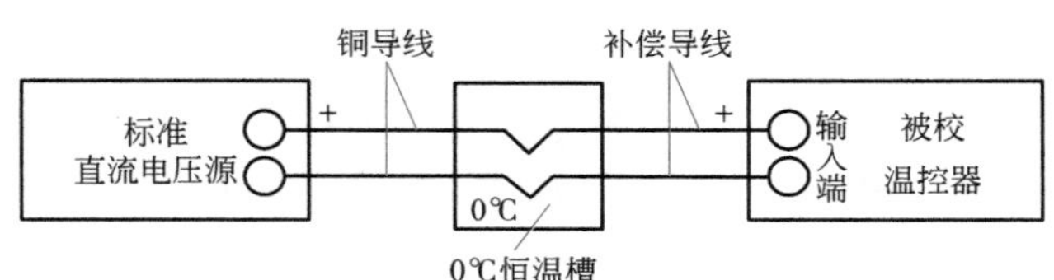


图 8-2 配热电偶温控器标准器用直流电压源的校准接线图

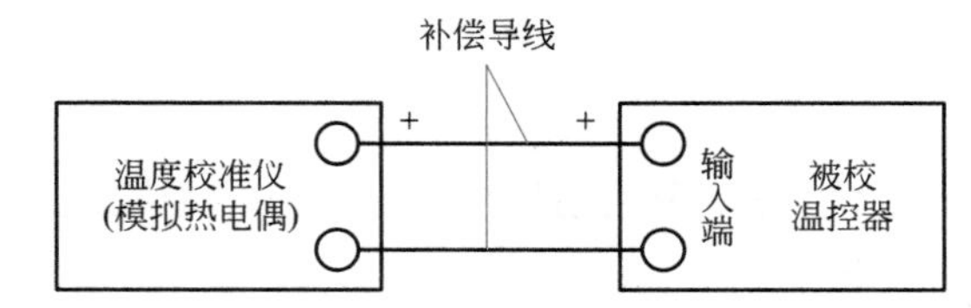


图 8-3 配热电偶温控器标准器用温度校准仪的校准接线图

接收过程信号的温控器，校准时的接线如图 8-4 所示。过程信号包括直流电流、直流电压、直流毫伏信号。

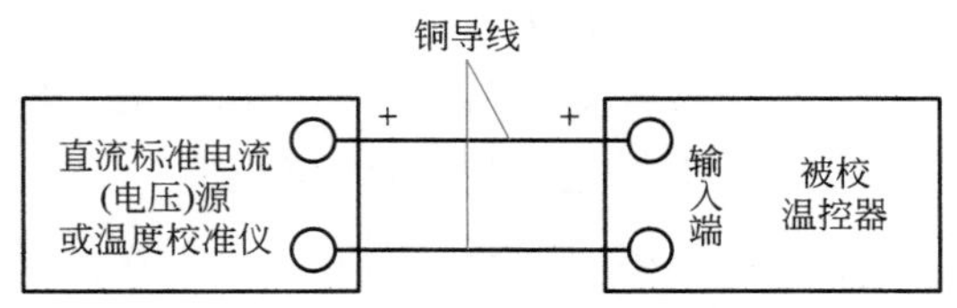


图 8-4 接收过程信号的温控器的校准接线图

校准前温控器应通电预热，预热时间按制造厂说明书中的规定确定，一般不少于15min。具有冷端温度自动补偿功能的温控器的预热时间不少于30min。

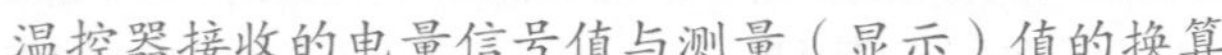

## 知识扩展

温控器接收的电量信号值与测量（显示）值的换算

校准接收过程信号的温控器时，温控器接收的是电量信号值，但温控器显示的是工艺测量值，为方便校准和读数，特介绍信号值与测量（显示）值为线性关系时的换算公式及计算实例。

① $\text{任意信号值}=\text{信号下限}+(\text{信号上限}-\text{信号下限})\times\dfrac{\text{任意测量值}-\text{量程下限}}{\text{量程上限}-\text{量程下限}}$。

**计算实例1** 某温控器的量程为 −25 ～ +25kPa，该表还具有4～20mA电流变送输出功能。当温控器显示0kPa时，与其对应的变送输出电流是多少？

解：由上式得

$$\text{输出电流值}=4+(20-4)\times\frac{0-(-25)}{25-(-25)}=12(\text{mA})$$

当温控器显示0kPa时，对应的变送输出电流是12mA。

② $\text{任意测量值}=\text{量程下限}+(\text{量程上限}-\text{量程下限})\times\dfrac{\text{任意信号值}-\text{信号下限}}{\text{信号上限}-\text{信号下限}}$。

**计算实例2** 与温控器配用的温度变送器量程为0～600℃，输出电流为4～20mA。当温度变送器输出16mA电流给温控器，温控器的显示温度应是多少？

解：由上式得

$$\text{温度显示值}=0+(600-0)\times\frac{16-4}{20-4}=450(℃)$$

温度变送器输出16mA电流给温控器时，温控器的显示温度是450℃。

### （2）温控器示值误差的校准

温控器的校准点一般不少于5个，包括上限、下限在内原则上均布的整十度或百度点。也可以选择用户指定的校准点。

温度信号的输入值依据相应的分度表。首先输入下限值温度对应的标称电量值，读取温控器的温度示值；然后开始增大输入信号（上行程时），分别输入各校准点温度所对应的标称电量值，并读取温控器的示值，直至上限；在输入上限温度信号并读取温控器示值后减小输入信号（下行程时），分别输入各校准点温度所对应的标称电量值，并读取温控器的示值，直至下限。用同样的方法重复测量一次。

热电偶输入的温控器，如果具有冷端温度自动补偿功能，校准时给温控器输入的信号应是被校点温度对应的标称电势值减去补偿导线修正值。

取两个循环读数的平均值计算示值误差。因此，每个校准点有4个温控器示值，取4个温控器示值的平均值与校准点温度之差作为该校准点的示值误差，如式（8-1）：

$$\Delta_t = \overline{t_{\mathrm{d}}} - t \tag{8-1}$$

式中 $\Delta_t$——各被校点的示值误差，℃；

$\overline{t_{\mathrm{d}}}$——温控器示值的平均值，℃；

$t$——被校点温度值，℃。

校准实例 1：某温控器的量程为 0 ～ 800℃，与 K 分度热电偶配用，准确度等级为 0.5 级，分辨力为 0.1℃， 具有冷端温度自动补偿功能。校准时的参考端温度为 21℃，标准器采用温度校准仪，校准接线按图 8-3，校准结果见表 8-1。从表 8-1 知，被校温控器的示值误差在允许范围内。

表 8-1　校准数据及示值误差

| 被校点 /℃ | 相对应的电量 /mV | 行程 | 温控器显示值 /℃ | | | 示值误差 /℃ |
|---|---|---|---|---|---|---|
| | | | 第一次 | 第二次 | 平均值 | |
| 0 | −0.838 | 上 | 0.7 | 1.6 | 1.08 | 1.08 |
| | | 下 | 1.0 | 1.0 | | |
| 200 | 7.300 | 上 | 201.9 | 200.8 | 201.15 | 1.15 |
| | | 下 | 200.5 | 201.4 | | |
| 400 | 15.559 | 上 | 402.2 | 400.9 | 401.53 | 1.53 |
| | | 下 | 401.4 | 401.6 | | |
| 600 | 24.067 | 上 | 603.4 | 601.9 | 602.05 | 2.05 |
| | | 下 | 600.7 | 602.2 | | |
| 800 | 32.437 | 上 | 801.9 | 803.5 | 802.73 | 2.73 |
| | | 下 | 802.0 | 803.5 | | |

### （3）温控器的现场校准

怀疑有误差的温控器，可在现场采用修正法进行校准，以确定温控器是否超差。

校准实例 2：某温控器的量程为 0 ～ 1000℃，与 K 分度热电偶配用，准确度等级为 0.2 级，全量程的允许误差为 2℃，分辨力为 0.1℃，标准器采用标准直流电压源，校准接线按图 8-3，连接导线用铜导线。操作步骤及方法如下。

① 用分辨率不低于 0.5℃的温度计测量被校表信号输入端子处的温度（即室温），从热电偶分度表中查出该室温对应的热电势值 $E_S$。

如测得室温为 20℃，对应的热电势值 $E_S$=0.798mV。

② 查出各个被校点温度所对应的热电势值 $E_t$。

被校点选择：0℃、250℃、500℃、750℃、1000℃。以被校点 500℃为例，查得对应的热电势值为 20.644mV，其余被校点可参照查表。

③ 计算出热电偶冷端温度不为零时，标准器应输入的标称热电势值 $E_x=E_t-E_S$。

被校点 500℃的标称热电势值 $E_{500}$=20.644−0.798=19.846mV， 其余被校点可参照计算。

④ 调整标准器的输出毫伏值，然后读取被校表显示的温度值，取上、下行程两个循环读数的平均值，再计算这 4 个温控器示值的平均值，该平均值即为温控器显示值。

以被校点 500℃为例，调整标准器输出为 19.846mV，读取被校表的温度显示值，经计算这 4 个温控器示值的平均显示值为 501.3℃。

⑤ 根据式（8-1）计算温控器被校点的示值误差。

以被校点 500℃为例，$\Delta_t$=501.3−500=1.3℃， 即 500℃被校点的示值误差为 1.3℃。

## 8.2 温控器的故障判断

温控器采用了微处理器、贴片电子元件、软件零点校正技术，可靠性较高，温控器出现故障的概率很低，很多故障都是由参数设置有误或外部原因引起的。

先检查温控器的参数设置是否正确，搞清楚温控器所处的工作状态，因为，温控器所处的工作状态将决定是否可进行某项操作。正常使用的温控器通常处于基本状态，基本状态或程序运行状态可通过按键切换来实现。

新使用的温控器在分析、判断故障时，先检查参数设置是否正确，再检查硬件问题：如输入、输出模块的选择及安装是否正确，是否把热电偶和热电阻混错，输入信号与所设置的分度号是否对应。在用的温控器如果被维修过，要检查参数设置、接线有没有被改动，输入、输出接线是否正确。参数设置和外部电路没有问题，可通过温控器校准，来确定温控器是否正常。

怀疑温控器有问题，可用正常的温控器整机代换来确定故障。对代换上的温控器应进行设置，如分度号、量程上下限，控制方式、控制输出信号、报警值等参数的设置。

拆下修理的温控器，在保修期内应返厂修理，有的厂家承诺提供多年的温控器免费保修服务，返厂修理是首选。不具备返修条件时，可自行进行一些有限的修理，最常用的方法就是用同型号温控器的电路板或模块进行代换来判断故障，但只能用于可拔插的电路板和模块，对用排线焊接的电路板和模块不提倡代换。整机代换，电路板、模块代换需要有温控器、电路板、模块等配件。因此，应购置一定数量的温控器整机和备件，同一开孔尺寸的温控器可按使用温控器总量的 2% ～ 10% 来考虑整机备用量，使用的温控器数量越少整机备用量比例应增大，而电路板、模块备件最少要各有一块，后期再按需购置即可。电路板及模块采用焊接的温控器，用户无法自行更换，应适当增加整机的备用量。

温控器故障大多出现在电源电路、输出电路、各单元板块间的连接插线，而软件及 MCU 出现故障的概率很低。首先检查电解电容器是否失效，大的元件有没有脱焊。二极管、三极管与集成块相比更易失效，维修时不要过多纠结集成块问题。没有电路图时，可以画个温控器的电路结构框图，大致了解电路的功能和动作过程，再根据维修经验进行修理。

小经验

通过温控器显示来判断故障

通电后，AI 温控器上、下显示窗分别显示测量值 PV 和给定值 SV，显示窗交替显示字符时表示有故障：显示“orAL”表示输入的测量信号超出量程；“EErr”表示系统内部检测到有错误，如参数丢失；“FErr”表示阀门反馈或外给定信号超量程；显示“HIAL”“LoAL”“HdAL”或“LdAL”时，分别表示发生了上限报警、下限报警、偏差上限报警、偏差下限报警；“StoP” 表示处于停止状态。当程序型温控器显示“HoLd”和“rdy”时分别表示暂停状态和准备状态。

## 8.3 温控器电源电路的维修

### 8.3.1 温控器电源电路故障检查及处理

电源损坏时温控器会没有任何显示。维修时先查看电源电路，观察电路元件有没有烧黑炸裂、电容鼓包现象。用万用表对怀疑的元件进行测量，如整流管、电解电容、电源控制芯片等，用电阻挡检查来发现短路及开路故障，若没有发现明显问题，可将电源与负载断开，但要接个假负载，如 5V 电源可接一个 20Ω/3W 的电阻。试着接通温控器电源，如能送上电，可测量输出电压，若电源输出正常，说明开关电源正常，故障在开关电源的负载电路；若开关电源输出仍不正常，说明故障在开关电源本身。当判断故障在开关电源时，可根据故障现象，大致圈定故障范围：开关电源没有输出，温控器指示灯一个也不亮，故障一般在交流输入电路或电源控制芯片；而输出电压过高或过低，一般在稳压电路。

小提示

温控器开关电源检修注意事项

检修温控器开关电源时要切断供电，以免异常或高电压损坏单片机，或造成印板上其他集成块损坏。不能使稳压反馈回路中断，否则会导致输出电压异常升高。

开关电源的保护二极管和用于次级整流的二极管为快恢复二极管，不能用普通整流二极管代用。开关电源元件损坏时，最好换用原型号的。

测量开关电源的电压要选择好参考电位，开关变压器初级回路的地为热地，开关变压器次级回路的地为冷地。测量初级回路电压时要以热地为参考点，即万用表的黑表笔接热地；测量负载电路的电压时要以冷地为参考点，即万用表的黑表笔接冷地。

（1）负载短路的检查

每个用电元件都有可能会出现短路故障，检查前要分出主要负载和次要负载回路，然后在电源输出端断开与主、次负载的连接，在断开处串入指针式万用表测电流，电流挡位选大点，如 500mA 挡，测量送电瞬间的电流，如果电流超出正常范围，说明该负载回路存在短路故障。然后再检查后续元件。不方便接入万用表时，可以采用逐个元件断电的方法检查，把元件的一个电源脚与电源脱焊后，再检查短路故障，直到找到短路点。

（2）输出电压偏低或者带负载能力差

输出电压应为 5V 却只有 3V；空载时有 5V，带上负载输出电压就下降。这类故障大多是由电容器引起的。从电容器外观看不出问题，用同型号同容量的电容来更换大多会有成效，因为开关电源电路中的大容量电解电容器，除了滤波外，还有储能作用，而电解电容器又是所有电子元件中最易失效的。使用时间较长的温控器，检修开关电源时，更换电解电容器，只有好处而无害处。

（3）没有输出电压或者输出电压不稳定

开关电源能送上电，但所带的直流电压回路无输出。主要原因有电源回路出现断路、短路现象，过压、过流保护电路有故障，振荡电路没有工作，电源负载过重。此时可用万用表检查整流滤波电路，如整流二极管是否损坏、滤波电容是否漏电等。电子元件都正常，仍没有输出电压，则可能是电源控制芯片有故障。

部分直流电压回路有电压输出，说明初级电路正常，故障在次级电路中。应检查相关的高频整流二极管及滤波电容，如整流二极管损坏会使该电路无电压输出，滤波电容漏电会造成输出电压不稳定或偏低等故障，可用万用表检查来发现损坏的元件。

（4）电源控制芯片的检查

怀疑电源控制芯片有问题，可以用万用表对其进行在路电阻、电压测量。表 8-2 ～表 8-7 是几款电源控制芯片的引脚功能及电压、电阻值，供维修参考。表中在路电阻数值用 MF47 指针式万用表测得，表中的“黑表笔测”表示黑表笔接引脚，红表笔接地；“红表笔测”表示红表笔接引脚，黑表笔接地。用数字万用表测量，则红、黑表笔与其正好相反。万用表型号不同，测得的电阻值会与表中数值有出入，这是正常现象，不要太在意电阻值是否准确，有个范围就可助于判断故障，因为，测量芯片的在路电阻值，主要是用来判断芯片或外电路是否有短路或开路故障。表中电压值是用数字万用表测得。

① TOP221Y 的测量数据（表 8-2）。

**表 8-2　TOP221Y 的引脚功能及电压、电阻值**

| 引脚 | 符号 | 功能 | 电压 /V | 在路电阻值 /kΩ | |
|---|---|---|---|---|---|
| | | | | 黑表笔测 | 红表笔测 |
| 1 | C | 控制误差放大器、反馈电流输入端 | 5.8 | 110 | 6.5 |
| 2 | S | MOS 管的源极接点 | | 0 | 0 |
| 3 | D | MOS 管的漏极接入点 | 310 | 接近 ∞ | 7 |

② VIPer12A 的测量数据（表 8-3）。

**表 8-3　VIPer12A 的引脚功能及电压、电阻值**

| 引脚 | 符号 | 功能 | 电压 /V | 在路电阻值 /kΩ | |
|---|---|---|---|---|---|
| | | | | 黑表笔测 | 红表笔测 |
| 1、2 | GND | 场效应管 MOS 源极及地端 | 0 | 0 | 0 |
| 3 | FB | 取样电压输入端 | 0.927 | 1.5 | 1.5 |
| 4 | VDD | 内部电路供电端 | 11.7 | 15 | 6.2 |
| 5、6 7、8 | DRAIN | 场效应管 MOS 漏极 | 312 | 120 | 7 |

③ VIPer22A 的测量数据（表 8-4）。

**表 8-4　VIPer22A 的引脚功能及电压、电阻值**

| 引脚 | 符号 | 功能 | 电压 /V | 在路电阻值 /kΩ | |
|---|---|---|---|---|---|
| | | | | 黑表笔测 | 红表笔测 |
| 1、2 | GND | 场效应管 MOS 源极及地端 | 0 | 0 | 0 |
| 3 | FB | 取样电压输入端 | 0.86 | 1.3 | 1.3 |
| 4 | VDD | 内部电路供电端 | 17.1 | 13.5 | 6.4 |
| 5、6 7、8 | DRAIN | 场效应管 MOS 漏极 | 310 | 120 | 6.6 |

正常工作时，VIPer22A 的 4 脚供电 VDD 应不低于 15V。若电源电压低于 90V，芯片内部的初始供电电路会停止工作，从而导致 VIPer22A 不能可靠启动。3 脚的正常工作电压范围为 0 ～ 1V。可代换 VIPer22A 的芯片型号有：DK112，AP8022。

④ TEA1622P 的测量数据（表 8-5）。

表 8-5　TEA1622P 的引脚功能及电压、电阻值

| 引脚 | 符号 | 功能 | 电压 /V | 在路电阻值 /kΩ | |
|---|---|---|---|---|---|
| | | | | 黑表笔测 | 红表笔测 |
| 1 | $V_{CC}$ | 电源电压 | 32.25 | 100 | 6.2 |
| 2 | GND | 接地 | 0 | 0 | 0 |
| 3 | RC | 频率设置 | 0.893 | 7.3 | 7.0 |
| 4 | REG | 稳压输入 | 2.727 | 11.5 | 8.6 |
| 5 | AUX | 去磁化控制电压输入 | 0.120 | 10.8 | 10.7 |
| 6 | SOURCE | MOS 管的源极 | 0.003 | 0 | 0 |
| 8 | DRAIN | MOS 管的漏极 / 启动电流输入 | 304 | ∞ | 9.5 |

⑤ MA2830 的测量数据（表 8-6）。

表 8-6　MA2830 的引脚功能及电压、电阻值

| 引脚 | 功能 | 电压 /V | 在路电阻值 /kΩ | |
|---|---|---|---|---|
| | | | 黑表笔测 | 红表笔测 |
| 1 | 反峰保护连接端 | 247.8 | 200 | 36 |
| 2 | 内部开关管集电极 | 298.5 | 100 | 14.5 |
| 3 | 内部开关管基极 | 0.08 | 6 | 5.9 |
| 4 | 接地端 | 0 | 0 | 0 |
| 5 | 驱动激磁输入端 | -0.13 | 0.1 | 0.1 |
| 6 | 稳压控制输入端 | 0.99 | 24 | ∞ |
| 7 | 过压保护输入端 | 0.57 | 0.2 | 0.4 |

⑥ TNY264 的测量数据（表 8-7）。

表 8-7 TNY264 的引脚功能及电压、电阻值

| 引脚 | 符号 | 功能 | 电压 /V | 在路电阻值 /kΩ | |
|---|---|---|---|---|---|
| | | | | 黑表笔测 | 红表笔测 |
| 1 | BP | 外接电容提供稳压参考 | 6.29 | 125 | 6.5 |
| 2、3 | S | 源极引脚 | 0 | 0 | 0 |
| 4 | EN | 使能或欠压输入 | 7.25 | 50 | 8.5 |
| 5 | D | MOS 管的漏极接入点 | 330 | 1MΩ 以上 | 7 |
| 7、8 | S（HVRTN） | 输出电压反馈 | 0 | 0 | 0 |

1 2 3 4 TNY264 8 7 5

**小经验**

温控器开关电源检修技巧

a. 烧供电保险管故障 主要检查 300V 以上的大滤波电容、整流桥各二极管及开关管等部件，抗干扰电路出问题也会导致烧保险管。电源控制芯片击穿也会烧保险管，同时有可能把电流检测电阻烧坏，热敏电阻很容易和保险管一起被烧坏。

b. 保险管正常但开关电源无输出 说明开关电源未工作或进入了保护状态。先测量电源控制芯片的启动脚是否有启动电压，无启动电压或启动电压太低，应检查启动电阻和启动脚外接的元件是否漏电。有启动电压，则测量控制芯片的输出端在送电瞬间是否有高、低电平的跳变，若无跳变，说明控制芯片已坏，可先代换控制芯片，再检查外围元件。

c. 开关电源输出电压过高 一般是稳压取样和稳压控制电路有问题。因为直流输出、取样电阻、误差取样放大器、光耦、电源控制芯片等电路共同构成了一个闭环控制回路，任何一个元件出问题都会导致输出电压升高。

d. 开关电源负载短路 先断开开关电源电路的所有负载，检查是开关电源电路还是负载电路有故障。断开负载电路后电压输出正常，说明负载过重或短路，仍不正常说明开关电源电路有故障。怀疑输出端的整流二极管、滤波电容有问题时，可采用代换法来判断。

## 8.3.2 温控器电源电路维修实例

维修实例 **8-1**：一台 XMA-5600 型温控器没有任何显示，也没有控制信号输出。

故障检查及处理：拆下温控器检查，发现开关电源的 TOP221 芯片引脚处有发黑现象，经测量发现 TOP221 的 D、S 引脚间的电阻很小，看来已损坏。再检查发现电源线路中的保险电阻已断路。更换 TOP221 及保险电阻后，温控器恢复正常。

维修实例 8-2：某温控器数码管无显示，但输出部分正常。

故障检查及处理：该表电源供电分为显示电路、输出电路、单片机三部分。输出电路及单片机能正常工作，只是不显示。因此对显示电路进行检查，在测量显示电路电压时发现，应该是 5V 的电压只有 3V 多点，电压明显偏低，当时认为是三端稳压器 LM7805 有问题，但更换后温控器仍然没有显示，最后对三端稳压器 LM7805 输出端的滤波电容进行更换，温控器显示恢复正常。

维修实例 8-3：WP-S40 型温控器数码管无显示。

故障检查及处理：拆下温控器送电检查仍没有显示，用万用表测量 5V、12V、24V 电压都偏低，看来开关电源是工作的，估计负载有短路故障；检查发现三端稳压器 LM7805 的温度很高，怀疑是过流了。将其所带的运放 LM358 电源脚焊开后，数码管显示，三组电压都恢复正常。在路检测 LM358 各引脚的电阻，测得 4 脚和 8 脚的电阻小于 20Ω，明显已短路。更换 LM358 后温控器正常。

维修实例 8-4：XMTA9000 温控器无显示。

故障检查及处理：温控器电源电路如图 8-5 所示，先测量 LM7805 的 3 脚，没有 5V 电压，再测 LM7812 的 3 脚，也没有 12V 的电压，判断故障在开关变压器初级电路。测 U1 的 8 脚有 310V 电压；测 U1 的 6 脚有 0.6 V 电压，其已超过芯片内部短路保护动作电压值，看来 U1 有过流保护动作，判断开关变压器次级供电电路有短路。先检查 5V 的供电电路，发现 VD7 已坏，再检查发现 C10 短路，更换 VD7 及 C10 后，温控器显示恢复正常。

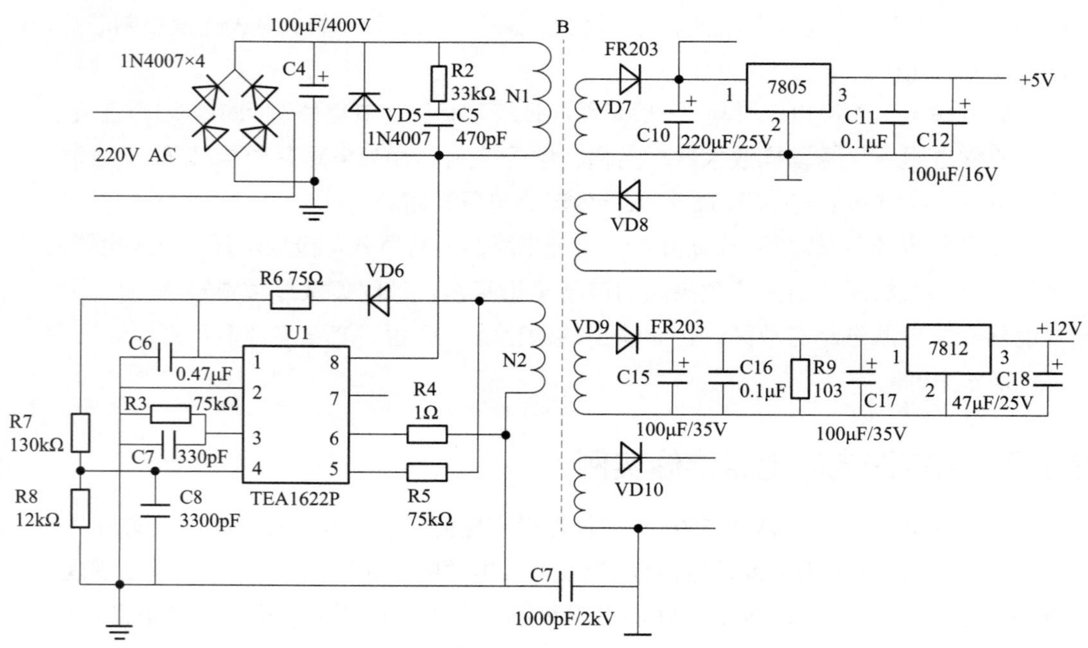


图 8-5 XMTA9000 温控器开关电源电路

维修实例 **8-5**：LU 温控器无显示，也没有控制信号输出。

故障检查及处理：拆开温控器，通电测量出电源各个输出电压都为 0V，说明故障点在电源电路的公共部分。检查电容、电感、电源控制芯片等各元件及各焊点，结果发现开关变压器初级绕组有个引脚虚焊，且有烧黑的痕迹，用小刀刮去引脚烧黑的痕迹，补焊引脚后通电，温控器恢复正常。

维修实例 **8-6**：维修温控器电源时电源芯片连续损坏

故障检查及处理：温控器开关电源的 TOP221 烧坏了，发现其引脚上有电弧打黑的痕迹，经检查发现初级尖峰吸收电路的二极管正常，检查负载也没有发现短路现象，换上 TOP221，温控器一通电发出啪的一声，TOP221 又烧了。大部分元件都已检查，没有发现明显的短路现象。之前曾测过开关变压器的初级电阻有 2.5Ω， 认为是正常的，但忽视了匝间短路问题。所有元件经检查后都感觉没有问题，这时才怀疑开关变压器的初级可能有匝间短路故障，由于没条件测量，只得从另一同型号表上焊下一个开关变压器代换试验，这一试 TOP221 不烧了，确定是原来温控器的开关变压器有故障。

# 8.4 温控器数码管显示故障的维修

## 8.4.1 数码管显示故障检查及处理

### （1）确认已通电但温控器没有任何显示

该故障大多是开关电源损坏，原因可能有：整流桥损坏，导致直流输出端无 300V 直流电压，可用指针万用表的电阻挡，检查整流桥的四只二极管是否正常来判断；直流输出的滤波电容漏电严重，导致电压大大低于 300V，使整机电源无法维持正常工作，可通过代换电容器来判断；偶有电源控制芯片损坏，或者开关变压器损坏的。

### （2）数码管无显示，但面板上的LED灯会亮

此故障现象表明开关电源基本正常，检查重点应在位驱动电路上，因为数码管全都损坏的情况是极少的。可参照本书第 7 章中的图 7-35、图 7-37、图 7-38 检查数码管驱动电路，先测量驱动电路的供电电压 +5V 及位驱动三极管共用电路部分是否正常，如译码电路正常，则检查控制端是否为正常的低电平，否则单片机可能有问题。如果怀疑数码管有问题，可对数码管进行检测。

**小经验**

数码管的引脚识别及简易检测方法

如图 8-6 所示，把数字面对着自己，小数点在下。左下角第一个引脚为 1，然后以逆时针方向依次为 1 ～ 10 脚，即左上角第一个引脚便是 10 脚。

检测共阳极数码管可按图 8-7 进行。把两节干电池与 1 个 1kΩ 的电阻串联起来，将电池的正引线接在被测数码管的公共阳极上，负极引线依次接触 a ～ dp 脚。负引线接触到某引脚时，对应笔段应点亮，如图中负极引线接触到 a 引脚时 a2 笔段点亮。将被测数码管的 a ～ dp 引脚全部短接起来，并与电池负极相连，用电池正极接触公共脚，使被测数码管的全部笔段点亮。可观察笔段发光强弱是否一致，笔段显示有无残缺、局部暗淡等现象。若检测共阴极数码管，只需将电池的正、负极引线对调，方法同上。

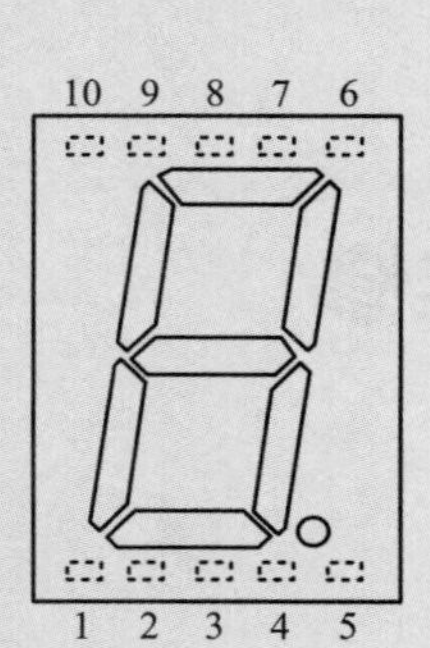

图 8-6 数码管的引脚识别示意图

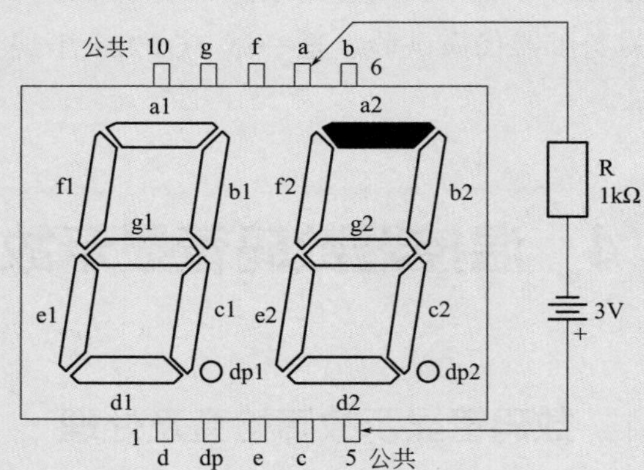

图 8-7 共阳极数码管的简易检测

不清楚被测数码管是共阳极还是共阴极或引脚排列时，可从被测数码管的左边第 1 脚开始，逆时针方向依次测试各个引脚，使各笔段分别点亮，即可确定该数码管的引脚排列。测试时，只要某一笔段点亮，说明被测的两个引脚中有一个是公共脚，假设某一脚是公共脚不动，变动另一测试脚，如果另一个笔段会亮，说明假设正确。接着测试其他引脚，就可确定各个笔段。公共脚接电池正极数码管笔段能点亮，则被测数码管为共阳极；公共脚接电池负极数码管笔段能点亮，则被测数码管为共阴极。

### （3）某一位数码管全都不亮

通常是位驱动电路有故障，可根据不亮的数码所处的位数，对第 7 章中图 7-37，应先检查 VT1 ～ VT8 三极管是否有故障，如果三极管没有问题，则结合图 7-35、图 7-38 检查 TM1620、74HC154D 是否有位选信号输出。

（4）数码管的某字段不会亮

段驱动电路有故障，可根据不亮的数码管的段位，结合图 7-35、图 7-38 检查 8 个限流电阻中对应的电阻是否有断路，若电阻没有问题，则检查单片机是否有段选信号输出。

### 8.4.2 数码管显示故障维修实例

维修实例 8-7：SWP-90 温控器，偶尔出现显示数字缺笔段现象，但能够正常工作。

故障检查及处理：从经验判断可能是温控器内部电路有接触不良或虚焊。该表显示单元和主板是用插接形式连接，在按压面板按键时偶尔会出现显示数字缺笔段现象，将连接两个电路板的插接件重新拔插几次后，温控器没有再出现上述故障。

## 8.5 温控器输入电路及显示数值不正常的维修

### 8.5.1 显示数值不正常的检查及处理

（1）显示数值超过了温控器的最大量程或最小量程

检查输入信号是否正常，如热电阻断路温控器会显示最大。如果温控器有传感器断线保护，当温度传感器或连接线路断路时，温控器会显示设置的某个温度值。与变送器配用的显示仪，当变送器没有信号输出时，显示仪大多显示为最小值（即零位）。

（2）显示误差大

检查温度传感器安装位置是否正确，能否代表被测温度；温度传感器与发热体的接触是否松动或接触不良，温度传感器与设置的分度号是否匹配。排除温度传感器引起的误差后，应对温控器进行检查或校准。显示值大幅度波动时，应检查接线是否松动，线路接触是否良好，确定线路没有问题后应考虑是不是有干扰。

其他输入信号类型的温控器，可把温控器的输入信号设置为热电偶，将温控器的输入信号端子短接，观察温控器的显示是否与室温一致，如果显示与室温误差大，可对温控器进行校准，具体方法见本章第 8.1 节。如果室温显示误差大，或校准时发现误差大，有的温控器可通过“显示输入的零点迁移”功能来校正误差。对于采用自动调零或数字校准技术的免维护型温控器，误差大时可对温控器内部进行清洁及干燥处理，就有可能解决问题。温控器的 A/D 转换电路有故障，也会出现显示误差大的问题。

（3）显示数值无规律地跳变

信号线接触不良，温度传感器保护套管泄漏，都会引发本故障。如果导线接触良好，保护套管无泄漏，则应考虑是否有干扰。检查信号线是否采用屏蔽线，是否已采取屏蔽措施。热电偶应检查电极的绝缘，电极是否与金属保护套管相碰。电炉测温，还应注意保温材料在高温下漏电对热电偶产生影响，导致测量值波动。

除干扰外，A/D 转换器损坏，单片机内部程序混乱，也会出现显示数值无规律地跳变。可拆下温控器的输入接线，用标准信号输入温控器，来观察及判断问题所在。

（4）温控器显示数值不会随测量值变化

检查温控器的输入接线是否正确，在此基础上再检查参数设置，如温控器输入类型设置是否与传感器匹配，温控器的上、下限量程设置是否正确，是否把热电偶与热电阻弄混了。

（5）温控器显示“orAL”或“—OH—”并闪烁

温控器显示“orAL”或“—OH—”表示输入信号超过温控器量程范围。检查：传感器是否损坏；输入接线是否断路；三线制热电阻接线是否正确；温控器输入类型设置是否与传感器匹配；温控器输入量程设置是否和传感器量程一致；主输入平移修正等参数设置是否正确。

## 8.5.2 与热电偶配用的温控器检查方法

温控器都具有冷端温度自动补偿功能。短接温控器输入端子，观察显示值是否为室温，显示室温说明温控器正常。室温只是通俗的说法，严格讲输入端短路后温控器的显示值是输入端子附近的环境温度。短接温控器的输入端，室温显示过高或过低时，应检查。

NHR 系列温控器可检查冷端补偿参数：冷端零点修正（T-Pb）、冷端增益修正（T-Pk）的设置是否过大或过小。当参数设置正常时，可能是冷端补偿电路的晶体管损坏。

如果对温控器显示的温度值有疑问，可用直流电位差计或现场校准仪测量热电偶的热电势 $U_x$，然后测得室温的温度值，查热电偶分度表，得到室温所对应的热电势 $U_0$，然后把 $U_x$ 和 $U_0$ 相加，得到总的热电势，再查热电偶分度表就得到被测量的真实温度。如某支 S 分度的热电偶，测得热电偶的热电势 $U_x$ 为 12.94mV；室温 28℃，查表得 $U_0$=0.161mV，则 $U_x+U_0$=12.94+0.161=13.101mV，查热电偶分度表知实际温度为 1295.2℃。

## 8.5.3 与热电阻配用的温控器检查方法

对温控器显示的温度数值有疑问，可使用直流电阻电桥或温度校准仪进行检查，测量热电阻的电阻值，再查热电阻分度表，得到该电阻值所对应的温度，对比后就可以判断温控器的误差。还可用电阻箱代替热电阻，向温控器输入电阻值来检查判断温控器是否正常。热电阻或导线接触不良时，温控器的显示温度将偏高或波动，出现偏低则可能有短路或接地故障。

小经验

测量热电阻的阻值，估算温度值

在维修中通过测量热电阻的阻值可判断温控器是否正常，没有热电阻分度表时，可按表 8-8 线性估算所测的温度值。

表 8-8 常用热电阻温度变化 1℃时的电阻变化率

| 热电阻分度号 | Pt100 | Pt10 | Cu50 |
|---|---|---|---|
| 0℃时的电阻值 /Ω | 100 | 10 | 50 |
| 温度变化 1℃的阻值变化 /Ω・℃$^{-1}$ | 0.385 | 0.0385 | 0.214 |

在热电阻接线盒处测得某支 Pt100 热电阻的电阻为 234.8Ω，线性估算所测温度大致为：$\frac{234.8-100}{0.385}\approx 350℃$。

## 8.5.4 温控器输入电路及显示数值不正常维修实例

维修实例 8-8：某厂热处理炉温度控制，高温段温控器显示总是比标准表测的温度高 25℃左右，有时甚至高达 38℃以上，并且控温效果也差。

故障检查及处理：对温控器校准并更换热电偶，但问题依然存在。怀疑有干扰，测量温控器输入端子对地交流电压，正端对地电压有 30V 左右，看来显示偏高是共模干扰造成的。因为，电炉温度升至 800℃以上，耐火砖的绝缘电阻会下降，热电偶的非金属保护套管绝缘电阻也下降，电炉的加热电源会通过漏电阻→热电偶保护套管→热电偶电极→补偿导线→温控器输入、放大电路的接地点→地构成一个回路，漏电流经过放大就成了一个可观的误差。因此，对热电偶保护套管进行浮空处理，切断了漏电流的通路，温控器显示及控制恢复正常。

维修实例 8-9：某热处理炉温控器显示偏低，还出现温度升高显示温度反而降低的现象。

故障检查及处理：到现场发现，热电偶接线盒外多了一截屏蔽线。经询问，由于热电偶接线盒处温度较高，补偿导线绝缘层老化脱落，电工就找了一截 2m 左右的屏蔽线，按长度把补偿导线剪断后代换，这就是导致温度显示偏低的原因。实测热电偶接线盒处温度有时高达 45℃左右，而控制室温度基本保持在 25℃左右，两处温差最高时达 20℃左右。电炉加热时，电炉周围的环境温度会升高，热电偶接线盒处温度也升高，而控制室温度基本不变，致使热电偶冷端与温控器输入端的温差增大，就出现加热温度升高显示温度反而降低的现象。更换为配 K 分度的补偿导线后，温度显示恢复正常。

维修实例 8-10：某厂电加热炉，6 个测温点都出现控温不理想情况，温度偏差严重。

故障检查及处理：经检查热电偶都正常；电工检查电加热棒也没有发现问题。重新投运自整定，控温效果仍然不理想。再次检查发现所有热电偶补偿导线与加热棒的电缆放在同一个线槽内，从而产生了干扰。把补偿导线与加热棒的电缆分开敷设后，温控器恢复正常。

维修实例 8-11：AI-716 温控器配 K 分度热电偶测量铝水温度，铝水温度约 700℃，但温控器 PV 窗口显示 1585℃，同时报警显示“orAL”超量程。

故障检查及处理：经与售后联系，系参数设置有误，把输入规格代码“InP”从 8 改为 0 后，温控器显示恢复正常。

维修实例 8-12：温控仪的温度长时间上不去，到不了给定温度值。

故障检查及处理：系统通过驱动固态继电器来控制加热，出现温度长时间升不上去，有可能是固态继电器损坏导致加热电源供电中断，使部分加热管没有工作造成的。检查温控器出线和固态继电器时，发现有一个固态继电器的空气开关已跳闸，这一路已没有工作，温度当然升不到给定值了。通常只有电加热棒过流、短路或接地，空气开关才会跳闸。但检查没有发现异常，送电没有跳闸，测量固态继电器交流进出线端对地电压，都有 220V，线路也没断开的地方。此时温控器显示温度也慢慢地往上升，估计应该正常了。但好景不长，一小时左右温度又不上升了，再次检查发现跳闸的空气开关温度明显比不跳闸的高，此前检查接线没有发现松动，钳形表测负载电流为 31A。看来长时间的使用，40A 的空气开关由于触点氧化或其他原因使触点发热，最后导致空气开关频繁跳闸。更换空气开关后使用正常。

维修实例 8-13：温控器测量误差大，并且控制输出也不正常。

故障检查及处理：误差大说明输入信号回路不正常，温控器使用的是 K 分度热电偶。对温控器进行校准，发现显示不准确，把分度号改为 N，再校表误差还是很大，看来是温控器的公用部分有问题，根据经验估计是模数转换电路有问题。检查 ICL7135 时发现 1 脚的供电仅为 −2.6V，将 1 脚与印刷板铜箔切断，测 1 脚的电阻未发现异常，同时又测得 79L05 的 3 脚电压恢复为 −5V，将切断的印刷板铜箔复原，79L05 的 3 脚电压又升高至 −2.6V，再断开印刷板铜箔，79L05 的 3 脚电压又降低至 −5V，同时感觉 79L05 外壳有点热，更换 79L05 后温控器恢复正常。本故障是三端稳压器 79L05 有问题导致带负载能力下降，进而使 ICL7135 的供电失常引起的。

# 8.6 温控器输出电路的维修

## 8.6.1 输出电路故障检查方法

没有输出信号时，检查温控器输出接线是否正确，温控器输出模块安装是否正确。

然后检查参数设置，如控制方式，输出方式，输出上、下限的设置，报警信号的设置是否正确等。

温控器输出电路有故障，检查被控设备或控制器件的供电是否正常；检查温控器输出接线是否正确，是否有接触不良、开路、短路现象。检查外围电路，确定没有问题后，再对温控器的输出接口电路进行检查。

**小经验**

用万用表测量有无控制信号输出

先观察温控器输出灯（OUT）是否亮，如果灯亮，可用万用表做以下测量。

继电器输出：当输出信号为 100%，输出端子间的电阻值应为零，否则输出电路有故障。

电压驱动输出：当输出信号为 100%，输出端子间的电压为 12 ～ 14V，否则输出电路有故障。

4 ～ 20mA 输出型：当输出信号为 100%，输出端电流应为 20mA；把输出信号调为 50%，输出电流应为 12mA；当输出信号为 0%，输出端的电流应为 4mA。否则输出电路有故障。

（1）温控器有显示，但没有输出信号

检查温控器有无继电器触点输出信号，可断开被控电路的接线，万用表置于电阻挡，把两表笔接在温控器的输出控制端子上，人为改变给定值使温控器的位式控制动作，此时常开端子的电阻应从“∞”变为“0”，常闭端子应从“0”变为“∞”。若没有以上变化，可拆开温控器检查输出继电器。

检查温控器的 SSR 驱动电压，可用万用表测量温控器端子有无电压及电压是否会变化，如果没有电压或者电压不变化，大多是温控器的控制电路有故障，应拆开温控器进行检查。

输出电路故障较多的是电流输出电路。检查时关闭温控器电源，断开温控器输出端子的一根接线，数字万用表红笔接正端子，黑笔接负端子，送电观察温控器是否有电流输出：没有电流可能是输出电路有故障，需拆开温控器检查；有电流则是控制器件或接线有故障，可进一步检查。

（2）温度已高于给定值，但温控器没有控制动作

温度控制过程中，被控温度已高于给定值，但电炉仍在加热；有的则是温度已低于给定值，但电炉仍不加热，有时温度已偏离给定值十几摄氏度，温控器仍无反应。这类故障大多是温控器受到干扰引起的，如交流接触器、中间继电器、变频器引发的电磁干扰。干扰严重时会造成温控器程序的死循环，相当于温控器死机。可试着关闭温控器电源，稍后重新送电，有时重新开机故障就会消除。若没有效果则应找出干扰源，对症进行处理。

（3）确认电炉已加温，但温控器的显示一直为室温

观察温控器的输出灯（OUT）是否亮，再检查给定值 SV 是否正确，如果都正常，可检查热电偶来的信号是否正常，有没有短路现象，因为热电偶短路温控器将显示室温。排除输入信号问题后，可用万用表测量温控器的控制输出端是否有控制信号输出，如有无 12V DC 输出，或有无 4 ～ 20mA DC 输出。温控器有控制信号输出，说明问题出在控制器件上，如交流接触器、固态继电器、调功器等。可对控制器件的相关电路进行检查，检查及处理方法见本书第 9 章。

## 8.6.2　温控器输出电路故障维修实例

维修实例 **8-14**：调节阀一直处于全关状态，不会按控制信号动作。

故障检查及处理：检查发现温控器输出小于 4mA，检查发现单片机的控制信号和运放 OP07 正常，更换 S9014 后温控器恢复正常。

维修实例 **8-15**：某液位控制系统 AI 温控器高限报警，且调节阀始终处于全开状态。

故障检查及处理：检查发现温控器的输出电流信号达 20mA，改变给定值温控器输出电流不变化，怀疑温控器电流输出模块有问题。更换模块后电流输出恢复正常。对换下的模块进行检查，根据经验输出电流过大，可能是电流输出后级放大管 S8550 有故障，如图 8-8。测量该晶体管的电阻，发现 c、e 极的电阻很小，更换该管后电流输出正常。温控器高限报警是由于温控器的输出电流过大使调节阀全开，导致进液过多使液位上升所致。

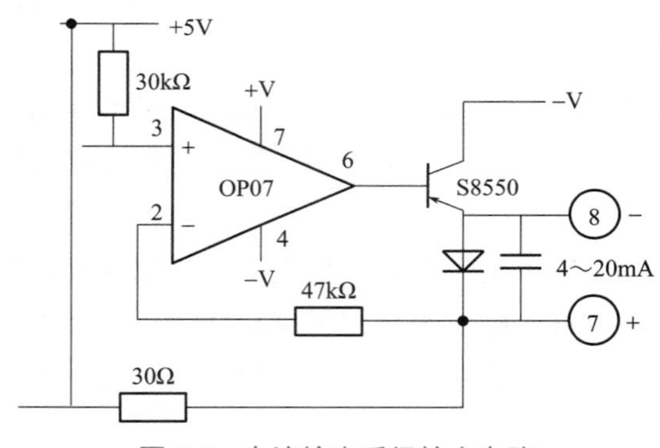


图 **8-8**　电流输出后级放大电路

维修实例 **8-16**：某加热炉的温控器控制输出到三相有功调压器，来控制晶闸管，使用中无规律地出现停止加热故障。

故障检查及处理：检查发现停止加热时三相加热电流都为零。从经验判断 3 组加热棒及晶闸管不可能同时忽好忽坏。更换温控器后故障依然存在。有人提出会不会是温控器与调功器的接线有问题，就两根 1.5mm$^2$ 的电线会有什么问题呢？由于找不到原因，

报着试一试的心态，放了两根临时线，故障居然没有再出现。

## 8.7 温控器 MCU 软件故障的检查及处理

从多年维修经验来看，温控器 MCU 出故障的概率极低。温控器失常时，重点应检查 MCU 的外部电路，如供电电路、时钟电路、复位电路是否正常，如果都正常只能返厂维修。

温控器的编程技术已很成熟，软件出故障的概率很低。但在工作中曾遇过软件有故障的温控器。如一台 XMA 型温控器，使用中出现无法修改各参数的故障，检查发现参数锁处于 LOCK 锁定状态，根据说明书只有将参数锁修改为 0000 才能进行参数修改，但就是无法将参数调到 0000 状态。在确认按键及电路正常后，判定温控器有故障，因此返厂维修。

## 8.8 温控器常见故障及处理方法

### （1）温控器常见故障及处理方法（表 8-9）

表 **8-9** 温控器常见故障及处理方法

| 故障现象 | 故障原因 | 处理方法 |
| --- | --- | --- |
| 温控器通电无显示 | 电源线没接好 | 检查电源线是否松动或接错 |
| | 温控器故障 | 确定电源正常，拆下温控器修理 |
| 温控器显示溢出符号 | 传感器故障 | 检查传感器是否有断路的情况 |
| | 分度号选择错误 | 选择与输入信号相符的分度号 |
| | 信号线连接错误 | 正确接入信号线，检查热电阻的三线接线是否正确 |
| 测量值不正确 | 分度号选择错误 | 选择与输入信号相符的分度号 |
| | 信号线连接错误 | 正确接入信号线 |
| 继电器误动作 | 报警输出方式错误 | 参照说明书设置所需的报警方式 |
| 无变送输出 | 变送输出方式错误 | 参照说明书设置所需的变送输出方式 |
| | 输出接线错误 | 检查并更正接线 |
| 通信异常 | 通信地址设置错误 | 重新设置正确的通信地址 |
| | 通信地址波特率错误 | 重新设置正确的通信波特率 |
| | 通信口接线错误 | 检查接线并正确接入 |

### （2）金立石XM808/XM908温控器常见故障及处理方法（表8-10）

表 8-10　金立石 XM808/XM908 温控器常见故障及处理方法

| 故障现象 | 故障原因 | 处理方法 |
|---|---|---|
| 显示 orAL | 输入类型参数 SN 设置有误 | 更正为与实际输入的信号一致 |
| | 输入端子接线错误 | 检查并更正接线 |
| | 输入信号超量程 | 检查传感器输出信号是否正常<br>4 ～ 20mA 信号取样电阻是否开路 |
| 显示误差大 | 量程设置有误 | 按实际重新设置 diL 或 diH 参数<br>检查并恢复 SC=0、FI=1.000 |
| 不报警 | ALP 参数计算或设置有误 | 按温控器说明书公式正确定义其功能 |
| 报警动作慢 | dF 回差参数设置过大 | 减小此参数值，提高温控器报警灵敏度 |
| PID 控制不正常 | 控制输出接线有误 | 检查接线并更正 |
| | 控制输出方式 ot 参数设置有误 | 检查 ot 参数设置是否与输出模块匹配 |
| | 控制输出的最小值 oL 和最大值 oH 的设置不正确 | 控制输出没有限幅要求时，则 oL=0%、oH=100%，设置有误时按以上数值更正 |
| | 温控器处于手动状态 | 检查 mAn 参数，如果为 0，将其改为 2 |
| | 没有进行自整定 | 进行自整定操作 |
| 电流变送输出不正常 | 电流变送范围设置错误 | 变送电流为 4 ～ 20mA，设置 Addr=40、bAud=200 |

### （3）上润WP双回路温控器常见故障及处理方法（表8-11）

表 8-11　上润 WP 双回路温控器常见故障及处理方法

| 故障现象 | 故障原因 | 处理方法 |
|---|---|---|
| 显示 OL、OH、Err<br>显示值不变<br>显示误差大 | 输入信号类型设置有误 | 使输入信号类型与输入信号代码一致 |
| | 输入信号线接错 | 检查并进行正确的接线 |
| | 输入信号正负极接错 | 对调信号线正负极 |
| | 标准信号量程设置错误 | 检查测量量程下、上限 SLL1、SLH1、SLL2、SLH2，并进行正确设置 |
| | PV 零点迁移 Pb11、Pb21，PV 量程比例 kk11、kk21 参数未按出厂设定 | 恢复 Pb11=0、Pb21=0、kk11=1.000、kk21=1.000 |
| 显示值正常但闪烁 | 显示闪烁功能被开启 | 设置 SL15=0 或 SL25=0 |
| 闪烁显示 8888 | 按键被卡住无法弹起 | 检查按键或返厂修理 |
| 显示值已超过报警值不报警 | 报警方式设定错误 | 检查并更正 SL12、SL13、SL22、SL23 的设置 |
| | 报警值设定错误 | 检查并更正 AL1、AL2、AL3、AL4 的设置 |

续表

| 故障现象 | 故障原因 | 处理方法 |
| --- | --- | --- |
| 显示值未超过报警值还报警 | 报警回差值设置偏大 | 合理设置 AH1、AH2、AH3、AH4 |
| 报警灯亮但报警电路不动作 | 接线有误 | 检查并进行正确接线 |
| | 继电器触点不通 | 更换继电器 |
| 无变送电流输出 | 变送输出端子接错 | 检查并进行正确接线 |
| | 变送输出两端电压为 0V | 返厂修理 |
| 电流变送输出误差大 | 变送输出类型参数错误 | 检查 pb13、kk13 或 pb23、kk23 参数 |
| | 变送量程设置错误 | 检查 OUL1、OUH1 或 OUL2、OUH2 参数 |

### （4）宇电AI温控器常见故障及处理方法（表8-12）

表 8-12　宇电 AI 温控器常见故障及处理方法

| 故障现象 | 故障原因 | 处理方法 |
| --- | --- | --- |
| 显示 orAL | 输入接线开路或短路 | 检查接线及进行正确接线 |
| | 传感器信号类型设置错误 | 使设置的信号类型与所用传感器一致 |
| 显示有误差 | 热电偶或热电阻输入规格 InP 代码选择有误 | 检查并更正为正确的代码 |
| | 输入平移修正参数不为 0 | 检查 Scb 并设置为 0 |
| | 输入刻度上、下限设置错误 | 对 SCH、SCL 进行正确设置 |
| 输出控制不动作 | 控制方式、正 / 反作用、Opt、OPH 参数设置有误 | 检查并进行正确的设置 |
| | 没有安装模块或者模块损坏 | 安装或更换合乎要求的模块 |
| 控制继电器动作过于频繁 | 控制周期 Ctl 设置时间太短 | 一般应设置为 15 ～ 60s 之间 |
| 报警灯亮但没有报警信号输出 | 报警输出定义 AOP 设置有误 | 进行正确的设置 |
| | 没有安装报警模块 | 选择合适的报警模块并安装 |
| 控制不稳定 | 没有进行自整定 | 进行自整定 |
| | PID 参数设置不合理 | 重新进行 PID 参数整定 |
| PV 大于 SV 时还有控制输出 | 把反作用设置为正作用了 | 加热控制应设置为反作用<br>制冷控制应设置为正作用 |
| | 输出下限参数设置不是 0 | 重新设置 OPL 参数为 0 |

### （5）虹润NHR温控器常见故障及处理方法（表8-13）

表 8-13 虹润 NHR 温控器常见故障及处理方法

| 故障现象 | 故障原因 | 处理方法 |
|---|---|---|
| 显示数值不会变化 | 分度号或量程上下限设置有误 | 检查并重新设置 |
| | 接线不正确 | 重新接线 |
| | 变送器没有电流输出 | 检查变送器 |
| 显示—OH— | 热电阻接线断路或接线有误 | 重新接线 |
| | 输入分度号设置错误 | 重新对 Pn 进行设置 |
| PV 显示一直闪动 | 仪表供电电源不稳定 | 检查电源接线是否接触不良 |
| | 有干扰 | 检查干扰源并对症进行处理 |
| | 温控器有故障 | 拆下检查或返厂修理 |
| 显示 OL | 热电阻或线路短路 | 检查热电阻或线路 |
| | 参数设置有误 | 重新设置正确的参数 |
| 无法修改给定值 | 2 级参数 SUH 过小 | 把给定目标值设定上限 SUH 改大，使其大于要设置的给定值 |
| 没有控制输出 | 被置于手动状态 | 切换至自动状态 |
| | 2 级参数的 ctb 和 ctk 设置有误 | 重新设置使 ctb=0.2，ctk=1.000 |
| | 没有进行自整定 | 进行自整定 |
| | PID 参数不正确 | 重新设置或整定 PID 参数 |

### （6）安东LU-906温控器常见故障及处理方法（表8-14）

表 8-14 安东 LU-906 温控器常见故障及处理方法

| 故障现象 | 故障原因 | 处理方法 |
|---|---|---|
| PV 窗口显示 Sb | 传感器损坏 | 更换传感器 |
| | 输入信号的接线断路 | 检查并重新接线 |
| | 输入类型参数 Sn 设置有误 | 重新设置 Sn 使其与传感器分度号对应 |
| PV 窗口显示 –208 或 –69.6 | 热电阻接线错误 | 正确接线，即 10、11 接热电阻，9、10 接短接线 |
| | 传感器不是热电阻 | 确认传感器型号 |
| 测量值反应缓慢 | 滤波参数 FiL 设置过大 | 设置为 0 ～ 5 |
| 显示误差大 | 输入类型参数 Sn 与传感器不对应 | 重新设置 Sn 使其与传感器分度号对应 |
| | 平移修正参数 oSEt 设置不当 | 检查并将 oSEt 设置为 0 |
| 不到报警值仪表就报警 | 报警模块故障 | 更换报警模块 |
| | 未将公共报警的不用的报警项目关闭 | 把不使用的报警设置为 OFF |

## （7）百特XMB7000温控器常见故障及处理方法（表8-15）

表 8-15 百特 XMB7000 温控器常见故障及处理方法

| 故障现象 | 故障原因 | 处理方法 |
| --- | --- | --- |
| 无法进入菜单 | 对应参数已上锁 | 需要输入密码开锁 |
| 显示值不正确 | 分度号设置有误 | 进量程设置，重新设置使其与传感器分度号对应 |
| | 信号线接线错误 | 检查并重新接线 |
| | 显示修正设置有误 | 进量程迁移设置为出厂值 |
| 显示波动或跳变 | 信号线接触不良 | 检查并重新接线 |
| | 有干扰 | 交流接触器加装消火花电路 |
| | | 信号线用屏蔽线并一点接地 |
| | | 信号线和动力线分开敷设 |
| PV 窗口显示 broK 或 HoFL | 分度号选择有误 | 重新设置使其与传感器分度号对应 |
| | 输入信号过大或接线断路 | 检查热电阻及连线是否断路 |
| PV 窗口显示 LoFL | 分度号选择有误 | 重新设置使其与传感器分度号对应 |
| | 输入信号过小或接线短路 | 检查信号线是否短路 |
| 控制继电器误动作 | 控制输出线接触不良 | 检查接线并上紧螺钉 |

## （8）欧陆2400系列温控器常见故障及处理方法（表8-16）

表 8-16 欧陆 2400 系列温控器常见故障及处理方法

| 显示故障 | 故障原因 | 处理方法 |
| --- | --- | --- |
| EE.Er | 电擦除存储器错误。这可能是配置参数或操作参数中断造成的错误 | 该故障会自动使温控器进入到配置等级。应检查所有的配置参数然后回到操作等级。一旦进入操作等级，就要在恢复正常操作之前检查所有的操作参数 |
| S.br | 传感器故障：输入的传感器信号不可靠，或输入的信号超出范围 | 检查传感器的接线是否正确 |
| L.br | 回路开路 | 检查加热和冷却电路是否正常 |
| Ld.F | 负载故障：表示加热电路或固态继电器有故障 | 该报警来自于使用 PDSIO 模式 1 连接欧陆固态继电器 TE10S 而得到的反馈信息。它表示固态继电器短路或开路及熔断器烧断等原因引起的加热器开路 |
| SSr.F | 固态继电器故障：表示固态继电器内部存在故障 | 该报警来自于使用 PDSIO 模式 2 连接欧陆固态继电器 TE10S 而得到的反馈信息。它表示固态继电器短路或开路 |
| Htr.F | 加热器故障：表示加热线路内存在故障 | 该报警来自于使用 PDSIO 模式 2 连接欧陆固态继电器 TE10S 而得到的反馈信息，它表示加热器无电或已开路 |

续表

| 显示故障 | 故障原因 | 处理方法 |
| --- | --- | --- |
| Hw.Er | 硬件错误：表示模块类型错误，模块故障或模块数量、位置不对 | 检查模块是否安装正确 |
| no.io | 无 I/O：没有安装任何所需的 I/O 模块 | 安装需要的 I/O 模块 |
| rmt.F | 遥控输入故障：PDSIO 输入或 DC 遥控输入开路或短路 | 检查 PDSIO 或 DC 遥控输入接线是否开路或短路 |
| LLLL | 测量值低于显示下限 | 检查输入值 |
| HHHH | 测量值高于显示上限 | 检查输入值 |
| Err1 | 错误 1：ROM 自检失败 | 返修 |
| Err2 | 错误 2：RAM 自检失败 | 返修 |
| Err3 | 错误 3：看门狗故障 | 返修 |
| Err4 | 错误 4：键盘故障。按键被粘住，或通电时某键已被按下 | 把电源断开，解决故障后再通电。不可碰到温控器的其他按键 |
| Err5 | 错误 5：内部通信故障 | 检查电路板的接线是否正确。若故障不能解决，应返修 |

## （9）欧姆龙 E5CC 温控器常见故障及处理方法（表 8-17）

表 8-17　欧姆龙 E5CC 温控器常见故障及处理方法

| 故障现象 | 故障原因 | 处理方法 |
| --- | --- | --- |
| 温度显示误差大 | 设置与输入信号类型不一致 | 根据传感器类型，设置输入类型 |
| | 传感器安装位置不正确 | 把传感器安装至有代表性的测温位置 |
| | 热电偶没有用补偿导线 | 选择使用与热电偶匹配的补偿导线 |
| 控制效果不佳且波动大 | 用了位式控制的出厂设置 | 选择 PID 控制，并进行自整定 |
| | PID 参数没有调好 | 启用自整定 |
| | | 对 PID 参数进行人工整定 |
| | 执行器件有故障 | 检查并排除执行器件的故障 |
| | 接线端子接触不良 | 检查传感器或控制输出的端子及接线，对症处理 |
| 温度不变也不上升 | 没有设置给定温度 | 重新设置给定温度 |
| | 电加热器断电或损坏 | 检查加热器的供电或加热器是否断路 |
| | 温控器处于 STOP 状态 | 设置为 RUN 状态 |

# 第9章 传感器、执行器件的维修

## 9.1 温度传感器的维修

由温度传感器引起测量不准确的原因有：分度号不匹配，更换温度传感器时未仔细了解温控器分度号，错用其他分度号的测温传感器，导致温控器显示温度有误差，通常有十几摄氏度到几十摄氏度不等，使温度控制系统处于失控状态。因此，更换温度传感器时一定要细心，分度号不能搞错。温度传感器与检测点接触的松紧、温度传感器插入深度不够，都会引起测温误差。通常温度传感器最小插入深度应当是保护套管外径的5～8倍，才能反映真实温度。以下所涉及的故障是指在温控器正常状态时传感器引发的故障。

### 9.1.1 热电偶故障检查及处理

（1）温度显示最小

可能有反极性的热电势输入温控器，短路温控器输入端子能显示室温，说明温控器正常，对换热电偶输入线的极性即可。

（2）温度显示最大

① 温控器如果设置有传感器断路检测功能，当热电偶或接线断路时，温控器显示最大值并报警。应检查热电偶及连接电路有无断路故障。可按图 9-1 所示先短路热电偶接线盒内的两端，观察温控器能否显示室温。不能显示室温，可能是温控器有故障，需拆下检查。能显示室温，拆下温控器端子的任意一根补偿导线，用万用表测量热电偶及补偿导线的电阻，电阻值很大或无穷大，则热电偶或补偿导线接触不良或断路。可检查接线螺钉是否松动，尤其是热电偶接线盒内的螺钉，会由于高温而氧化，有害、潮湿气氛使螺钉或补偿导线腐蚀，而出现接触电阻增大或不导电现象。热电偶接线盒内的接线螺钉有四颗，明显可见的是将补偿导线与接线柱固定在一起的两颗螺钉，另两颗螺钉把热电偶丝与接线柱固定在一起，由于不太明显往往忽视对其检查，从而找不到故障点。

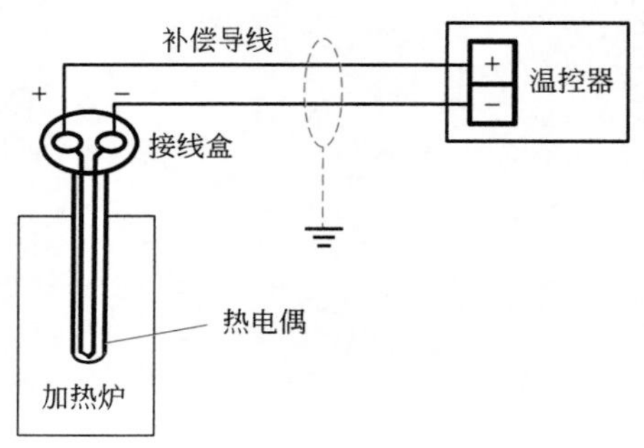


图 9-1　热电偶测温回路示意图

② 热电偶与温控器的分度号不匹配，温控器也可能会显示最大。常发生在新安装的系统或更换热电偶、温控器之后。可分别对热电偶及温控器进行检查，还应检查参数、分度号、量程上下限的设置是否正确，按找出的错误进行更正。

（3）温度显示偏高

显示的温度明显比平时所测的温度高。排除工艺原因后，应检查温控器及热电偶。新安装或更换的温控器，检查温控器与热电偶的分度号是否设置有误。

（4）温度显示偏低

显示的温度明显比平时所测的温度低。排除工艺原因后，应检查温控器与热电偶的分度号是否匹配；热电偶与补偿导线的极性是否接反；接线端子接触是否良好，接线端子有无积灰或潮湿；补偿导线是否有漏电现象；热电偶是否变质。

显示温度一直在室温附近不变化。说明没有或只有很小的热电势输入温控器，有的温控器热电偶的极性接反了，仍然会显示室温。热电偶至温控器的补偿导线出现短路，温控器将显示接近室温的温度。

检查时在热电偶接线盒内拆除一根补偿导线，用万用表测量补偿导线的电阻值，电阻值很小则有短路故障。短路点多数发生在热电偶附近，因为热电偶附近温度较高，穿线管又靠近工艺管道，在高温环境下补偿导线的绝缘层易老化脱落、损坏，常出现短路和接地故障。补偿导线对地有电阻则有接地或漏电故障。

（5）温度显示波动

温度显示波动泛指温控器显示值不稳定，时有时无，时高时低，乱跳字等现象。温度显示波动大多是输入温控器的热电势不稳定造成的。

短路温控器信号输入端，能显示室温，且显示稳定，说明温控器正常，波动来源在温控器之前。用标准表测量热电势，观察热电势是否波动，没有波动，可能有干扰。被测热电势有波动，可能是接触不良造成的，可用电阻法检查。

波动很明显且波动幅度很大，则热电偶保护套管可能已出现泄漏，把热电偶从套管中抽出来检查，若热电偶的瓷珠已发黑或潮湿、带水，可确定保护套管已泄漏。热电偶接线盒密封不良，保护套管内进入水汽，使其绝缘下降，会引发不规则的接地或短路故障，对热电势进行了不规则的分流，表现就是显示值无规律的波动。

有的热电偶由于安装环境气氛的影响，使用一段时间会出现热电极老化变质问题，热电偶的热端焊点出现裂纹，形成似断非断的状态，也会出现波动故障。

热电偶输出热电势不稳定，可按图 9-2 所示的步骤检查和处理。

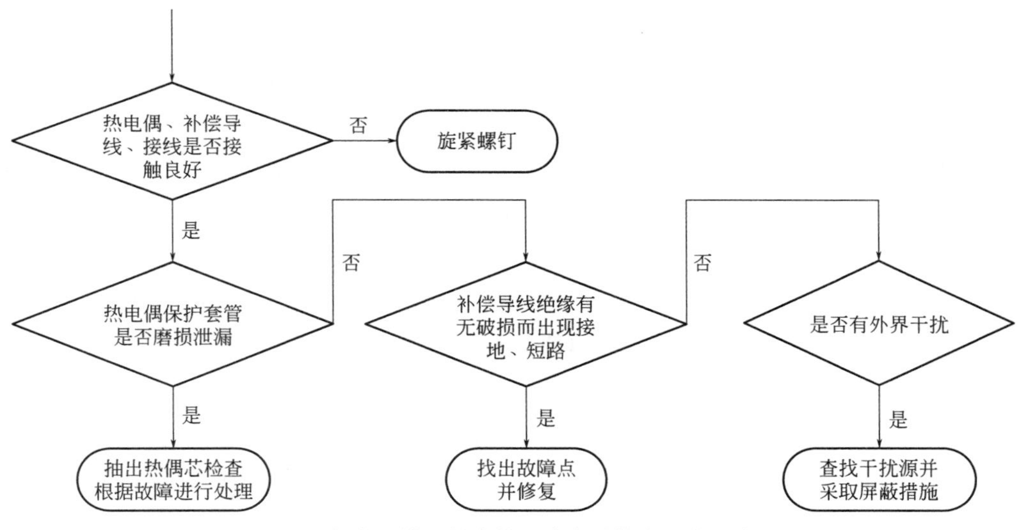


图 9-2　热电偶输出热电势不稳定的检查及处理步骤

电加热炉测温系统，高温时耐火砖及热电偶保护套管绝缘下降，加热用的交流电会泄漏到热电偶而出现干扰。交流用电设备的电磁场感应、变频器产生的谐波干扰等，都会串入热电偶测量回路形成干扰。怀疑有干扰，可按本书第 5.6 节进行检查和处理。

## 9.1.2 热电阻故障检查及处理

（1）温度显示最小

① 热电阻或连接导线有短路现象　通电状态下拆下图 9-3 中温控器输入端的 A 线能

显示最大，说明温控器正常，是测温回路有短路故障。断开温控器电源，拆下温控器端子的接线 A 或 B，用万用表测量 A 和 B 导线的电阻，电阻很小表明热电阻或连接导线有短路故障。拆下热电阻接线盒内的导线 A 或 B，测量感温元件，电阻值很小则感温元件有短路故障；感温元件的电阻值正常，则短路点在导线，用万用表查找短路点，查出短路点对症处理。

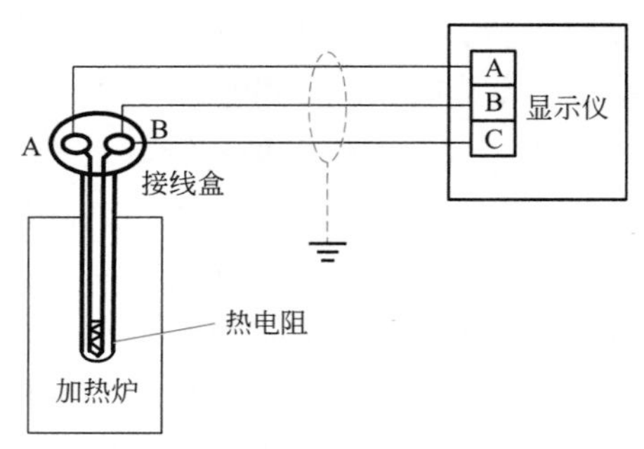


图 9-3　热电阻三线制测温系统回路示意图

② 三线制接线的 C 线断路　可断开图 9-3 中 C 线与温控器的接线，用万用表测量 C 线与 A、B 线的电阻值，在室温下 C 与 A 的电阻在 100 ～ 120Ω（Pt100）之间，C 与 B 的电阻在 10Ω 以下，说明 C 线没有断路。如果电阻值很大说明 C 线接触不良或断路。

③ 输入温控器的电阻值小于其量程下限，故障原因如下。

a. 测量回路局部短路，如感温元件、连接导线的绝缘损坏出现漏电。用万用表检查测温回路的电阻，用兆欧表检查测温回路对地绝缘电阻及连接导线间的绝缘电阻，判断有没有局部短路或接地现象。要把导线从温控器上拆下后再测试，以防损坏温控器。

b. 感温元件与温控器分度号不匹配，如把 Cu50 热电阻用在了 Pt100 分度的温控器上。断开热电阻接线，测量感温元件的电阻值，判断有没有用错热电阻。也有可能是温控器的参数设置不正确，可对温控器的参数设置进行检查。

c. 把热电偶当成热电阻使用。测量感温元件的电阻值只有几欧姆或接近零，排除短路因素，则可能把热电偶当成热电阻使用了，可从保护套管中抽出感温元件检查。

**小知识** 

热电阻三根导线的识别

由于温控器三线制的线号标注不统一，有的温控器标为 A、B、C，有的标为 A、B、B，如图 9-4 所示。不管如何标，只要把这三根线的关系搞清楚，接线就不会错。从图 9-4 可看出 B、C 两导线都连接到热电阻的同一端，A 导线连接热电阻的另一端。把三根导线从温控器端子拆下，用万用表测量三根线，找出电阻值在 10Ω 以下的两根线，就是 B 线和 C 线，余下的一根就是 A 线。在室温下 A 线与 B 线或 C 线的电阻值在 100 ～ 120Ω（Pt100）之间。

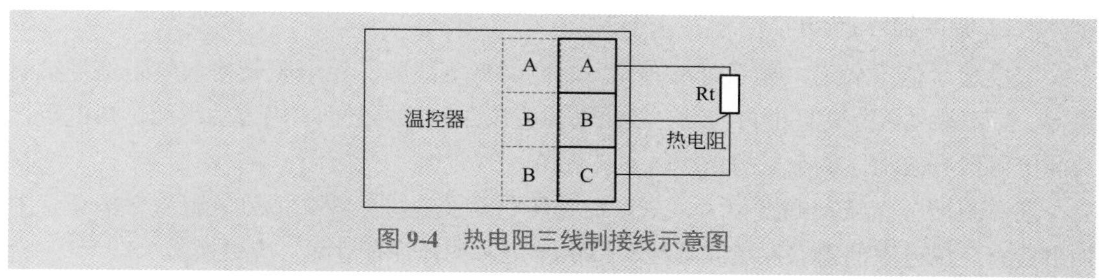

图 9-4 热电阻三线制接线示意图

（2）温度显示最大

① 热电阻或接线有断路故障，温度将显示最大值。先短接图 9-3 中接线盒内的 A、B 端，观察温控器是否显示最小。没有显示最小，可能接线盒端至温控器的接线断路，用万用表测量 A 线和 B 线的电阻值，即测量热电阻及连接导线的电阻值，如果电阻值很大或无穷大，热电阻或连接导线有接触不良或断路故障。检查导线是否严重氧化，接线螺钉是否松动，尤其是热电阻接线盒内的螺钉及导线，由于高温环境使其氧化，有害、潮湿气氛使螺钉或导线腐蚀，而出现接触电阻增大或不导电故障。

② 热电阻与温控器分度号不匹配，如把 Pt100 热电阻与 Cu50 分度温控器混用；新安装或更换温控器后，没有进行正确的参数设置。分别检查热电阻及温控器，找出错误并更正。温控器本身有故障，或参数设置有误，可用电阻箱输入电阻信号给温控器来判断。

（3）温度显示偏高

显示的温度明显比平时所测的温度高，最直接的原因就是热电阻阻值偏高。排除工艺原因，应对温控器及热电阻进行检查。重点检查热电阻、连接导线、温控器之间的连接电路是否有接触不良的故障，如果 A 线或 B 线的接触电阻增大，温控器显示会偏高。应对接线端子进行检查，并对症进行处理，如去除氧化层、紧固接线螺钉等。

干扰引发的偏高故障偶有发生，先对温控器、热电阻、连接导线进行检查，如果都正常，再考虑电磁干扰。

（4）温度显示偏低

显示温度明显比实际的温度低，也就是热电阻阻值偏低；C 线的接触电阻增大，温控器显示也会偏低，排除工艺及温控器原因后，应检查热电阻；热电阻由于绝缘不良，在电阻丝间产生漏电或分流，使温度显示偏低；水蒸气进入保护套管，随着温度的降低，在绝缘材料、内引线、感温元件的表面凝结，使绝缘下降导致温度显示偏低；铠装热电阻的绝缘材料氧化镁极易吸潮，其绝缘电阻会随温度的升高而降低。

绝缘能力降低的原因一种是热电阻及连接导线对地绝缘电阻下降，另一种是热电阻感温元件引线间、连接导线间绝缘电阻下降，可用兆欧表检查和判断。受潮引起的绝缘电阻下降，或接地故障，用电烘箱进行干燥处理，大多能恢复使用。

热电阻插入深度不够也会出现显示偏低故障。保护套管的长度太短，更换的感温元件长度比保护套管长度短，通过测量长度来判断是否合乎要求。

（5）温度显示波动

温度显示值不稳定，显示时有时无、时高时低等故障，用电阻箱输入电阻信号给温控器，能正常显示温度且不再波动，波动来源应该在温控器之前。用万用表测量热电阻，被测电阻值有波动，最常见的是接触不良现象。

波动很明显、波动幅度很大，重点检查热电阻及连接导线，把热电阻从保护套管中抽出检查，热电阻的瓷珠发黑或潮湿、带水，是保护套管有泄漏，应更换。

热电阻接线盒密封不良，保护套管进入水汽，使绝缘下降，会引发不规则的接地或短路故障，表现在温控器上就是温度显示无规律波动或偏低。用兆欧表测量绝缘电阻，把接线拆下再进行测量。

热电阻受安装环境气氛影响，或者有制造隐患，使用一段时间后出现老化变质问题，或出现似断非断的状态，也会出现温度显示波动的现象，可更换热电阻来解决。确定波动是温控器有故障造成的，把温控器拆下修理。

# 9.2 变送器的维修

## 9.2.1 温度变送器故障检查及处理

（1）温度变送器故障检查方法

图 9-5 中温度变送器的输入端子 3 与 2 接热电偶或接二线制热电阻，输入端子 3、2、1 接三线制热电阻。电源箱提供 24V 电源，变送器输出的 4 ～ 20mA 电流经 250Ω 电阻转换为 1 ～ 5V，接至温控器，该测量电路常用于测温点与显示温控器距离较远的场合。

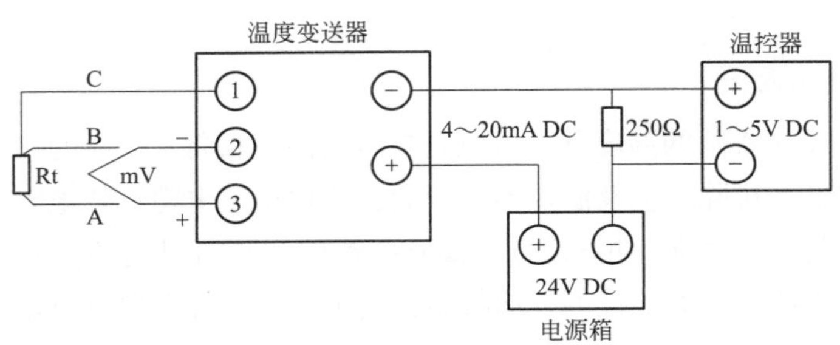


图 9-5 温度变送器测量电路

① 温度变送器的检查：

a. 热电偶回路的检查。短路 3、2 端，观察是否显示温度变送器周围的环境温度，没有显示可能是温度变送器至温控器的线路，或者温度变送器有故障。还可断开 3、2 端接的热电偶，输入热电势信号，观察是否显示对应温度，来判断温度变送器是否正常。

b. 热电阻回路的检查。短路 3、2 端，观察温控器能否显示最小；然后再拆除 3 端上的热电阻接线，观察温控器的显示温度是否为最大或溢出。短路热电阻能显示最小，断开热电阻能显示最大，说明温度变送器及连接导线基本正常，否则变送器或连接线路有问题。用电阻箱或者一个固定电阻代替热电阻，输入电阻信号，观察是否显示对应温度，来判断温度变送器是否正常。

② 供电及外围设备的检查　测量供电端子的电压是否正常，或测量 250Ω 电阻两端的电压是否在 1 ～ 5V 范围内，用此电压推算温度变送器的输出电流，再观察温控器的温度显示，来判断测量回路是否正常。温度变送器输出端接有隔离器或安全栅的，还应检查其输入与输出电流是否正常。

③ 端子及线路的检查　长时间使用后接线端子会发生氧化腐蚀，受水汽、油渍的污染，导致接触电阻过大，出现温度显示有偏差，如热电偶显示偏低、热电阻显示偏高。用砂纸打磨、重新紧固螺钉，都能解决接触不良问题。新安装的回路，应检查接线是否正确，热电偶的极性、三线制热电阻的三根线是否接错。

### （2）测量温度没有显示或显示最小

先判断是温度变送器没有输出，还是温控器有故障。用万用表测量温度变送器是否有 4 ～ 20mA 输出，温度变送器无输出时，先检查 24V DC 供电是否正常；若电源及供电正常，仍无输出，应检查电源线是否接反，信号正负极是否接错；接线正确，再检查电流回路是否有断线或短路故障。

显示最小应检查：变送器供电是否正常，热电偶的正、负极是否接反；热电阻是否短路（用万用表测量热电阻的电阻值来判断）；热电阻的三线制接线是否有误；工艺的实际温度是否低于变送器量程下限。以上检查都正常，可能是温度变送器有故障，只能更换。

### （3）温度变送器输出电流波动或不稳定

检查变送器的接线端是否松动、氧化锈蚀，接线端子间有无积液积尘现象，表壳内是否进水。变送器电路板的元件焊接点出现脱焊，变送器外壳没有接地，信号线与交流电源及其他电源没有分开走线而出现电磁干扰，都会使温度变送器输出电流波动。有无接地比较容易检查，电路板需要拆下检查。通过观察及测量大多能发现问题，对症处理即可。温度传感器测量高温时如果出现漏电流，轻则出现偏差，重则出现干扰。

## 9.2.2　压力、差压变送器故障检查及处理

图 9-6 中压力变送器的 24V 电源由温控器提供，温控器的 1、2 端为 24V 馈电输出端，24V 电源 + 从温控器 2 号端→压力变送器的正端 →变送器输出 4 ～ 20mA 电流（-）→温控器 9 号端→温控器的电流测量电路→温控器 13 号端→温控器 1 号端，即 24V 的负端。故障检查步骤如下。

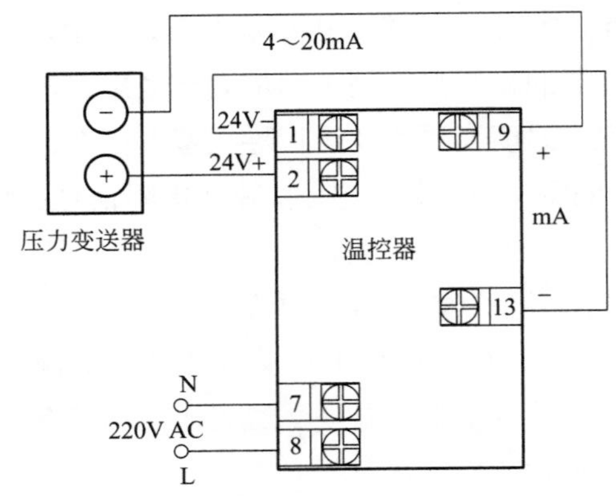


图 9-6　压力变送器测量电路

（1）供电及外围设备的检查

用万用表测量温控器 1、2 号端的电压值，在 21 ～ 24V 时变送器应能正常工作。变送器内电路开路，所测电压略高于 24V；测出的电压为 0V， 可能是变送器供电中断；测出的电压低于 12V（模拟变送器）或 18V（智能变送器），可能是电流回路有短路现象。若断开 2 号端子接线，测量电压仍为 0V， 可能是温控器没有供电输出。

测量电压再配合测量回路电流，可使故障判断更准确。拆开 9 号端接线串入万用表，测量变送器输出电流是否正常。若电流为 0， 可能变送器接线断路；所测电流≤ 4mA 或≥20mA，可能是变送器有故障，或者输出回路中存在接地导致电流分流或并流。

（2）变送器输出电流≤ 4mA 或≥ 20mA

变送器输出电流≤ 4mA 或≥ 20mA 时，属于变送器超量程故障。先检查与工艺相关的部件及工艺参数是否有大的变化，如有无水压，变送器取样阀门、导压管是否堵塞，连接线路是否有故障。检查变送器的量程选择是否不当，电路板是否损坏等。

输出电流≤ 4mA。不能忽视对接线回路的检查，因为导线或接线端子容易氧化、腐蚀出现接触不良的故障，还应检查回路连接是否发生短路或多点接地，回路连接的正负极性和回路阻抗是否符合要求。变送器输出为零的故障常在雨季发生，现象是变送器输出电流太小，过一段时间又好了，该故障的原因是变送器的接线盒处进水出现短路，水干后又恢复正常。

输出电流≥ 20mA。 常见的是变送器的量程选择不当，或者量程设置有误，或者液位测量没有进行零点迁移，使变送器的输出电流超过 20mA。怀疑变送器电路有问题，可更换电路板来判断故障。变送器膜片受损也会出现超量程故障。雷电会造成变送器电路板损坏，使变送器输出电流超量程。

（3）变送器输出电流波动或不稳定

变送器输出电流波动，表现就是显示乱跳字。先将自动控制切换至手动，观察波动情况。如果显示仍乱跳字，应该是工艺的原因。如果显示稳定，可能是变送器的原因或

PID 参数整定不当。适当调整变送器阻尼时间，也可减小电流波动。

温控器显示时有时无，显示时高时低，应重点检查测量回路的连接情况，检查接线端子的螺钉有没有松动、氧化、腐蚀而造成接触不良。怀疑变送器有问题，可在有压力的状态下，把取样阀关闭，使变送器保持一个固定压力，观察变送器输出电流是否稳定，如果电流仍不稳定则变送器有故障或有干扰。

测量管路及附件的故障率远远高于变送器。在判断故障时，应重点检查导压管路、变送器测量室内是否有气体或液体。可通过排污阀进行排放，或通过变送器测量室的排空旋塞进行排放。导压管内有杂质、污物出现似堵非堵状态，也会造成变送器输出电流波动，解决办法也是排污。

压力、差压变送器输出电流波动或不稳定故障的检查及处理方法，如图 9-7 所示。

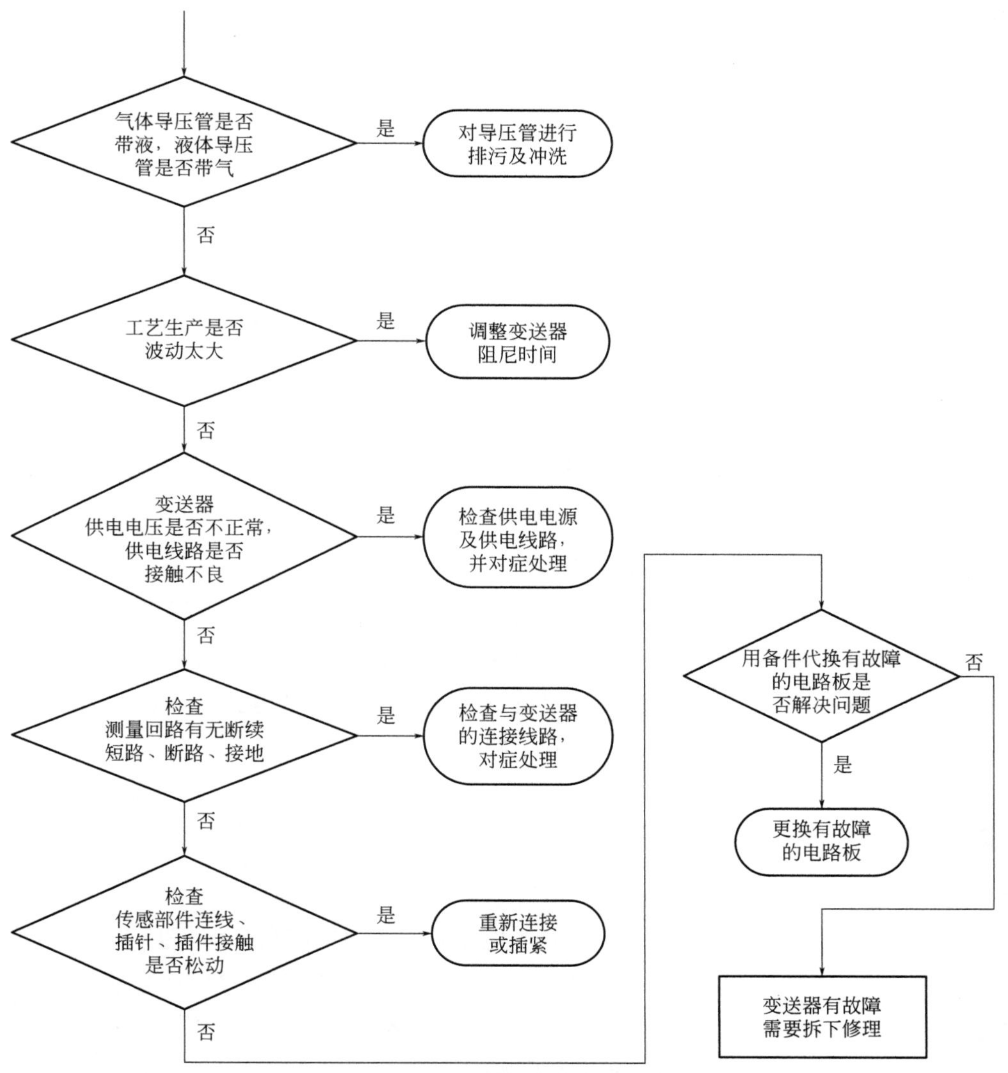


图 9-7　压力、差压变送器输出电流波动或不稳定故障的检查及处理方法

# 9.3 继电器、交流接触器、固态继电器的维修

## 9.3.1 继电器故障检查及处理

### （1）继电器不动作和不释放

常见原因有：电路部件引发的，如线圈断路、线圈损坏或烧毁、电源电压过低、接线松动，用万用表测量电压和电阻大多能发现，对症处理即可。机械部件引发的，如继电器的可动部件被卡住或锈蚀，通过观察找出卡住的部位并加以调整，锈蚀部件可清洗除锈，重新调整或更换继电器。

继电器不释放故障虽然不常出现，但如果出现其后果就很严重，因为该断电时不断电，该动作时不动作，就会出事故。常见的原因有：弹簧反力太小、可动部件被卡住、触点被熔焊等，最可靠的方法就是更换继电器。

### （2）继电器触点闭合状态不佳

① 继电器线圈的工作电压过低，检查供电或控制线路的电压，不能低于额定电压的85%。若电源正常，应检查控制回路的接点或接线端的接触电阻是否过大，对症进行处理。

② 触点接触不良，通常是触点烧坏或氧化，触点弹簧或释放弹簧压力过大，可调整弹簧压力或更换弹簧。触点在闭合过程中，出现抖动，检查触点接触压力是否过小，可调整触点弹簧或更换弹簧。

以上两种故障极易使触点被电火花或电弧烧坏，如果触点烧损严重，应及时更换，还可采用消火花电路来解决。

### （3）继电器触点磨损过快或火花过大

继电器动作频繁，触点的压力又比较小，常出现触点磨损过快的问题。感性负载电路中，触点断开时电感的储能引起电弧和火花，可采用消火花的方法来解决。消火花电路一般用于直流继电器，因为交流电路中电流自然过零，分断电弧也多在自然过零时自行熄灭，因此交流继电器可以不用消火花电路。

**小经验**

实用的消火花电路

图 9-8 中虚线框内是一种半 RC 吸收电路，RC 元件并联在继电器触点的两端，使电感中的能量不通过触点而通过 RC，但它只吸收触点断开时产生的自感电势。图中虚线框外是一种全吸收电路，在触点断开时自感电势经过二极管 VD 在负载 $r_L$ 上消耗掉，应用中选择以上任意一种电路即可。

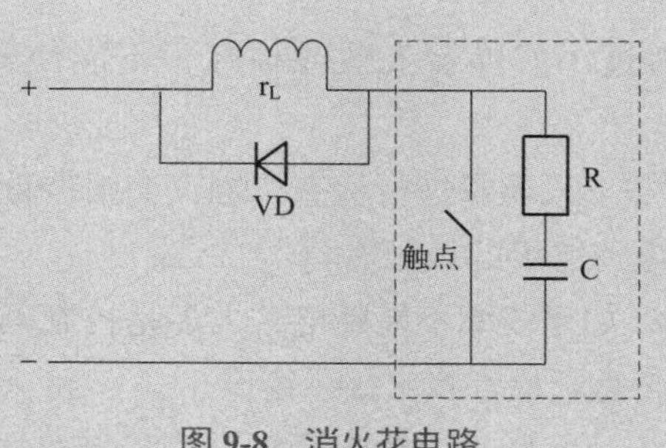


图 9-8　消火花电路

RC 参数靠实验或经验来决定，对于 3A 以下的电路，可使用一个 47Ω 的电阻器和一个 0.1μF 的电容器组合；对于 3～5A 的电路，可使用两组并联的 RC 电路。使用二极管时耐压要够，正负极应连接正确。消火花电路应紧靠继电器触点安装，接线应尽量短，以保证消火花电路的效果。

## 9.3.2　交流接触器故障检查及处理

### （1）接触器线圈通电后不能吸合或吸合后又断开

接触器线圈通电后不能吸合，应检查电磁线圈两端有无电压。无电压，说明故障发生在控制电路，应对电路进行检查。如果有电压，多数情况是线圈可能开路，可用万用表测量线圈电阻，测量时要断开一端的接线，以免误判。若是线圈断线，可进行修复或更换。若是接线螺钉松脱，重新紧固即可。

交流接触器的机械机构或动触点卡滞，使接触器不能吸合，可对机械机构进行修整。如调整触点与灭弧罩的位置，以消除摩擦。转轴生锈、歪斜，也会造成接触器线圈通电后不能吸合的故障。可拆开检查，清洗转轴及支撑杆，组装回时要保证转轴转动灵活。

控制按钮失效，控制电路接触不良，应检查控制电路，对症处理。接触器吸合一下又断开，通常是自锁电路的辅助触点接触不良，检查或处理辅助触点以保持良好接触。

### （2）交流接触器吸力不够使其不能完全闭合

控制电路的电源电压过低，线圈的电磁吸力会不足，使接触器吸合缓慢或吸合不紧密，检查电源电压或控制电路的触点是否接触不良。控制接触器线圈回路的继电器触点接触电阻的变化会出现触点虚接故障，导致交流接触器线圈两端的实际电压低于 85% 的额定控制电压，而触点虚接故障又很难检查。为克服这种故障，对于 24V 以下的控制电压回路，应采用并联触点来提高可靠性，或者采用 220V 以上的控制电压。

弹簧反作用力过大会造成吸合缓慢，触点弹簧压力与超程过大，会使触点不能完全闭合；触点的释放压力太大，也会造成触点不能完全闭合。可适当调整弹簧压力。

动、静铁芯间的间隙过大，可动部件卡住或生锈、歪斜，都会使接触器不正常，可拆开检查并重新装配，调整间隙或清洗转轴，使转轴转动灵活，必要时进行更换。

（3）交流接触器线圈断电后衔铁不能释放或释放缓慢

触点的反力弹簧弹力过小或弹簧失效或损坏，不能使触点复位，可更换或调整弹簧。

触点被熔焊，断电后卸下灭孤罩进行检查，触点烧损严重只能更换。如果经常发生熔焊故障，应更换为更大电流等级的接触器。

新安装的交流接触器，如果线圈不能断电，大多是控制电路按钮或自保触点的接线不正确，使线圈不能断电，重新检查找出接线错误。

交流接触器机械部件卡死、转轴生锈或歪斜、铁芯剩磁严重、铁芯极面附有油污或灰尘等，都有可能使接触器在断电后衔铁不能释放或释放缓慢，可通过检查或清洗对症进行处理。

（4）交流接触器噪声大，振动大

电源电压过低使线圈电磁吸力不足，引起铁芯振动，检查供电。触点反力、弹簧压力过大或超程过大，使铁芯不能很好闭合，可试调整或更换弹簧。可动部件有卡住现象，使铁芯无法吸合，检查并排除卡滞现象。短路环松脱或断裂，应装紧短路环或把断裂处焊牢。

（5）交流接触器线圈过热或烧坏

电源电压过低或过高，检查及处理供电使之符合线圈的额定电压。操作频次过高，只能降低操作频次或换成重负载接触器。线圈绝缘损坏出现匝间短路，机械运动部件卡住，导致线圈发热损坏，只能更换线圈。

（6）接触器主触点过热及导电连接板温升过高

接触器容量太小，应选用合适的接触器。负载短路有大电流通过主触点，使主触点熔焊在一起，只能更换触点。触点表面有油污或高低不平，都会使触点接触不良导致发热。接触器三相主触点闭合不同步，使某两相主触点受到电流冲击，可检查主触点闭合状况，通过调整动、静触点间隙使三相接触同步。

线圈电压过低，使触点吸合不良，通常供电电压不能低于额定电压的85%。触点压力过低也会使主触点发热，可调整弹簧使触点接触良好。电路连接螺钉松动，应检查及紧固。

环境温度过高或使用在封闭控制箱中的交流接触器，应改善通风条件，否则接触器只能降容使用。

### 9.3.3 固态继电器故障检查及处理

（1）导通故障的检查及处理

导通故障是指温控器有控制信号输出，但固态继电器没有导通，按以下步骤检查。

① 先检查固态继电器的输入控制端　检查温控器有没有控制电压输出，有控制电压输出，则检查温控器输出电路的接线是否断路、接线端是否松动、接触是否良好等；检查控制电压的极性和对应的接线是否正确。有时只测量控制电压还不能确定故障，应测量输入电流来判断。如果控制电压超过了输入电压范围，检查温控器是否正常，当控制信号在输入电压范围内故障仍存在，应更换固态继电器。

② 再检查固态继电器的输出受控端　检查固态继电器输出受控端，最有效的方法就是用万用表测量输出端的电压来判断。固态继电器输入端没有控制信号时，其输出电压应等于负载电压。如果测得输出电压为 0V，应检查负载的供电是否正常，检查电源开关、熔断器是否正常，检查负载电路是否断路。当输出电压等于电源电压时，检查负载是否有短路故障。

（2）关断故障的检查及处理

关断故障是指温控器没有控制电压输出，但固态继电器没有关断，按以下步骤检查。

先拆除控制信号线来判断，拆线后如果固态继电器能关断，应检查控制输入端的电压是否过低，控制电压过低表明固态继电器有故障。控制电压正常，就要检查外部控制电路。

如果断开控制连线后，固态继电器没有关断，检查电源电压是否超过最大输出电压。还应检查输出端并接的 RC 吸收回路和压敏电阻是否正常，否则应更换。

负载电流不能超过固态继电器的最大电流值，电流过大将导致固态继电器严重发热而损坏。电流过大应检查固态继电器是否有短路故障，如果已短路只有更换。

**小经验**

固态继电器的简易测试

简易测试电路如图 9-9 所示，图中输入为 0 ～ 15V DC 可调电压，也可用温控器的 SSR 驱动输出电压来代替。负载可用白炽灯泡或电烙铁。测试时先在 SSR 的 3、4 端加上控制电压，然后再加上交流负载电源。当 SSR 的 3、4 端控制电压为 0V 时，1、2 端的电压为 220V，当 3、4 端有控制电压时，1、2 端的电压为 0V， 而负载两端的电压有 220V，表明 SSR 正常。本电路还可测试灵敏度，输出管压降。

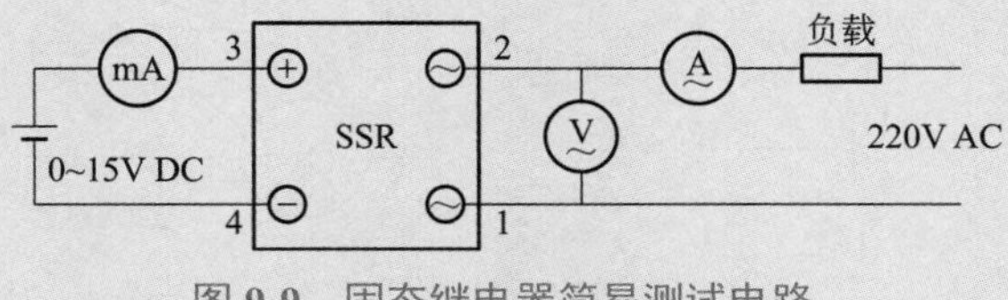


图 9-9　固态继电器简易测试电路

维修实例：某加热设备一送电固态继电器就损坏

故障检查及处理：固态继电器受温控仪的控制，使用中跳闸，检查没有发现短路点，再送电又跳闸，经检查固态继电器损坏，更换固态继电器后，一送电就跳闸，新换的固态继电器又坏了。检查电加热器，没有发现短路，但发现对地电阻只有 8kΩ，与新的电加热器比较，新的绝缘电阻为无穷大，决定更换电加热器，再次更换固态继电器，开机后恢复正常。

# 9.4 晶闸管、交流调功器的维修

## 9.4.1 晶闸管故障检查及处理

晶闸管只有 3 个电极，损坏的表现有：A、K 极间短路或断路；G、A 极间短路或断路；三个电极间有短路。可用万用表的电阻挡测量来粗略判断其好坏。晶闸管用万用表电阻挡测量各电极，控制极 G 与阴极 K 之间为低电阻，G 与阳极 A 之间应为高电阻。双向晶闸管用万用表电阻挡测量各电极，控制极 G 与 $T_1$ 之间约有数十欧姆，G 与 $T_2$ 之间应为高电阻。但这只是粗略判断方法，A、K 极若有开路故障，则无法判断其好坏。当 G、K 极的电阻值极小时，也难以判断是否已短路，因此推荐把晶闸管接入电源并带上负载测试。

测试电路如图 9-10 所示，图中（a）用于测试中小功率晶闸管，用一个 12V 的汽车灯泡接在 A 和正电源之间，K 接负电源，电源取 5 ～ 12V，正电源与 G 之间接一只几十欧姆的电阻，阻值可根据触发电流来定。晶闸管没有触发信号输入，灯泡不会亮；将 A、G 短接一下，晶闸管导通，灯泡点亮，把电线断开灯泡仍保持亮，前提是灯泡的工作电流应大于或等于晶闸管的维持电流，只有断开电源，或者用电线将 G、K 短接一下后灯泡才会熄灭。再次接通电源，灯泡不亮，说明晶闸管基本是好的。

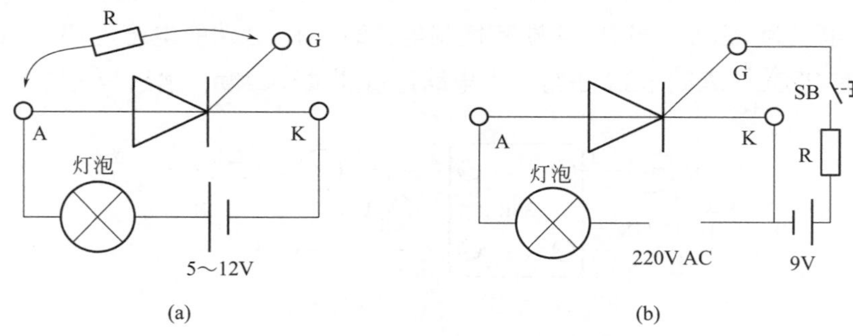


图 9-10 晶闸管测试电路

图 9-10 中（b）用于测试大功率晶闸管，测试平板式晶闸管时，要用绝缘木板将其夹紧，

测试的触发电流不要小于 100mA，否则测试结果不可靠。测试双向晶闸管时，按一下按钮 SB，灯泡应发亮，放开 SB 灯泡不会熄灭。然后将电池反接，重复上述步骤，均应是同一结果，说明被测双向晶闸管是好的，否则被测双向晶闸管已损坏。

## 9.4.2 交流调功器故障检查及处理

### （1）调功器输出电压不随控制信号的变化而变化，手动控制时，调功器仍无电压输出

应检查调功器输入端的 R、S、T 电压是否为 380V±38V，手动控制方式的接线是否正确，负载是否开路或内部是否开路。断电检查调功器输出端电阻任意两相的阻值是否一样。

有手动控制的控制信号，但没有晶闸管的触发信号。当控制信号电压调至最大时（5V 左右），用万用表直流电压挡测量控制极 G 与阴极 K 之间的电压应在 0 ～ 1.5V 之间，如果没有触发电压信号，可能是控制板损坏。

检查手动电位器的接线是否正确，手动电位器抽头端对信号地之间的直流电压应为 0 ～ 5V 连续可调，不能连续控制时，可能是接线错误或电位器损坏。

### （2）触发晶闸管的触发信号不随控制信号的变化而变化

调节电位器使输入电压在 0 ～ 5V 变化，用万用表直流电压挡测量各个晶闸管 G 与 K 之间的电压是否有 0 ～ 1.5V 的变化，如果电压信号稳定在较大值且不变化，即始终有控制电压输出，可能是控制电路板有故障。

### （3）故障保护功能的故障检查处理

交流调功器大多具有完善的保护功能，其能检测电流及负载的参数，一旦某个环节出现问题时，其保护功能会动作，并有报警提示，即可对症进行检查和处理。

① 单相调功器的故障保护及处理方法（表 9-1）。

表 9-1　单相调功器故障保护及处理方法

| 故障名称 | 故障原因及处理方法 |
|---|---|
| 电源欠压 | 检查电网输入电压是否低于门限电压，或者电源缺相 |
| 电源过压 | 检查电网输入电压是否高于门限电压 |
| 缺相保护 | 检查电网输入是否缺相，是否电压过低 |
| 过流保护 | 负载过大或短路 |
| 晶闸管过热保护 | 散热风机损坏，风道堵塞，环境温度过高，负载过重 |
| 晶闸管故障保护 | 检查晶闸管是否损坏 |
| 频率保护 | 检查电源频率是否超出了 42 ～ 68Hz，或者电源回路开路引起监测电路不正常 |

② 交流调功器常见故障及处理方法（表 9-2）。

表 9-2　交流调功器常见故障及处理方法

| 故障现象 | 故障原因 | 故障处理 |
| --- | --- | --- |
| 电源指示灯不亮，调功器面板无任何显示 | 工作电源未接通 | 检查电源线是否正确连接 |
| | 电源熔断器熔管已熔断 | 更换电源熔断器熔管 |
| 面板上电源指示灯亮，输出端子无输出，输出指示灯不亮 | 温控器参数设置不当 | 重新设置温控器参数 |
| | 晶闸管损坏 | 更换晶闸管 |
| | 晶闸管触发电路板损坏 | 更换触发电路板 |
| 不触发或某一相电流为零 | 输出接线不正确 | 检查接线是否正确 |
| | 触发输出线路有开路现象 | 检查线路的连接情况 |
| | 触发电路或模块损坏 | 更换电子元件或模块 |
| 输出不正常，温控器显示混乱 | 温制器参数设置不正确 | 重新设置温控器参数 |
| | 温度传感器损坏 | 更换温度传感器 |
| | 温度传感器接线错误或断线 | 检查温度传感器及输入接线或重新连接 |
| 报警灯闪亮，数码管显示“Err1”“Err2”等，或调功器无输出 | 输入电源缺相，或快熔损坏 | 检查电源是否缺相，或更换快熔 |
| | 负载过大，或安装环境温度过高使超温保护动作 | 检查负载是否超过额定容量，或降低安装环境温度 |
| | 触发电路或模块损坏 | 更换电子元件或模块 |
| 触发失控，负载电流控制不稳，或者不受控 | 电源干扰严重，尤其是附近有大电感量负载、变频器等 | 调整控制参数，使其输出变化平滑，采用吸收元件，消除干扰 |
| | 触发模块质量不良 | 更换触发模块 |
| 上电后，某一相电流为最大值，且不会变化 | 晶闸管击穿 | 更换晶闸管 |
| | 触发模块损坏 | 更换触发模块 |
| | 电流输出的上、下限值设置不当 | 检查、调整电流输出的上、下限值 |
| | 控制模块调整不当 | 检查控制输出最小值是否低于下限值 |
| 三相电流不平衡 | 负载不平衡 | 尽量使负载平衡 |
| | 电源相序不对 | 对调其中两相，直至正常 |
| | 触发电路有问题 | 检查触发电路是否正常 |
| | 触发模块调整不当 | 调整或返厂修理 |

# 9.5　电磁阀、电动调节阀的维修

## 9.5.1　电磁阀故障检查及处理

（1）通电后电磁阀不工作

检查接线是否正确：给电磁阀开或关的信号，听电磁阀是否有动作声音，若听不到声音，线路或线圈有问题。检查接线是否有接触不良、断路现象。线路没问题就是电磁阀线圈断了，用万用表测量就可判断。

（2）通电后阀芯没有打开

检查阀盖螺钉是否松动，更换阀盖密封垫后才出现这一故障，应检查密封垫片是否过厚、过薄，或者螺钉松紧程度不一致。检查阀芯是否卡死。

（3）电磁阀关不死

检查阀芯是否卡死，先导阀口是否有堵塞，密封垫片是否损坏，阀座是否松动。阀芯卡死及堵塞，可用汽油或水来清洗，清洗后用压缩空气吹干。拆卸电磁阀要记住各部件的顺序，避免回装时出错造成新的故障。

## 9.5.2　电动调节阀故障检查及处理

检查电动调节阀故障时，先确认供电是否正常，连接线路是否有断路、短路、接触不良故障，然后检查阀位反馈电流是否正常。判断是机械故障还是电气故障，可按图 9-11 的步骤检查。

（1）电动调节阀不动作，或者动作失常

电动阀不动作大多是指控制信号改变时阀门没有响应。可检查供电回路、信号回路、阀位反馈回路的连接导线是否正常；限位开关是否已限位或限位不正常；机械部件有没有卡死，如阀门是否堵转等。

① 检查电动阀在手动状态下能否正常工作，手动状态下不能正常工作，应检查接线是否正确，接线有无断路或脱落现象；检查手轮离合器是否在脱离位置；执行机构机械部分有问题时，只能把执行机构从阀门上拆下来检查和判断。

② 在手动状态下能正常工作，可拆开一根控制信号线，将电流信号接入执行机构的模拟信号输入端，观察阀门能否按电流信号的变化来动作。执行机构及阀门能正常动作，故障可能在控制回路。若执行机构仍不动作，需检查伺服驱动板电路或电机是否正常。

③ 有输入信号阀门仍不动作，可检查控制板输入端电阻是否正常。先断开执行机构电源，再断开输入信号，用万用表测量模拟输入端的电阻。电流输入型的电阻一般在 500Ω 以下，开关型执行机构输入电阻一般在 1kΩ 以上。输入电阻正常，有可能电路板

的控制信号检测部分有问题，更换掉有故障的电路板即可。

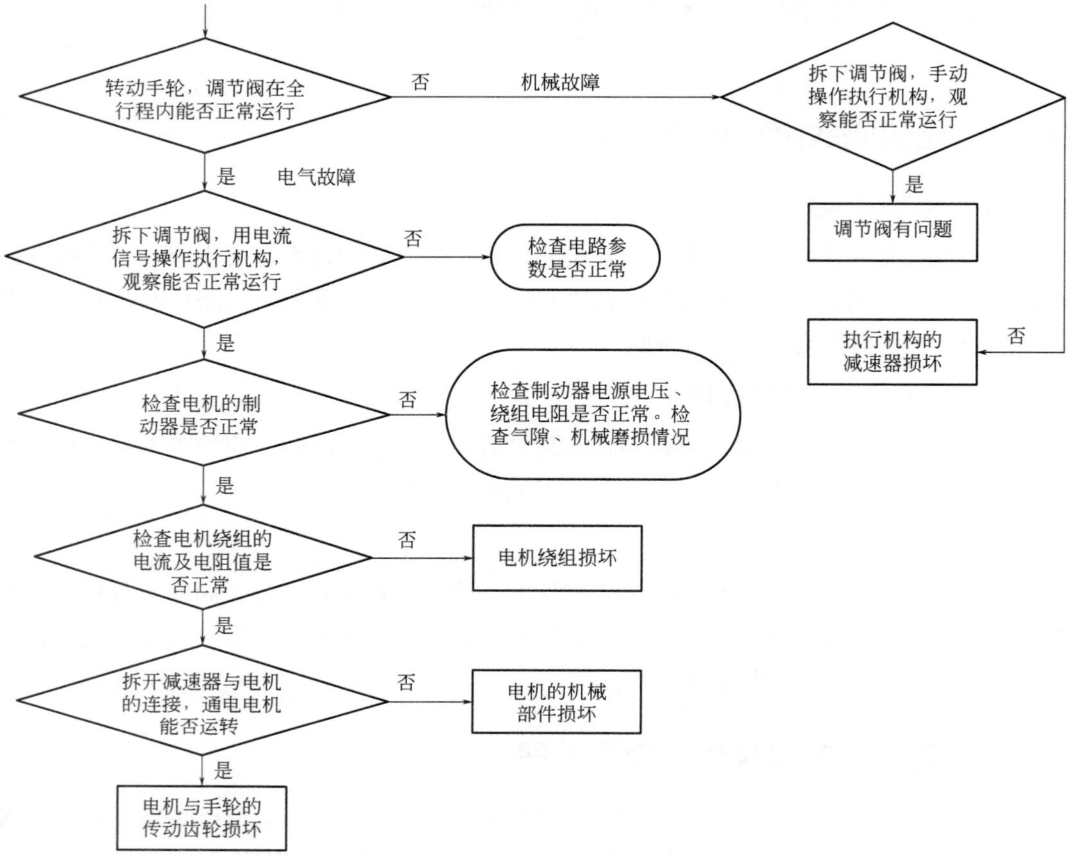

转动手轮，调节阀在全行程内能否正常运行
否　机械故障
拆下调节阀，手动操作执行机构，观察能否正常运行
是
调节阀有问题
否
执行机构的减速器损坏
是　电气故障
拆下调节阀，用电流信号操作执行机构，观察能否正常运行
否
检查电路参数是否正常
是
检查电机的制动器是否正常
否
检查制动器电源电压、绕组电阻是否正常。检查气隙、机械磨损情况
是
检查电机绕组的电流及电阻值是否正常
否
电机绕组损坏
是
拆开减速器与电机的连接，通电电机能否运转
否
电机的机械部件损坏
是
电机与手轮的传动齿轮损坏

图 9-11　电动调节阀故障检查步骤

④ 调节阀突然不会动作，可对以下部件进行检查或处理。

a. 执行机构电源跳闸，可能是执行机构内部加热器短路。用万用表测量有无短路。检查伺服控制板上的保险丝是否熔断，必要时进行更换。

b. 检查执行机构内部的交流接触器是否损坏，断开电源，拆开执行机构检查交流接触器的线圈电阻及几个触点是否接通，如果不通，则需要更换交流接触器。

c. 电动机外壳温度过高，可能是电机的热保护动作切断了电机的电源，通常电机冷却后，执行机构又可恢复工作，应找出电机过热原因。死区和惯性值设置不当，电机启动次数太多，也会使电机温度升高。

d. 怀疑电机有问题，可用万用表测量电机绕组的电阻来判断。电机电磁反馈开路，绕组首尾开路或者相间短路，说明电机已烧毁，应更换同型号的电机。

⑤ 有的智能电动执行机构在使用前应进行整定工作，整定的项目有执行机构的运转方向、阀位行程、死区、惯性常数。没有进行整定工作也会使执行机构不动作，可重新启动整定工作。

（2）电动调节阀出现波动或振荡

本故障是指电动调节阀在自动状态下，控制信号没有改变而调节阀在某一位置来回动作，或者控制信号改变时调节阀运行到指定位置，要来回频繁动作才能停下来或根本停不下来。执行机构及调节阀经常在振荡状态下运行，会使执行机构机械部件，调节阀的阀杆、阀芯严重磨损，大大缩短使用寿命，同时会造成被控参数不稳定和阀门开度不稳定等故障。解决方法如下。

① 调整阻尼电位器，直到运行与显示完全正常为止。可试着增大死区来消除振荡，死区通常设置为 0.75% ～ 1.5%。死区与控制精度的关系是死区增大，控制精度就减小。因死区调大使精度减小到允许误差范围外，通过增大死区来消除振荡的做法就不可取。出现大幅度振荡，可试将转速传感器连接端对换接线。

执行机构伺服放大器的灵敏度选用范围不当，也会引起执行机构出现振荡。可调整伺服放大器的不灵敏区范围，来提高执行机构的稳定性，以消除振荡故障。

② 在调节阀开、关行程正常的前提下，可把零点电流值调小一点，将满度电流值调大一点。这样可缓冲阀推杆与两个限位的冲击力度，以减少机械磨损。更换的调节阀流量特性与原用的不一样，也会引发振荡，应更换为流量特性一样的阀门。

③ 用手轮驱动执行机构，观察执行机构能否正常运行，运行迟钝，大多是减速器或终端控制器有问题，可进一步检查来排除故障。如果手轮驱动执行机构正常，可拆开信号输入线，输入电流信号驱动执行机构，执行机构不运行或运行迟钝，需检查伺服驱动板的电路参数或电机是否正常。

④ 检查调节阀的行程是否有变化。执行机构在使用前都已给定了行程，或限定了行程范围，执行机构的行程有变化，且超过了限定值，尤其是行程过小时，执行机构就有可能产生振荡。可根据现场实际对阀的行程重新进行调校，使之恢复正常。

⑤ 执行机构的输入信号不稳定，也会引起调节阀振荡。检查接线是否松脱，串入电流表观察，以确定故障部位在执行机构前还是执行机构及控制阀。被控对象变化引起信号源波动而造成执行机构振荡，可以在回路中加入阻尼器，或在管路中用机械缓冲装置，用机械阻尼方法来减少变送器输出信号的波动，以达到消除执行机构振荡的目的。

生产工况发生变化，PID 整定参数选择不当，也会引发调节阀振荡。单回路控制系统的比例带过小、积分时间过短、微分时间过大都可能产生系统振荡。可通过修改 PID 参数，加大比例带以增加系统的稳定性，来消除调节阀的振荡。

⑥ 当阀门从开阀转变为关阀，阀位反馈电流不同步变化，可能是执行机构的回差过大，可用手轮操作来判断。先往某一方向转动执行机构，反馈信号有变化，然后再转动执行机构往相反方向运行，如果反馈信号要过一会儿才有变化，证明执行机构的回差过大。回差过大的原因多数是机械间隙过大。可拆卸检查，修复或更换零部件来解决。

电机转子都有惯性，执行机构都带有制动装置，若执行机构的制动不良，阀门连杆松动、阀门连杆轴孔间隙增大，也会引起执行机构的振荡，可通过重新调试来恢复。

# 参 考 文 献


[1] JJF 1664—2017 温度显示仪校准规范.

[2] 厦门宇电自动化科技有限公司 . AI7 系列高精度人工智能温度控制器工程师编程手册 [Z]，2014.

[3] 厦门宇电自动化科技有限公司 . 宇电 AIBUS 及 MODBUS 通讯协议说明（V8.0）[Z]，2014.

[4] 虹润精密仪器有限公司 . NHR-1300/1304 系列傻瓜式模糊 PID 温控器使用说明书 [Z]，2016.

[5] 西安百特测控设备有限公司 . XMPA 双回路串级控制可编程调节器使用说明书 [Z].

[6] 中达电通股份有限公司 . 台达温度控制器技术详解 [Z]，2010.

[7] 甘英俊，周宏平 . 基于三线制的高精度热电阻测量电路设计 [J]，电子设计工程，2010.12：31.

[8] 张晓明，王颖 . 温度数字仪表原理 [M]. 北京：中国质检出版社，2014.

[9] 黄文鑫 . 教你成为一流仪表维修工 [M]. 北京 : 化学工业出版社，2018.

[10] 黄文鑫 . 仪表工问答 [M]. 北京 : 化学工业出版社，2013.